辛志杰 编著

逆向设计与 3D打印 实用技术

NIXIANG SHEJI
YU 3D DAYIN SHIYONG JISHU

U0300839

化学工业出版社
·北京·

逆向设计技术广泛应用于产品的复制、改进及创新设计。3D打印技术是一种新兴的制造技术，已在装备制造、机械电子、军事、医疗、建筑、食品等多个领域开始应用，具有广阔的发展前景与光明的未来。

本书阐述了3D打印技术的原理和3D打印技术，介绍了3D打印的常用材料及其特性，还以金属构件、机电器件以及陶瓷等其他构件的3D打印成形为例，进行了3D打印技术的应用说明，用大量的数据、图片生动地展示了3D打印技术在诸多行业的应用。

另外，本书还详细介绍了逆向设计与3D打印技术的相关概念、逆向设计的应用范围和发展趋势。针对Imageware、Geomagic Studio、Geomagic Design Direct、Pro/Engineer和UG NX等当今流行的设计软件，结合逆向设计软件的设计实例进行了实际操作演示，具有较强的实际应用价值。通过对本书的学习，将逆向设计与3D打印技术相结合，能快速缩短产品设计和制造周期，提高产品质量并使产品尽快上市。

本书可供从事机电产品逆向设计、机械制造及其自动化、材料科学与工程等专业的科技人员和在校师生参考。也可供广大机械制造、材料成形、医疗、汽车制造、飞机零部件、商业机器、模型、玩具、服装等领域专业人士和众多3D打印DIY人士参考。

图书在版编目（CIP）数据

逆向设计与3D打印实用技术/辛志杰编著. —北京：
化学工业出版社，2016.10（2021.8重印）
ISBN 978-7-122-28101-2

Ⅰ.①逆… Ⅱ.①辛… Ⅲ.①立体印刷-印刷术
Ⅳ.①TS853

中国版本图书馆CIP数据核字（2016）第222252号

责任编辑：朱　彤　　　　　　　　　文字编辑：王　琪
责任校对：王　静　　　　　　　　　装帧设计：刘丽华

出版发行：化学工业出版社（北京市东城区青年湖南街13号　邮政编码100011）
印　　装：北京虎彩文化传播有限公司
787mm×1092mm　1/16　印张16　字数445千字　　2021年8月北京第1版第3次印刷

购书咨询：010-64518888　　　　　　售后服务：010-64518899
网　　址：http://www.cip.com.cn
凡购买本书，如有缺损质量问题，本社销售中心负责调换。

定　　价：68.00元

　　逆向设计技术是现代产品设计理论与方法的重要组成部分，是正向设计的扩展和补充，是消化吸收先进技术和缩短产品设计开发周期的重要手段，目前已广泛应用于产品的复制、改进及创新设计。3D打印技术是具有工业革命意义的新兴制造技术，它正逐步融入产品的研发、设计、生产各个环节，是材料科学、制造工艺与信息技术的高度融合与创新，是推动生产方式向柔性化、绿色化发展的重要途径，是优化、补充传统制造方式，催生生产新模式、新业态和新市场的重要手段。当前，3D打印技术已在装备制造、机械电子、军事、医疗、建筑、食品等多个领域起步应用，产业呈现快速增长势头，发展前景良好。

　　3D打印是基于打印件的CAD模型，采用增材制造原理，应用不同的打印方法，高效、高精度地制造出产品或模型。逆向设计是通过获取产品尺寸结构数据，构建产品CAD模型，从而实现产品的复制或改造创新。将逆向设计与3D打印技术相结合，能够极大地缩短产品设计和制造周期，提高产品质量并使产品提前上市。本书阐述了3D打印技术的原理和3D打印技术的分类，介绍了3D打印常用的材料及其特性。详细介绍了光固化快速成形（SLA）、叠层实体制造（LOM）、选区激光烧结/熔化（SLS、SLM）、黏结剂喷射式（3DP）以及熔融沉积式（FDM）打印机的工作原理、技术特点、成形材料和典型的打印设备。以金属构件、机电器件以及陶瓷等其他构件的3D打印成形为例，进行了3D打印技术的应用说明。

　　同时，本书还介绍了逆向设计与3D打印技术的相关概念、逆向设计的应用范围和发展趋势。阐述了产品数据的采集方法与测量设备的选择依据，详细说明了三坐标测量机、关节式测量臂、数字摄影三维坐标测量系统和手持式激光扫描仪测量系统的测量原理、测量精度和测量方法。本书还论述了逆向设计的数据预处理、多视数据对齐、数据分割等先进的数据建模技术，介绍了逆向设计软件的分类和几种常用的逆向设计软件，针对Imageware、Geomagic Studio、Geomagic Design Direct、Pro/Engineer和UG NX共5种当今流行的设计软件，分别归纳了每种软件的功能特点和操作流程，并结合设计实例进行了实际操作演示，具有较强的实际应用价值和参考价值。本书可供从事机电产品逆向设计、机械制造及其自动化、材料科学与工程等专业的科技人员和在校师生参考。也可供广大机械制造、材料成形、医疗、汽车制造、飞机零部件、商业机器、模型、玩具、服装等领域专业人士和众多 3D 打印 DIY 人士参考。

　　本书在编写过程中，张锦、郭世杰等同事参加了资料整理、实例应用和配图等工作，在此表示感谢。

　　由于编者水平和时间有限，疏漏之处在所难免，敬请各位读者率直批评指正。

编著者

2016 年 9 月

第 1 章
逆向设计与 3D 打印概述

逆向设计是相对于传统的正向设计而言的，逆向设计类似于反向推理，属于逆向思维体系。作为一种逆向思维的工作方式，逆向设计技术与传统的产品正向设计方法不同，它是根据已经存在的产品或零件原型来构造产品或零件的工程设计模型，在此基础上对已有产品进行剖析、理解和改进。作为先进制造技术的一个重要组成部分，逆向设计已从最初的原型复制技术逐步发展成为支持产品创新设计和新产品开发的重要技术手段。

1.1 逆向设计的概念

逆向设计，又称反求设计、逆向工程（reverse engineering，RE），是一种基于逆向推理的设计，通过对现有样件进行产品开发，运用适当的手段进行仿制，或按预想的效果进行改进，并最终超越现有产品或系统的设计过程。逆向设计以设计方法学为指导，以现代设计理论、方法、技术为基础，运用各种专业人员的工程设计经验、知识和创新思维，对已有的产品进行解剖、分析、重构和再创造，在工程设计领域，它具有独特的内涵，可以说它是对设计的设计。它是将原始物理模型转化为工程设计概念和产品数字化模型：一方面为提高工程设计、加工分析的质量和效率提供充足的信息；另一方面为充分利用 CAD/CAE/CAM 技术对已有产品进行设计服务。

传统产品的开发实现通常是从概念设计到图样，再创造出产品，其流程为：构思—设计—产品，我们称之为正向设计或者顺向工程。它的设计理念恰好与逆向设计相反，逆向设计是根据零件或者原型生成图样，再制造产品。目前逆向设计的应用领域已扩展到包括机械、电子、汽车、自动化、生物医学、航空航天、文物考古、光学设备和家电等相关行业。

逆向设计把三坐标测量机、CAD/CAM/CAE 软件、CNC 机床、3D 打印技术有机而又高效地结合在一起，成为产品研发和生产的一个高效、便捷的途径。逆向设计不仅仅是产品的仿制，它更肩负着数学模型的还原和再设计的优化等多项重任。以往逆向设计通常是指对某一产品进行仿制工作，这种需求可能发生于原始设计文件遗失、部分零件重新设计，或是委托厂商交付一件样品或产品。传统的复制方式是立体雕刻机或靠模机床制造出等比例的模具，再进行生产。这种方法称为模拟式复制，无法建立工件尺寸图档，也无法做任何的外形修改，现在已渐渐被数字化的逆向设计系统所取代。

广义的逆向工程包括几何反求、材料反求和工艺反求等，是一个复杂的系统。目前逆向工程研究的重要领域集中在几何反求方面，即从现有的产品或模型出发，通过测量系统得到的离散点云数据，重构光滑连续的三维 CAD 几何模型，并加以修改、完善，以达到更加完美的效果，其中构造具有复杂曲面的 CAD 模型是逆向工程技术研究的重点。逆向工程与传统设计最大的区别在于流程的不同。传统的设计流程是从概念到设计 CAD 模型或图纸。而逆向工程的流程则是从现有的设计和制造过程中的各个阶段的实物上获得数据信息，构建产品 CAD 模型。逆向设计过程见图 1-1。

图 1-1　逆向设计过程

采用实物逆向技术可以以产品实物为依据、利用测量设备获得产品的三维点云数据，利用建模工具在计算机中重建三维模型，为开发出性能更先进、结构更合理的产品进行零部件的制造奠定系统的技术基础。逆向设计的技术体系包括数据采集技术、数据处理技术、模型重构技术等，如图 1-2 所示。

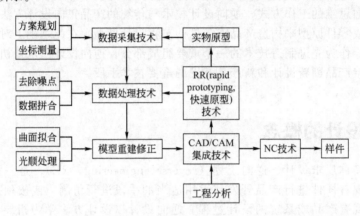

图 1-2　逆向设计的技术体系

1.1.1　逆向设计的基本步骤

逆向设计的基本步骤包括以下几个。

（1）被设计、加工对象的试验样品制作。在对被设计加工对象进行样品数据采集前，要考虑到数据采集的设备和方式。为了保证数据精度，减少数据误差，要先对样品进行清洗、风干等预处理，对于激光扫描的工件要进行喷涂处理。对于特殊的零部件还要进行夹具设计，考虑数据采集的完整性。

（2）零件原型的三维数字化测量。采用三坐标测量机（coordinate measuring machine，CMM）或激光扫描等测量装置，通过测量采集零件原型表面点的三维坐标值；使用逆向设计软件处理离散的点云数据。复杂零件多呈现多种形态的不规则特征，一次扫描只能针对一个表面进行。对于复杂的表面，很难从一个角度进行扫描而得到所需的全部数据。因此，在进行扫描时，需要根据特定零部件样品制作能够翻转的支架，转换各种角度进行扫描。扫描完成后要对多视扫描数据重新进行整合。

（3）零件原型三维重构。按测量数据的几何属性对零件进行分割，采用几何特征匹配与识别的方法来获取零件原型所具有的设计与加工特征。将分割后的三维数据在 CAD 系统中做曲面拟合，并通过各曲面片的求解与拼接获取零件原型的 CAD 模型。

（4）CAD 模型的分析与改进。对于重构出的零件 CAD 模型，根据产品的用途及零件在产品中的地位、功能等进行原理和功能的分析、优化，确保产品良好的人-机性能，并进行产品的改进创新。

（5）CAD 模型的校验与修正。根据获得的 CAD 模型，采用重新测量和加工样品的方法，来校验重建的 CAD 模型是否满足精度或其他试验性能指标的要求。对不满足要求的样品找出原因，重新进行扫描、造型，直到达到零件的功能、用途等设计指标的要求。

（6）正向与逆向融合的产品创新。"产品—逆向—产品"，即对产品的简单的仿制，这是逆向工程的初级应用。"产品—逆向—改良设计—改良产品"，即对产品改良设计，吸收国外先进技术，这是逆向工程的中级应用。"概念草图—比例模型—三维测量（逆向）—数据重建（设计评价修改的过程）—模具—真实产品"，这是逆向工程的高级应用。如在飞机、汽车和模具等行业的设计和制造过程中，产品通常由复杂的自由曲面拼接而成，在此情况下，设计者通常先设计出概念图，再以油泥、黏土模型或木模代替 3D-CAD 设计，并用测量设备测量外形，建构 CAD 模型，在此基础上进行设计，最终制造出产品。

逆向设计只是设计的一个环节，而不能作为设计的目的。设计的目的是创新，逆向设计技术是为设计创新服务的，应该确定运用逆向设计这个环节的正确位置，让逆向设计更好地为产品创新设计服务。

1.1.2　逆向设计 CAD 建模的要点

逆向设计 CAD 建模的要点有以下几个。

（1）为了提高逆向设计重建产品数字化模型的能力，以便对其进行参数化或适应性设计，在开始建模以前，要对产品或零件的结构和功能进行分析，反推设计原理和设计方案，用以指导特征的提取和零件的建模。

（2）在逆向建模时，需要对实物模型的设计意图及造型方法进行理解、分析，并基于测量数据进行原始设计参数的还原。

（3）零件上总存在一些几何约束关系，如共线、共面，线与线、面与面平行或垂直等，这些可为特征的提取及建模提供指导，对反求尺寸进行一定的修正，例如在提取零件端面的轮廓时，要使轮廓线共面。有些产品的改型设计也是一样，只是对其中某些特征进行修改，进行修改的特征和不需要修改部分的结合处可以看成是几何约束关系，反求时就要考虑进去。逆向设计和正向设计需要考虑这部分设计曲面与其他曲面之间的连接问题，可以通过其他曲面的边界曲线提取出来作为这部分曲面设计的边界。有些零件和其他零件之间存在装配关系，这时就要把装配约束考虑进去，对与装配有关的尺寸要特别重视。

（4）在逆向设计领域，模型的参数主要有三种：设计参数、实物参数和重构参数。设计参数是指在零件图样或者产品数字化模型上标注的尺寸，是设计、制造的依据；实物参数是指零件实物本身所固有的参数，是设计参数在实物上的体现；重构参数是基于测量数据处理得到的，体现在重构的产品数字化模型上。原始设计参数还原也就是要求重构参数与原始设计参数尽可能达到一致，它是逆向设计达到更高阶段的关键所在，其直接目的是解决实物逆向的去伪存真问题，即剔除可能包含在产品中的制造、装配、磨损、测量和计算等的误差，在防止误差扩散的前提下还原其设计参数。但是，其根本目的是从本质上理解设计中对于各种设计因素关系的处理方式和方法，找出经过实践证明是正确的设计思想及设计结果，从而提高自主设计能力。

1.2　逆向设计的应用范围

逆向设计技术是数据测量技术、数据处理技术、图形处理技术和先进制造技术的有机结合。结合快速发展的 3D 打印技术和数字控制等技术，逆向设计在航天、汽车、工业制造、医疗等多个领域都得到了较快的发展和应用，集中体现在以下几个方面。

（1）新产品研发　企业为了适应竞争需要不断完善自己的产品，并将工业美学设计逐渐纳入创新设计的范畴，使产品朝着美观化、艺术化的方向发展。在汽车、飞机等产品的外形设计中，首先由工业设计师使用油泥、木模或泡沫塑料做成产品的比例模型，易于从审美角度评价并确定产品的外形，然后通过逆向工程技术将其转化为 CAD 模型，进而得到精确的数字定义。这样不但可以充分利用 CAD 技术的优势，还能适应智能化、集成化的产品设计制造过程中的信息交换需求。

（2）产品的仿制和改型设计　利用逆向设计技术进行数据测量和数据处理，重建与实物相符的 CAD 模型，并在此基础上进行后续的操作。如模型修改、零件设计、有限元分析、误差分析、数控加工指令生成等，最终实现产品的仿制和改进。这是常见的产品设计方法，也是消化、吸收国内外先进的设计方法和理念从而提高自身设计水平的一种手段。该方法被广泛地用于摩托车、家用电器、玩具等产品外形的修复、改造和创新设计。图 1-3 所示为矿山机械用齿盘的逆向设计。

(a) 单片齿盘

(b) 单片齿盘的测量

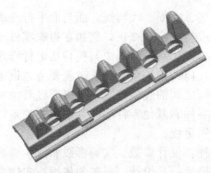

(c) 逆向设计的单片齿盘

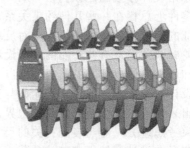

(d) 齿盘产品模型

图 1-3　齿盘的逆向设计

（3）产品局部区域的还原修复　利用逆向工程技术可从破损的零部件中提取出相应的特征或特征参数，进行自主设计开发，或从表面数据中获取特征信息对其进行面貌恢复以及其结构的推算，或对产品的局部区域进行还原修复。

图 1-4 所示为模具局部区域的还原修复，其中图 1-4(a) 为模具的产品中需要还原修复的局部区域和扫描得到的局部区域的点云模型；图 1-4(b) 为通过对点云数据进行逆向设计得到的局部区域的 CAD 模型；图 1-4(c) 为修复后的模具实物。

（4）快速模具制造　逆向工程技术在快速模具制造中的应用主要体现在两个方面：一种情况是以样本模具为对象，对已符合要求的模具进行测量，重建其 CAD 模型，并在此基础上生成加工程序，这样可以提高模具的生成效率，降低模具的制造成本；另一种情况是以实物零件为对象，逆向反求其几何 CAD 模型，并在此基础上进行模具设计。

需要还原修复的局部区域

该区域的点云模型

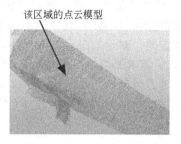

(a) 需要还原修复的局部区域

还原修复区域的 CAD 模型

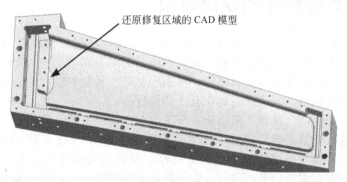

(b) 还原修复区域的 CAD 模型

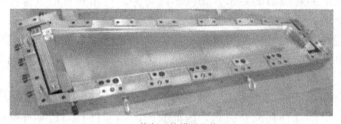

(c) 修复后的模具实物

图 1-4　模具局部区域的还原修复

　　(5) 文物的保护和监测　大型的户外文物常年风吹日晒，容易发生风化而遭破坏。利用逆向设计技术定期对其进行测量扫描，把表面数据输入计算机进行模型重构，通过两次模型的比较，找出风化破坏点，从而制定相应的保护措施，或者进行相应的修复，使其保持原样。

　　(6) 医学领域的应用　结合 CT、MRI 等先进的医学技术，逆向设计可以根据人体骨骼和关节的形状进行假体的设计和制造。通过对人体表面轮廓测量所获得的数据，建立人体几何模型，从而制造出与表面轮廓相适应的特种服装，如头盔、座椅以及航空宇航领域中宇航服装的制造等。逆向设计方法结合 3D 打印技术在医学上有广泛的应用需求，如外科手术植入和修复设计等。图 1-5 所示为 3D 打印的缺损颅骨模型。

图 1-5　3D 打印的缺损颅骨模型

（7）CAE 模型分析　将实物零件转化为计算机表达的产品数字模型，以便充分利用现有的计算机辅助分析（CAE）技术对其进行模拟仿真分析，评估其性能指标，是逆向工程的一个新的发展方向。对于加工后的零部件，进行扫描测量，利用逆向设计中的曲面重构技术构造 CAD 模型，将该模型与原始设计的几何模型在计算机上进行数据比较，可以检测制造误差，提高检测精度。另外，借助工业 CT 技术，逆向工程不仅可以产生物体的外部形状，而且可以快速发现、定位物体的内部缺陷，从而作为工业产品无损探伤的重要手段。

1.3　逆向设计过程中的注意事项

逆向工程设计不是简单的复制和抄袭，一个好的逆向设计有时候比正向设计更具有挑战性，逆向设计除了要求设计人员能掌握相应的软件工具外，还要求有一定的产品和工艺经验，这样才能准确地理解产品原型的构造和功能，在进行解剖、消化和吸收的基础上进行仿型设计或者变异设计，以达到复制、改进并超越现有产品的目的。

因此在进行逆向设计前，设计人员应能充分了解和理解以下的一些要求。

（1）对重构产品数模型面的品质要求　型面品质主要分为 A 级曲面、B 级曲面及其他一些要求更低的曲面：A 级曲面要求曲面之间的过渡必须达到曲率连续，主要是一些对外观要求比较高的产品，如汽车车身的外覆盖件、家电产品的外观表面等；B 级曲面要求达到相切连续，一般可满足多数产品对型面的要求，如汽车内饰件、汽车底盘的钣金件等；其他一些要求更低的曲面则多用于进行误差分析。

（2）产品的功能要求　满足功能需求是对产品的一个最基本要求。在进行逆向设计前，设计人员有必要根据自己的经验或掌握的有关产品信息来分析产品的功能机理和结构，做到知己知彼。

（3）产品的配合要求　逆向工程是一个设计过程，所设计出的样件产品仅为整机的一部分，会与其相配合的零部件存在配合关系，因此逆向产品与已有周边零件配合处的结构设计的好坏，会影响一个逆向设计的成败。所以在逆向设计的过程中，一定要保证配合面的精度，以满足装配要求。

（4）产品的工艺要求　设计和加工是联系非常紧密的两个环节。每个产品都有其相应的生产工艺流程，设计出来的产品不一定满足加工工艺的要求，因此设计人员要对生产工艺有一定的了解。逆向设计过程能更好地理解和吸收产品样件的加工工艺，避免由于细节遗漏而造成模型重构失败。

1.4　逆向设计的数据采集技术

数据获取是逆向设计的首要环节，可以通过不同的测量手段或方法获取所需数据。

测量前要对整个测量过程进行规划，选取合理的测点和方位是得到完整的测量数据并顺利进行模型重建的基础和保证。通过测量得到的数据一定要包括足够的完整描述物体几何形状的点，从而为获得建立满足精度的三维模型提供足够的信息。有时为获得物体完整的数据，要对测量表面进行分区，分区测量时边界的划分取决于物体自身的几何形态，也取决于造型软件所提供的造型功能。分区过大，会造成无法精确表示曲面的各个部位，分区过细，造成较多的数据拼接，影响重建模型的整体效果。

根据测量探头是否与样件表面接触，三维坐标数据采集方法可分为接触式数据采集和非接触式数据采集两大类。

1.4.1 接触式数据采集方法

该方法是通过传感测量设备与样件的接触来记录样件表面的坐标位置。主要包括触发式、连续扫描式等。

（1）触发式数据采集的原理 当采样测头的探针刚好接触到样件表面时，探针尖因受力产生微小变形，触发采样开关，使数据系统记录下探针尖的即时坐标，逐点移动，直到采集完样件表面轮廓的坐标数据。触发式数据采集方法的测量精度比较高，但采集的速度较慢，一般只适用于样件表面形状检测，或需要数据较少的表面数字化的情况。

坐标测量机是一种大型、精密的三坐标测量仪器，可以对具有复杂形状的工件的空间尺寸进行逆向工程测量。坐标测量机一般采用触发式接触测量头，一次采样只能获取一个点的三维坐标值。坐标测量机主要优点是测量精度高，适应性强，但一般接触式测头测量效率低，而且对一些软质表面无法进行逆向工程测量。

（2）连续式数据采集的原理 利用测头探针的位置偏移所产生的电感或电容的变化，进行机电模拟量的转换。当采样探头的探针沿样件表面以一定速度移动时，就发出对应各坐标位置偏移量的电流或电压信号。连续式数据采集方法适合于生产车间环境的数字化，它能保证在较短的测量时间内实现最佳的测量精度，但易损伤被测样件表面，而且不能测量软质材料和超薄形物体。

接触式测量方法的优点是测量数据不受样件表面的光照、颜色及曲率因素的影响，物体边界的测量相对精确，测量精度高；缺点是需要逐点测量，测量速度慢，效率较低，不能测量软质材料和超薄形物体，对曲面上探头无法接触的部分不能进行测量，应用范围受到限制，测量过程需要人工干预，接触力大小会影响测量值，测量前后需做测头半径补偿等。

1.4.2 非接触式数据采集方法

主要包括激光三角测距法、图像分析法、计算机断层扫描成像技术、核磁共振测量法、逐层切削扫描法。

（1）激光三角测距法 其在逆向工程的曲面数据采集中运用较广。测量原理是通过激光发射装置将激光束打到待测物体表面，然后用感光器件接受物体表面的反射光，根据反射时间、光源与感光设备间的距离、夹角等位置关系推算出物体表面点的坐标。

（2）图像分析法 将一定模式的光照射到被测物体的表面，摄取反射光的图像，通过匹配确定物体上一点在两幅图像中的位置，由视差计算距离。该法的缺点是不能精确地描述复杂曲面的三维形状。

（3）计算机断层扫描成像技术（CT） 通过对产品实物进行层析扫描后，获得一系列断层图像切片和数据。通过切片和数据提供的工件截面轮廓及其内部机构的完整信息，可以测量物体表面、内部和隐藏结构特征，扫描仪可以作为三维数字化仪应用于逆向工程。工业 CT 是目前最先进的非接触式测量方法，已在航空航天、军事工业、核能、石油、电子、机械、考古等领域广泛应用。其缺点是空间分辨率较低，获得数据需要较长的积分时间，重建图像计算量大，造价高等。

（4）核磁共振测量法（MRI） 其理论基础是核物理学的磁共振原理，是 20 世纪 70 年代以后发展的一种新式医疗诊断影像技术。基本原理是用磁场来标定物体某层面的空间位置，然后用射频脉冲序列照射，当被激发的核在动态过程中自动恢复到静态场的平衡时，把吸收的能量发射出来，利用线圈来检测这种信号并输入计算机，经过处理转换在屏幕上显示图像。此种方法可以深入物体内部且不破坏物体，对工件没有损坏，但仪器造价高，空间分辨率不及CT，目前仅适用于生物材料的测量。

（5）逐层切削扫描法　其原理为以极小的厚度逐层切削实物，获得一系列断面图像数据，利用数字图像处理技术进行轮廓边界提取后，再经过坐标标定、边界跟踪等处理得到截面上各轮廓点的坐标值，是目前断层测量精度最高的方法，但此种方法会破坏被测实物。

非接触式数据测量技术与接触式数据测量技术相比具有以下优点：测量速度快；易获取曲面数据；测量数据不需要进行测头半径补偿；可测量柔软、易碎、不可接触、薄件、皮毛及变形细小等工件；无接触力，不会损伤精密表面等。缺点是测量精度较差，易受工件表面反射性的影响，如颜色、粗糙度等因素会影响测量结果；对边线、凹坑及不连续形状的处理较困难；工件表面与探头表面不垂直时，测得的数据误差较大。

接触式和非接触式测量方法各有优缺点，各有不同的适应范围。接触式方法主要用于基于特征的 CAD 模型的检测，特别是对仅需少量特征点的规则曲面模型组成的实物的测量与检测；非接触式方法适于需要大规模测量点的自由曲面和复杂曲面的数字化。基于各自的优缺点，集成各种数字化方法和传感器以便扩大测量对象和逆向工程应用范围，提高测量效率并保证测量精度，已成为国内外的研究趋势和重点。

1.5　测量数据的处理技术

1.5.1　扫描数据预处理

利用三维激光扫描仪扫描物体表面的三维坐标信息和色彩信息以后，得到的数据是离散的点的集合，这个点的集合称为点云（point cloud）。

在测量过程中，由于存在人为（操作人员经验等）或随机（环境变化等）因素的影响，测量结果往往会存在误差，也有可能会出现坐标异常点，这些点在三维重建前都是要剔除的点。因为被测物体形状过于复杂或者外界环境因素的影响，导致测量数据时因阻塞和可及性问题而产生测量数据缺损，这时就要对测量数据加以延拓和修补；而对于扫描数据过于密集的情况，就要进行均匀化处理。另外，由于对测量精度的提高，形成的"点云"数据可能会很大，高达几兆字节甚至几百兆字节，而且其中会包括大量的冗余数据，对数据进行压缩就势在必行。还有在不能一次测量全部实体模型的数据信息时，就需要从不同角度，对同一实体模型进行多次测量，然后对所测得的数据点进行拼接，以形成实体的整体表面数据点云。

信号最基本的描述形式是时域形式和频域形式。时域形式描述信号强度随时间的变化，频域形式描述信号在一定时间范围内的频率分布。在实际工程应用中，信号和噪声不同频率的部分可能同时叠加，因此传统的滤波器不能解决问题。而且所分析的信号可能包含许多尖峰或突变部分，噪声也不是平稳的白噪声，要对这种信号进行去噪处理，传统的频谱分析去噪方法就显得无能为力。

（1）鲁棒滤波算法去噪处理　对带有离群点和噪声的点云数据进行去噪处理，设这个点云的集合为 $P = \{p_1, p_2, \cdots, p_n\}$，定义一个非参数核密度估计函数 f 作点聚类，采用 Mean-Shift 迭代算法找到一个适当的核估计函数，定义散乱点 p 的聚类中心为核估计函数的局部最大值，而聚类中心又可以很好地逼近原始曲面，所以可以用简单的阈值条件检测离散点的聚类，并将之删除。这就实现了对点云数据的高效快速去噪。

（2）小波阈值去噪　小波变换是一种线性变换，将待处理信号与在时频域都有良好局部化性质的展缩小波函数进行卷积，使信号成分分布于不同的时段和频带内。小波分析在高频部分具有较低的频率分辨率和较高的时间分辨率，在低频部分具有较低的时间分辨率和较高的频率分辨率。小波分析是时频分析，可以同时在时域和频域对信号进行分析，因此，能够有效地区分信号的噪声和突变部分，对信号降噪处理。与傅里叶变换相比，小波变换是时间（空间）频率的局部化分析，它通过伸缩平移运算对信号（函数）逐步进行多尺度细化，最终达到高频处时间细分，低频处频率细分，能自动适应时频信号分析的要求，从而可聚焦到信号的任意细节，解决了傅里叶变换的困难问题，成为继傅里叶变换以来在科学方法上的重大突破。有人把小波变换称为"数学显微镜"。

小波分析用于信号与影像压缩是其应用的一个重要方面。它的特点是压缩比高，压缩速度快，压缩后能保持信号与影像的特征不变，而且在传递中可以抗干扰。小波在信号分析中可以用于边界的处理与滤波、时频分析、信噪分离与提取弱信号、求分形指数、信号的识别与诊断以及多尺度边缘侦测等。

在数据采集中，人为或随机因素的影响不可避免地会引起数据误差，使数据点群包含噪声，造成零部件模型重构曲面失真于实际体表曲面，甚至导致严重的扭曲变形，从精度和光顺性等方面影响建模质量。同时，激光扫描过程中会不可避免地将样品支架、垫板等物体也扫描在内，在数据处理时，应先手工删掉这些与研究无关的数据点。手工删除扫描数据中的无关点的方法是：首先，将点群放大、旋转，多角度观察，手工删除不属于工件的实验台底架等数据点群；其次，剔除失真点。在用激光扫描工件的过程中，由于工件表面光线的散射、测量环境的突然变化及测量设备分辨率等因素影响，在工件表面的尖角、凹边及边界附近的测量数据容易产生误差较大的"跳点"。直接将点群局部放大、旋转，将筛选出的与数据点群偏离较大的异常点直接删除。

1.5.2　数据点群的平滑处理

在对数据点群进行平滑处理时，点群的不同排列形式影响数据滤波的操作方式。处理方法包括标准的高斯滤波、均值滤波和中值滤波算法，可以通过选择特定的滤波器对数据点群进行平滑处理。高斯模式的滤波器按正态分布方法将数据点群中偏离较大的点平滑掉，滤波后能较好地保持原数据的形貌，在处理噪声方面具有较好效果。均值滤波器通过指定滤波窗口内各数据点的统计平均值来平滑掉一些数据点。中值滤波器通过取滤波窗口内各数据点的统计中值对数据点群进行平滑处理，能够较好地消除数据毛刺。三种滤波模式的滤波效果对比如图 1-6 所示。

(a) 原始数据点　　(b) 高斯滤波模式　　(c) 均值滤波模式　　(d) 中值滤波模式
　　　　　　　　　　处理数据点　　　　　处理数据点　　　　　处理数据点

图 1-6　滤波效果对比

在进行滤波时，可以针对整个数据点群进行滤波操作，但对曲线状的数据点群进行滤波时，分片滤波可以保留较多的尖角等特征。数据光滑是依据点群的整体形状而不是单个点群的邻域。可以通过设定消除噪声的最大误差值来控制分片滤波的操作效果。

1.5.3　数据点群的精简与压缩处理

使用三维激光扫描系统对工件进行扫描时，产生大量的数据点。直接对数据点群进行建模操作，会明显降低操作速度，需存储的数据量亦大，而且并不是所有的数据点都是有用的。在保证数据点群特征点充足的前提下对数据点进行精简，常用方法有均匀采样（uniform sampling)、弦偏差采样（chord deviation sampling）、强制采样（constrained sampling）和间距采样（space sampling）等方法。

对于形状比较复杂的点云数据，通常不能用单张的曲面来拟合，要对点云数据进行分块和切片处理。第一，对点云数据分块，可以先对散乱数据点云进行三角区域划分后，再建立点云的四边界区域，以实现点云自动分块。也可以采用半自动算法。第二，对点云切片处理，可采用最小距离关联点提取截面线数据的方法。可以直接利用反求软件对点云数据切片处理。对点云分块、切片处理完成之后，要进行数据压缩。

（1）曲线自适应采样　由于简单曲线采样算法会忽略曲线的形状变化，致使采样结果不理想。可以基于曲线曲率的自适应采样算法，利用曲线的曲率建立类似于杠杆平衡方程的函数，求解方程得到最终的采样点集。

（2）点云数据的区域重心压缩方法　用三维激光扫描仪得到被扫描物体的三维数据点集，假设有一个封闭的空间将这些有限的点集完全包围起来，这个封闭的空间是物体的最外区域。在确定最外区域的范围以后，对区域进行细化，得到一个个更小的区域，如设定小长方体区域，每个小长方体区域中可能会包含一个或者很多个点，有的甚至不包含点；但是每一个点只会被唯一的一个小长方体区域所包含。可以根据小长方体区域内点云的特征进行压缩，其缩减准则是：分析和计算以确定每个小长方体区域的重心点，并保留这个重心点，删除这个小长方体区域内其他的点。

另外还有共顶点压缩法，要求先对物体表面建立表面三角网模型，之后进行数据压缩。

1.5.4　数据分割

在曲线曲面拟合之前要对扫描数据进行数据分割。在实际的产品中，产品表面往往由多张曲面混合构成。由于组成的曲面类型不同，在对数据点群进行 CAD 造型前，应先进行数据分割，将属于同一子曲面类型的数据划分成同一数据域，把测量数据分类转变为曲面造型数据，如图 1-7 所示。数据分割可以简化数据处理过程，改善曲面拟合精度。数据分割后，首先分别拟合单个曲面片，再通过曲面的过渡、相交、裁剪、倒圆等手段，将多个曲面"缝合"成体，实现模型重建。基本的数据分割方法包括基于边（edge-based）和基于面（face-based）两种。

(a) 模型数据点云　　　　　　　　　(b) 造型曲面数据划分

图 1-7　数据分割

（1）基于边的方法　首先是从数据点集中，根据组成曲面片的边界轮廓特征、两曲面片之间的过渡特征和曲面片之间存在的棱线或脊线特征，确定出相同类型曲面片的边界点，通过边界点形成边界环，通过判断点相对于环的位置实现数据分割。这种方法的难点在于需要正确地寻找边界特征点。通过数据点集计算局部曲面片的法矢或高阶导数，根据法矢的突然变化和高阶导数的不连续来判断一个点是否是边界点。

（2）基于面的方法　通常与曲面的拟合相结合，包括自下而上（bottom-up）和自上而下（top-down）两种方法。在自下而上的数据分割中，点的选取是困难的，同时对有些误差点的判断较困难；在自上而下的数据分割中，开始区域的选择和数据点集的分割是难点。在这种方法中，经常使用直线作为分割数据的边界线，这就影响最后曲面缝合边界的光滑。

1.6　产品模型的重构技术

模型重构的目标就是对点云进行处理，最终生成三维几何模型。例如基于曲线的模型重建，是先由测量得到的点云数据提取出特征扫描线，然后根据特征扫描线生成构造曲线，之后对构造曲线进行混合、放样、扫掠、旋转、拉伸、桥接等完成曲面造型，最后通过加厚、抽壳、布尔运算、倒角、合并等实体造型完成最后的实体造型。常用的曲面重构方法有以下几种。

（1）点-线-面方法构建三维曲面模型　由扫描数据点生成样条曲线，利用蒙皮、放样、混合和四边界等方法完成曲面的造型，通过曲面编辑得到完整的曲面模型，最终曲面的质量受样条曲线数量的影响。此方法适合于处理规则物体的有序点群数据。

对于不规则的曲面，遵循点-线-面造型过程的造型方法包括曲线放样（lofting）、混合点群＋边界曲线（blend/boundary curves）、曲线回转（revolution）、扫掠（sweeping）等。利用这些方法，由截面特征数据点所得到的特征曲线，即可实现曲面重构。

（2）点-曲面重构方法　可由数据点群直接生成曲面片，通过对曲面片的编辑完成曲面模型的重建。例如，生成管道曲面的基本步骤（图 1-8）包括：给定数据的三角剖分，优化后的三角剖分网格显示见图 1-8(a)；曲面特征抽取与数据切片，原始曲率见图 1-8(b)；四边形曲面片重构，重定义曲面片分布见图 1-8(c)；网络结构构建，管道曲面网格见图 1-8(d)；NURBS 曲面生成，曲面显示见图 1-8(e)。

实际应用中重构方法的选用取决于扫描数据类型、模型的几何特征和曲面的复杂程度。

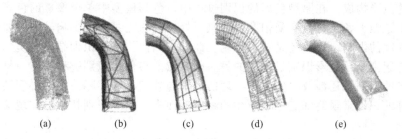

（a）　　　（b）　　　（c）　　　（d）　　　（e）

图 1-8　生成管道曲面的基本步骤

1.7　逆向设计的发展趋势

1.7.1　逆向设计技术的研究热点

逆向设计技术已经在各个领域发挥着重要作用，其关键技术也在不断地进行更新和进步。目前，逆向设计技术的研究热点仍将集中在以下几个方面。

（1）高精度化、自动化（计算机数据化）、非接触测量、使用现场化　这类技术将是三坐标测量设备的主要发展趋势。关键部件将更多采用具有小膨胀系数、高弹性模量等特性的新材料。三坐标测量正在逐渐成为制造系统的重要组成单元，从而在计算机控制下参与到各种测量、计算、数据交换等各个生产制造环节。

（2）大规模散乱数据处理过程的高精确性和智能化　这是数据预处理技术发展的主要方向，特别是特征提取技术的应用。根据规则设定参数，通过程序控制，自动根据曲率进行特征识别，从散乱点云中提取出关键的点数据，通过对关键点的处理完成模型重构，将大大提高数据处理效率。由于特征提取技术是根据规则对数据进行聚类，所以一些先进的智能化算法将被应用到逆向工程的数据处理中来，比如蚁群算法、遗传算法和神经网络算法等。

（3）曲面重构的速度和精度一直是阻碍逆向工程进步的难题　以后的研究中，曲面重构技术将有以下发展趋势：曲面重构智能化，通过散乱数据直接进行曲面重构，并自动补偿残缺数据，使重构曲面逼近真实曲面；对测量数据中包含的几何特征进行智能识别和智能提取，以达到对于对象模型的更高层次结构特征信息的表达；特征几何的自动分离、拼接。通过点云数据直接计算生成多面体模型的NC加工代码，将是逆向工程发展的重要方向，其过程省去烦琐的数据处理和曲面重构，但计算精度和对硬件的要求将是一大考验。

（4）逆向工程与网络的协同设计和数字化技术的集成　在现有网络带宽下，实现上百万测量点的快速重建和传输曲面模型。近年迅速发展起来的PBR（point-based rendering，基于点的绘制）和PBM（point-based modeling，基于点的造型）技术为大规模数据的实时绘制与造型开辟了新途径，同时大大推动了逆向工程的集成化进程。

（5）原型的色彩和材质信息的处理与识别　在产品的几何数据反求方面，国内外都做了大量卓有成效的研究工作，取得了大量实用性很强的研究成果，这些成果较好地支持了产品的几何设计、模具的制造等方面的工作，但对工业设计过程中色彩的运用、材质的选取以及设计意图、造型规律的识别则帮助甚少。使用最新的数码摄像测量技术解决工业设计过程中色彩和材质表现等方面信息的反求问题，使工业设计过程中的逆向工程技术形成一个完整的技术系统，更好地服务企业的实际应用，将是一个方向。与黑白照片不同，彩色照片除了有亮度信息外，还包含有颜色信息，彩色图像的表示与所采用的彩色空间即彩色的表示模型有关。目前彩色模型主要有RGB模型和HIS模型，而色彩逆向工程就是要根据原型的彩色模型来精确确定原型所使用涂料的色彩构成。在原型色彩的识别过程中，色彩模型中单个像素的色彩识别比较容易进行，但由于原型上各点的色彩受拍照时各点所处位置的光线强度影响较大，如何处理光强对色彩识别准确度的影响，目前还是一个难题。此外，如何将色彩识别结果与实际可行的涂料的调配过程结合起来则是色彩识别过程中的另一个难点。与色彩识别过程相比，材质的识别不但涉及像素色彩的识别，还涉及材料表面纹理的识别与处理，在实际使用中必须结合对原型的色彩和表面纹理的识别来最终确定原型所用的材料。而表面纹理识别技术的实现又依赖于图像特征参数的处理与提取。

（6）产品设计意图、造型规律的分析与提取　与色彩和材质相比，工业设计过程中的设计意图与造型规律则是在更高层面反映了设计师的设计理念。设计意图与造型规律主要表现为全局性和整体性，这就要求在对它们的分析过程中，所采用的方法要能从原型结构比例、表面曲率分布以及与各类模板对比等宏观、微观多个角度出发来进行分析。这项技术的研究将有助于系列化产品的研究与开发。

（7）逆向工程中测量方法选用与测量方案规划　随着工业设计过程中对逆向工程软硬件需求的不断增大，各类逆向工程设备大量出现，这些设备各具特色，如何在实际应用中合理地使用它们也是实际工程中一个难点，除了测量精度之外，如何提高测量的效率，如何软硬结合进一步提高逆向工程的质量等，也是应该考虑的问题。用户在使用逆向工程设备的过程中遇到的问题是由于缺乏对测量工作进行合理的规划，其结果要么最终因为测量精度达不到要求的精度，而导致逆向工程的工程质量较差；要么是因为测量数据过多，测量速度过慢，而错失最佳商机；要么因为测量成本过高，导致最终产品缺乏市场竞争力。因此在逆向工程中，如何根据逆向工程对象在精度、测量速度和测量成本方面的要求，制订最佳的测量计划，确保逆向工程的质量，也是逆向工程中的一个重要的环节。

（8）点云数据处理和边界识别技术　在原型的几何反求过程中，对点云数据的处理是必不可少的。它不但要去掉一些跳点，而且还要根据要求进行数据的精简、规则化和边界的抽取。其中规则化与后续CAD模型的建立关系较大，因为在通用的CAD系统中，曲面模型一般采用参数曲面来表示，而构建参数曲面一般要求原始数据呈拓扑矩形。所以规则化是构建 CAD 模型的必备条件之一。点云的边界是指能够表达原型样件原始边界的测量点，或者由这些测量点连成的曲线。边界不仅作为表达曲面的重要几何特征，而且作为求解曲面的定义域，对重构曲面模型的精度起着重要的作用。但由于目前逆向工程中所得到的点云数据量一般很大，因此研究高效、通用的点云处理方法在实际工程中是十分必要的。

（9）产品原型制作中特殊材料的数控加工与粘接　目前，在工业设计过程中，各种模型主要通过手工或半手工制作，不但对技师或工人的技术水平要求高，而且制作精度差，效率低。比如，在车辆设计中普遍采用油泥模型，在模型制作的过程中，一般由设计师用刀片对模型进行制作与修正。这种制作方式已阻碍了相关技术的进步和工作效率的提高。根据我国的实际，探索使用数控机床或 3D 打印机来完成油泥模型及其他造型材料的加工，是必要的。

此外，在产品设计过程中，需要通过制造物理模型进行产品的外观形状评价和功能（包括力学性能、装配性能等）测试，根据评价结果反复修改模型，逐步完善产品的设计，才能最终设计出符合设计要求的产品。物理模型制作的优劣关系到产品最终性能的好坏。因此，物理模型的制造是企业产品设计工作中重要的环节之一，在我国制造企业中有着很大的需求。但当前，在模型制作过程中，一般只采用少数几种材料来完成产品模型的加工，没有充分发挥各种模型制作材料的优势和性能。因此，不能使模型性能很好地满足各项设计指标（强度、韧性、精度和表面粗糙度等）的综合要求，从而导致产品性能试验和外观评价等结果的可信度不高，甚至可能导致模型不符合试验和评价的要求。另外，使用单一材料还不易有效地降低模型制作的成本，也不能缩短制造的周期。针对这一问题，可以探索将粘接技术引入产品模型的制造过程中，并把产品模型划分为几个材料子单元，利用不同方法完成不同子单元的加工制造，再将不同材料制成单元进行粘接，实现整体物理模型的制造，从而使材料的性能得到充分利用，使产品模型更符合评价和分析的需要。另外，在产品分析中物理模型局部可能发生破坏，利用上述技术只需要更换损坏的子单元，就可以应用于其他的试验，极大地降低了试验的成本。

1.7.2　逆向设计技术的瓶颈

另外，逆向设计仍有许多技术瓶颈需要解决，在诸多方面存在不足，主要表现在以下几个方面。

（1）数据滤波技术　在实际的测量过程中受到人为或随机因素的影响，不可避免地会引入大量的噪声点。如在激光三角测量法测量中，由于线结构光视觉传感器是利用光学反射原理进行测量的，其测量结果不可避免地会受到室内光照条件、测量工件表面反射特性和传感器噪声干扰等因素的影响，从而产生一定量的噪声点。噪声点是影响曲面重构质量的重要因素，在逆向反求过程中必须将其剔除。目前噪声点的过滤技术仍然是学术界研究的热点。

（2）坐标变换　由于激光扫描测量机或三坐标测量机（CMM）自身结构的不完善及数据处理过程的需要，在某些情况下需要对数据点云进行坐标变换。

（3）特征提取　目前常用的逆向工程 CAD 建模软件都不能精确地再现曲面模型的全部特征或追加模型的局部特征，缺乏对特征有效地运算和操作。在由 NURBS 表示的曲面重构理论中，同样缺乏对特征曲面的辨识能力，即使能对曲面模型做较为恰当的分块，也是将各分块作为独立的自由曲面来构造，影响重构模型的保形性和微分性质。

（4）曲面重构　由于 B 样条曲面是张量积曲面，具有四边形拓扑性质，因而往往不能用一张 B 样条曲面去描述复杂的自由曲面，通常需要采用分区重建曲面的方法，然后再进行曲面连接和过渡，以形成整块曲面。因此在曲面精度和光顺性上会有较大的难度。

1.8　逆向设计与 3D 打印技术

随着全球市场一体化的形成，制造业的竞争从过去的单纯质量竞争，发展到在全生命周期内的全方位竞争——T（及时快速）、Q（高质量）、C（低成本）、S（优质售后服务）缺一不可。产品的开发制造速度日益成为竞争的主要矛盾，同时制造业既需要满足日益变化的用户需要，又要求制造技术有较强的灵活性，所以能够以小批量甚至单件生产而不增加产品成本的制造技术变得十分关键。

产品快速开发制造系统技术是为适应此市场需求而于 20 世纪 80 年代中后期率先在国外发展起来的一种先进制造技术，可更快更好地实现产品设计制造的要求。有大量应用案例表明，产品快速开发制造系统技术将产品开发周期降为传统方法的 1/10~1/5，开发费用降为 1/5~1/3，它是产品快速开发的利器。

逆向设计是实现新产品快速创新、进行创意设计的重要手段。图 1-9 为新产品快速开发制造系统工艺流程。可以看出，RE/CAD 技术、3D 打印技术及快速模具制造（RT）技术集成起来，即构成一个完整的集成快速开发制造系统。其中，STL 文件格式是 1987 年由 3D Systems 公司开发的文件存储格式，就是将 CAD 模型表面离散化为一系列三角形曲面片，用三角形的 3 个顶点坐标和三角形面片的外法线矢量来表示每个三角形面片，则零件表面就可表示为多个三角形面片的集合。虽然 STL 文件存储格式具有某些缺陷，但这种文件格式得到大多数 CAD 系统和快速成形设备的支持，对快速成形技术的发展起到了推动作用。

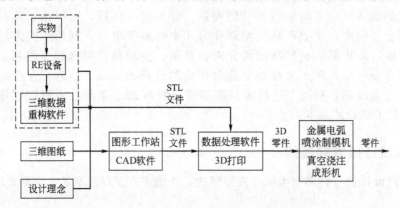

图 1-9　新产品快速开发制造系统工艺流程

3D 打印不同于传统的快速成形工艺，而是基于离散/堆积原理，直接将三维 CAD 模型转化为实物模型，它的最大特点是可以快速制造出任意复杂形状的实物模型。

3D 打印技术是先进快速制造技术之一，3D 打印带来颠覆性变革——产品开发周期与成本大幅度下降，基本上是 1/5~1/3。使用材料利用率由 5% 提升至 85%。GE 公司做了一个非常创新的工作，用 3D 打印把 20 个零件合成了 1 个零件，提高燃油效率 15%，发动机前进了一代。GE 打印汽车，2 万个零件集成为 40 个，6 天打印完成且减重 1/3；概念飞机减重 60%。有人预测真正产业化，最起码也是 15%~30%。现在 3D 打印从增料可以实现创材，美国国家航天局打印了一个耐温 3315℃ 的合金，这就大幅度提升了火箭发动机的效率。进一步的发展，是从创材走向创生，甚至可以用组织工程的方法制造人工肝、人工皮肤、人工心脏。

《中国制造 2025》是中国政府实施制造强国战略第一个十年的行动纲领。《中国制造 2025》将是数字化、智能化的制造，3D 打印技术将是新的工业革命的核心，是产品创新和制造技术创新的共性使能技术，并深刻改革制造业的生产模式和产业形态。有学者提出 3D 打印将带来第三次工业革命，将形成多品种、小批量、定制式的新型生产模式。3D 打印既是制造工艺的原理创新，也是应用数字化技术的产品创新，将可能改变整个制造业的面貌。其重要性体现在以下几个方面。

（1）3D 打印是增材制造方法的新发展，能大大提高新材料的成形能力　第三次工业革命的一个重要内容是发展新材料，特别是生物医学材料，同时还应解决相应的新材料成形难题。如上所述，现在的 3D 打印继承了增材制造方法的基本思路，并突破了原有快速成形的局限，可使用的材料几乎没有限制，因此必然成为新材料成形的优选方法，为第三次工业革命提供有力的材料成形手段。

（2）3D 打印机是制造业数字化的典型代表，特别适用于个性化定制生产　3D 打印机成形工件的全过程包括：①用 CAD 软件设计产品的数字化模型，或通过 3D 数字扫描机和反求软件建立产品的数字化模型；②将产品的数字化模型输入 3D 打印机，在计算机的控制下，实现产品的无模自由成形。以上过程表明，3D 打印机是 CAD/CAM 一体化数字制造技术的典型，不需预先准备任何模具和刀具，产品品质、成本、生产效率与产品的批量无关，因此特别适合个性化定制生产，符合第三次工业革命中新型生产模式的需求。

（3）3D 打印机是产品创新的一种高效共性使能装备　实现产品创新必须有以下几个先决条件：①3D 创造性思维，以便设计创新产品；②创造性思维的体现——产品的快速试制；③产品设计的快速修改；④产品的快速小批量生产，及时投放市场，快速信息反馈。显而易见，3D 打印机是 3D 创造性思维直观、快速、有效的体现手段，是实现上述条件的高效共性使能装备。

（4）3D 打印机可能成为生命科学最有效的装备　在第三次工业革命中，生命科学的发展占有十分重要的位置，例如制造人体器官的组织工程研究，在此项研究中如何构成所需的复杂多孔 3D 支架以及如何注入人体种子细胞是组织工程的关键所在。目前出现的 3D 生物打印机，可以进行细胞/器官的 3D 打印成形，非常可能成为未来人体器官制造的重要装备。

（5）3D 打印机还是一个万众创新的平台，人们甚至可以在家里制造出他所设计的零件　3D 打印最符合工业 4.0 的制造工艺，有可能在 3D 打印时代普及以后，很多人就在家里工作了。某个工程师既可以设计飞机，也可以设计服装，从而形成一个创新型的社会。现在是处于3D 打印技术发展的井喷期、产业发展的起步期和企业的跑马圈地期。无论是国家的科研力量还是企业，都要抓紧这一机遇。

第 2 章
逆向设计数据采集

数据采集是指通过特定的测量方法和设备，将物体表面形状转换成几何空间坐标点，从而得到逆向建模以及尺寸评价所需数据的过程。选择快速而精确的数据采集系统，是逆向设计实现的前提条件，它在很大程度上决定了所设计产品的最终质量，以及设计的效率和成本。目前市面上常见的数据采集系统有多种形式，如三坐标划线机、三坐标测量机、便携式关节臂测量机、激光测量系统、结构光测量系统等。其测量原理不同，所能达到的精度、数据采集的效率以及所需投入的成本也各不相同，需根据所设计产品的类型做出相应的选择。

根据测量时测头是否与被测量零件接触，将测量方法分为接触式和非接触式两大类。其中，接触式测量设备根据所配测头的类型不同，又可以分为力触发式以及连续扫描式等类型，常见的产品有三坐标测量机和关节臂式测量机。而非接触式测量设备则与光学、声学、电磁学等多个领域有关，根据其工作原理不同，可分为光学式和非光学式两种，前者的工作原理多根据结构光测距法、激光三角形法、激光干涉测量法而来，后者则包括 CT 测量法、超声波测量法等类型。逆向设计数据获取方法分类如图 2-1 所示。

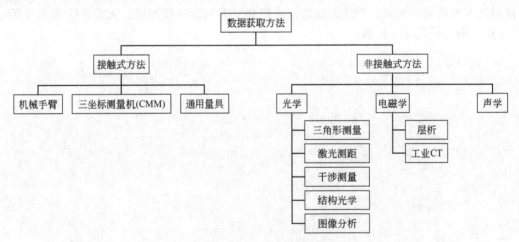

图 2-1　逆向设计数据获取方法分类

目前，测量设备的生产厂家较多，产品类型也多种多样，其中在行业里面居领导地位的公司包括瑞典海克斯康公司、美国 Brown & Sharpe 公司、美国 FARO 公司、法国 Romer 公司、瑞士 TESA 公司、意大利 DEA 公司、德国 Leitz 公司、以色列 CogniTens 公司等。

另外，在逆向工程的数据采集处理过程中，数据测量和点云处理软件也占据了极为重要的位置，它们决定了硬件设备采集数据在计算输出时的准确性和便捷性。目前行业内较为重要的测量软件主要包括 PC-DMIS 和 Quindos 等，而点云处理软件主要包括 Geomagic Studio、Imageware、Geomagic Design Direct 等。

2.1　现代精密测量技术

精密测量技术是整个机械工业发展的基础和先决条件，逆向工程技术、精密加工技术精度的提高总是与精密测量技术的发展水平相关的。近年来，精密测量技术发展迅速，主要包括以下几个方面。

2.1.1　数字化测量技术

数字化测量技术是通过数字化测量仪器、数字化量具产品对零件进行检测。如各种数显量具，像日本三丰、瑞士 TESA 及上海量具刃具厂、深圳 UMP 等公司开发的防水数显卡尺以及各种数显百分表、千分表、数显内径表等，有些还带有测量数据统计处理功能及打印输出。另一种是数字控制检测仪器，如德国 Klingelnberg 公司、美国 Mahr 公司的 CNC 齿轮测量中心，可检测各种齿轮类零件及各种齿轮刀具。我国哈量和精达开发的齿轮测量中心，在精度和测量速度方面已经接近或达到国外水平。

三坐标测量技术在采用工程陶瓷、磁力封闭新材料、新结构等方面均在不断创新，多测头的集成，扩大了仪器测量功能。多功能、高精度、多坐标综合测量仪，打破了传统测量仪的格局，即一台仪器经一次装夹就可完成工件多种几何参数的检测，从而大大提高了测量精度和效率。

2.1.2　激光测量技术和仪器

随着激光测量技术的发展，纳米分辨率激光干涉测量系统在超精测量和超精加工机床上得到广泛应用。英国 Renishaw 公司的激光干涉测量系统，配备了灵敏度和精度更高的温度、气压、湿度传感器和金牌 EC10 环境补偿装置，提高了测量精度，分辨率可达 1nm，是激光测量技术发展的典型代表。德国 SIOS 公司的小型激光干涉仪系列产品，有微型平面干涉仪、激光干涉测头等，可以和用户多种测量系统结合，特别适用于完成各种小尺寸范围的纳米测量任务。美国光动（OPTODYNE）公司开发的激光向量测量技术，是一种采用对角线方向测量数控机床空间位置精度的新方法，能提高在线检测数控机床的精度和检测速度。

2.1.3　绝对式光栅尺

近年来，绝对式光栅尺的问世是数控机床位移测量技术的重大进步，绝对式光栅尺的应用，进一步提高了数控机床加工精度和加工效率。在 NC 机床上，一直采用的位移测量装置是增量式光栅尺，采用这种增量测量方式，首先要确定初始点，然后读出从该点到所在位置的增量数来确定位置。因此，NC 机床在开机后，每个轴需要进行位置移动去寻找参数点。而装有绝对式光栅尺的 NC 机床，在通电开机后，能够立刻重新获得多个轴的绝对位置，就不需要移动轴去寻找参数点，这样就可在 NC 机床各轴的中断处继续进行原来的加工程序。由此减少 NC 机床的非生产时间。目前，Heidenhain 和 Fagor 公司的绝对式光栅尺，最高速度可达 120m/min，分辨率达 $0.1\mu m$。

2.1.4　大尺寸、复杂几何型面轮廓测量技术

Poli、Fardarm 公司的多关节式坐标测量机，采用了高精度光栅和内置平衡系统，而且带

有温度补偿，精度可达±0.025mm/1.2m。加拿大 EAGLE 精密技术公司的 EPT TMS-100 弯管测量系统，具有接触式和红外非接触式两种测头，以及与数控弯管机全兼容的零件库和误差校正信息库，专测大型零件，特别是像航空发动机零件测量成为可能。德国 Leize 公司的激光跟踪测量仪，带有红外激光绝对长度测量（ADM）系统，可用于大尺寸复杂型面轮廓的测量。

2.2 数据采集方法与测量设备的选择

几何量测量主要包括角度、距离、位移、直线度和空间位置等量的测量，其中最为通用和普及的就是确定位置的三维坐标测量。目前，可以实现大尺寸三维坐标测量的方法和系统按照所使用的主要传感器可以分为以下几类。

2.2.1 三坐标测量机 CMM

CMM 是传统通用三维坐标测量仪器的代表，通过测头沿导轨的直线运动来实现精确的坐标测量。它的优点是测量准确，效率高，通用性好；其不足是属于接触式测量方式，不易对准特征点，对测量环境要求高，不便携，测量范围小。目前，Brown & Sharpe 公司生产的 LAMBDA SP 型龙门式巨型坐标测量机的最大测量空间达到了 3m×10m×2m。

2.2.2 数字摄影三坐标测量系统

数字摄影测量是通过在不同的位置和方向获取同一物体的 2 幅以上的数字图像，经计算机图像匹配等处理及相关数学计算得到待测点精确的三维坐标。其测量原理和经纬仪测量系统一样，均是三角形交会法。数字近景摄影测量系统一般分为单台相机的脱机测量系统、多台相机的联机测量系统。此类系统与其他类系统一样具有精度高、非接触测量和便携等特点。此外，还具有其他系统所无法比拟的优点，如测量现场工作量小、快速、高效和不易受温度变化、振动等外界因素的干扰。国外的生产厂家和产品很多，如美国 GSI 公司的 V-STARS 系统，该系统现在由郑州辰维科技股份有限公司代理，在国内市场大尺寸测量中有广泛的应用。国内上海数造机电科技有限公司生产的 3DSS 幻影四目型三维光学扫描仪是该公司的第三代白光扫描仪，同时配两组（四个）相机和镜头，通过两组镜头切换工作，自由切换扫描范围，具有较高的测量效率和精度。

2.2.3 经纬仪测量系统

经纬仪测量系统是由两台以上的高精度电子经纬仪（如 Leica 的 T3000，水平角和垂直角的测角精度皆为 0.5″）构成的空间角度前方交会测量系统，是在大尺寸测量领域应用最早和最多的一种系统，由电子经纬仪、基准尺、通信接口和联机电缆及微机等组成。经纬仪测量系统的优点是测量范围较大（2m 至几十米），属于光学、非接触式测量方式，测量精度比较高，在 20m 范围内的坐标精度可达到 $10\mu m/m$；其不足是一般采用手动照准目标，逐点测量，测量速度慢，自动化程度不高。但目前已出现了带电机驱动的经纬仪（如 Leica 的 TM5100A），在重复测量时可不需人眼瞄准目标，实现自动化测量。

2.2.4 全站仪测量系统

全站仪是一种兼有电子测角和电子测距的测量仪器。其坐标测量原理最为简单，是空间极（球）坐标测量的原理，它是测绘行业应用最广和最通用的一种"坐标测量机"。早在 1990 年之前，瑞士 Leica 公司就推出了商业化系统 PCMSplus，其全站仪采用 TC2002，测角精度为 0.5″，测距标称精度为 1mm+1pp。目前，被称为测量机器人的带自动照准和自动识别目标（ATR）技术的全站仪已出现并广为应用。全站仪坐标测量系统只需单台仪器即可测量，因此仪器设站非常方便和灵活，测程较远，特别适合于测量范围大的情况，Leica 的 TDA5005 构成的系统在 120m 范围内使用精密角偶棱镜（CCR）的测距精度能达到 0.2mm。由于一般必须要合作目标（如棱镜或反射片）才能测距，所以它无法直接测量目标点；测距固定误差的存在，使其在短距离（小于 20m）测量时相对精度较低。虽然目前已出现了无须棱镜测距的全站仪（如 Leica 的 TCR1101），但测距精度均很低，低于 3mm。

2.2.5 激光跟踪测量系统

激光跟踪测量系统也是由单台激光跟踪仪构成的球坐标测量系统，其测量原理和全站仪一样，仅仅是测距的方式（单频激光干涉测距）的不同。实际测量时又可以分为单站距离、角度法和多站纯距离法。由于干涉法距离测量的精度高，测量速度快，因此激光跟踪仪的整体测量性能和精度要优于全站仪。在测量范围内（一般小于 50m），坐标重复测量精度达到 $5\mu m/m$；绝对坐标测量精度达到 $10\mu m/m$。但在单项指标上，如测角精度比全站仪要低，测量范围也比全站仪要小。

2.2.6 激光扫描测量系统

激光跟踪测量系统具有测距精度高的特点，但是测距为相对测距，需要保持在跟踪过程中激光束不能丢失。另外，测距需要合作目标（反射器）配合，因此是一种接触式的测量系统，往往给测量带来诸多不便。采用其他非干涉法测距方式可以不需要合作目标来实现距离的测量，将这类系统称为激光扫描测量系统。激光扫描仪的测距原理分为三种：一是脉冲法激光测距；二是激光相位法测距；三是激光三角法测距。基于脉冲法测距的激光扫描仪精度较低，一般为毫米级，但其测程较长，如 Leica 公司的 HDS3000 型激光扫描仪（最大测程 100m），测距精度为 4mm，曲面建模精度优于 2mm，故其主要应用在土木工程测量、文物和建筑物的三维测绘等领域。相位法测距的精度和调制频率有关，一般全站仪的测距频率最高为 50～100MHz，但美国 Metric Vision 公司推出的激光雷达扫描仪（Laser radar scanner）LR200 的则达到 100GHz，它在 10m 距离上绝对距离测量精度可以达到 0.1mm，测量范围为 2～60m。基于激光三角法测距原理的扫描测量系统又称为结构光扫描仪（structured light scanner）。以半导体激光器作光源，使其产生的光束照射被测表面，经表面散射（或反射）后，用面阵 CCD 摄像机接收，光点在 CCD 像平面上的位置将反映出表面在法线方向上的变化，即点结构光测量原理。

2.2.7 关节式坐标测量机

关节式坐标测量机是一种便携的接触式测量仪器，模拟人手臂的运动方式对空间不同位置待测点进行接触测量。仪器由测量臂、码盘、测头等组成，各关节之间测量臂的长度是固定的，测量臂之间的转动角可通过光栅编码度盘实时得到，转角读数的分辨率可达±1.0″，测头功能同三坐标测量机，甚至可以通用。关节式坐标测量机利用空间支导线的原理实现三维坐标测量功能，它也是非正交系坐标测量系统的一种。和三坐标测量机比较，关节式坐标测量机的测头安置非常灵活，和其他光学测量系统比较，它不需要测点的通视条件，因此在一些测点通视条件较差的情况下（隐藏点），非常有效，例如汽车车身内点的测量等。但由于关节臂长的限制，它的测量范围有限（最长可以到 4m），但可以采用"蛙跳"的方法（公共点坐标转换法）或附加扩展测量导轨支架的方法来扩大其测量范围。目前生产关节式坐标测量机的厂家较多，主要有美国的 Faro 公司和 ROMER 公司、德国的 ZettMess 公司、意大利的 Garda 公司等。

2.2.8 室内 GPS

所谓室内 GPS 是指利用室内的激光发射器（基站）不停地向外发射单向的带有位置信息的红外激光，接收器接收到信号后，从中得到发射器与接收器间的两个角度值（类似于经纬仪的水平角和垂直角），在已知了基站的位置和方位信息后，只要有两个以上的基站就可以通过角度交会的方法计算出接收器的三维坐标。基站的位置和方位通过光束法进行系统定向后完成，这样不需要已知控制点，只要一个基准尺度就可以了。与 GPS 不同的是，室内 GPS 采用室内激光发射器来模拟卫星，它不是通过距离交会，而是用角度交会的方法。与经纬仪系统不同的是，它不是通过度盘来直接测量角度，而是通过接收红外激光来间接得到角度值，因而就不再需要人眼去瞄准待测点了。

对于逆向设计中常用的测量方法，其比较见表 2-1。

表 2-1　常用测量方法的比较

测量方法	精度	测量速度	材料限制	设备成本	测量范围影响	复杂曲面处理效果
三坐标接触式测量设备	$\geqslant \pm 0.6\mu m$	慢	部分有	较高	大	较差
激光三角法测量设备	$\geqslant \pm 5\mu m$	较快	无	一般	较小	较好
结构光测量设备	$\geqslant \pm 15\mu m$	较快	部分有（需贴标记点）	较高	较小	较好
CT 和超声波测量设备	1mm	较慢	无	高	一般	一般

各种数据采集方式都有一定的局限性。因此，在设备选择上，必须注意如下几点。

（1）测量设备整体精度是否可以满足要求。

（2）测量速度是否足够快，工作效率是否足够高。

（3）测量时是否需要借助其他工具如标记点、显影剂的帮助才能测量。

（4）操作的方便性，是否对操作者要求较高。

（5）要考虑投入成本以及后期维护的成本。

（6）是否需要对产品进行破坏才能完成全部数据的测量。

（7）数据输出的格式以及与其他后续处理软件的接口是否完整。

需要根据产品的自身特性、精度要求、制造材质等多项因素综合考虑之后，在满足使用要求的基础上对设备进行合适的评估和选择。

2.3　三坐标测量机及其操作

三坐标测量机起源于 20 世纪 50 年代，其最初仅仅具有检测仪器的作用，可对加工零部件的尺寸、形状、角度、位置以及形位公差等要求进行检测，其采用的测头也只有接触式测头。随着科学技术的不断进步，三坐标测量技术已经日益成熟，现在的三坐标测量机除了原有的接触式检测方式之外，还可以外接非接触式激光扫描测头、红外线式触发测头、针尖式接触测头等多种形式的测头，实现曲面的连续扫描、管路管件的非接触测量以及在零部件上直接划线等功能。随着逆向工程技术的发展，三坐标测量机也成为该领域中重要的数据采集系统。该设备由于具有很高的测量精度以及较快的测量速度，而被广泛地用于航空航天、汽车制造、轨道交通、电子加工乃至科研教学等领域，应用于产品设计、制造、检测的全过程。

2.3.1　三坐标测量机的应用

（1）模具行业　三坐标测量机在模具行业中的应用相当广泛，它是一种设计开发、检测、统计分析的现代化的智能工具，更是模具产品无与伦比的质量技术保障的有效工具。

模具的型芯型腔与导柱导套的匹配如果出现偏差，可以通过三坐标测量机找出偏差值以便纠正。在模具的型芯型腔轮廓加工成形后，很多镶件和局部的曲面要通过电极在电脉冲上加工成形，从而电极加工的质量成为影响模具质量的关键因素。因此，用三坐标测量机测量电极的形状必不可少。三坐标测量机可以应用 3D 数模的输入，将成品模具与数模上的定位、尺寸、相关的形位公差、曲线、曲面进行测量比较，输出图形化报告，直观清晰地反映模具质量，从而形成完整的模具成品检测报告。在某些模具使用了一段时间出现磨损要进行修正，但又无原始设计数据（即数模）的情况下，可以用截面法采集点云，用规定格式输出，探针半径补偿后造型，从而达到完好如初的修复效果。

当一些曲面轮廓既非圆弧，又非抛物线，而是一些不规则的曲面时，可用油泥或石膏手工做出曲面作为底坯。然后用三坐标测量机测出各个截面上的截线、特征线和分型线，用规定格式输出，探针半径补偿后造型，在造型过程中圆滑曲线，从而设计制造出全新的模具。

三坐标测量机以其高精度、高柔性以及优异的数字化能力，成为现代制造业尤其是模具工业设计、开发、加工制造和质量保证的重要手段。

① 三坐标测量机能够为模具工业提供质量保证，是模具制造企业测量和检测的最好选择。测量机在处理不同工作方面所具有的灵活性以及测量的高精度，使其成为模具合格与否的仲裁者。在为过程控制提供尺寸数据的同时，测量机可提供入厂产品检验、机床的校验、客户质量认证、量规检验、加工试验以及优化机床设置等附加性能。高度柔性的三坐标测量机可以配置在车间环境，并直接参与到模具加工、装配、试模、修模的各个阶段，提供必要的检测反馈，减少返工的次数并缩短模具开发周期，从而最终降低模具的制造成本并将生产纳入控制。

② 三坐标测量机具备强大的逆向工程能力，是一个理想的数字化工具。通过不同类型测头和不同结构形式测量机的组合，能够快速、精确地获取工件表面的三维数据和几何特征，这对于模具的设计、样品的复制、损坏模具的修复特别有用。此外，测量机还可以配备接触式和非接触式扫描测头，并利用测量软件提供的强大的扫描功能，完成具备自由曲面形状特征的复杂工件 CAD 模型的复制。无须经过任何转换，可以被各种 CAD 软件直接识别，从而大大提高了模具设计的效率。

（2）汽车行业　三坐标测量机是通过测头系统与工件的相对移动，探测工件表面点三维坐标的测量系统。通过将被测物体置于三坐标测量机的测量空间，利用接触或非接触探测系统获得被测物体上各测点的坐标位置，根据这些点的空间坐标值，由软件进行数学运算，求出待测的几何尺寸和形状、位置。因此，坐标测量机具备高精度、高效率和万能性的特点，是完成各种汽车零部件几何量测量与品质控制的理想解决方案。

汽车零部件具有品质要求高、批量大、形状各异的特点。根据不同的零部件测量类型，主要分为箱体、复杂形状和曲线曲面三类，每一类相对测量系统的配置是不尽相同的，需要从测量系统的主机、探测系统和软件方面进行相互的配套与选择。

（3）发动机制造业　发动机是由许多各种形状的零部件组成的，这些零部件的制造质量直接关系到发动机的性能和寿命。因此，需要在这些零部件生产中进行非常精密的检测，以保证产品的精度及公差配合。在现代制造业中，高精度的综合测量机越来越多地应用于生产过程中，使产品质量的目标和关键渐渐由最终检验转化为对制造流程进行控制，通过信息反馈对加工设备的参数进行及时的调整，从而保证产品质量和稳定生产过程，提高生产效率。

在传统测量方法选择上，人们主要依靠两种测量手段完成对箱体类工件和复杂几何形状工件的测量，即通过三坐标测量机执行箱体类工件的检测，通过专用测量设备，例如专用齿轮检测仪、专用凸轮检测设备等完成具有复杂几何形状工件的测量。因此对于从事生产复杂几何形状工件的企业来说，完成上述产品的质量控制企业不仅需要配置通用测量设备，例如三坐标测量机，通用标准量具、量仪，同时还需要配置专用检测设备，例如各种尺寸类型的齿轮专用检测仪器、凸轮检测仪器等。这样往往导致企业的计量部门需要配置多类型的计量设备和从事计量操作的专业检测人员，计量设备使用率较低，同时企业负担较高的计量人员的培训费用和计量设备使用和维护费用，企业无法实现柔性、通用计量检测。因此，降低企业的测量成本、计量人员的培训费用、测量设备的使用和维修费用，达到提高测量检测效率的目的，使企业具备生产过程的实时质量控制能力，这将关系到企业在市场活动中的应变能力，对帮助企业建立并维护良好的市场信誉，具有重要的决定作用。

2.3.2 三坐标测量机的组成及工作原理

2.3.2.1 三坐标测量机的组成

三坐标测量机主要由主机机械系统、电气控制系统、测头系统以及相应的计算机数据处理系统组成。

三坐标测量机在三个方向上均装有高精度的光栅尺和读数头，通过相应的电气系统控制操作使其沿相应的导轨方向移动，通过测头对被测零件进行接触或扫描，从而达到数据采集的目的，再通过相应的软件处理，完成零部件的测量或扫描工作。

三坐标测量机的通用性强，可实现空间坐标点位的测量，方便地测量出各种零件的三维轮廓尺寸和位置精度；测量精确可靠；可方便地进行数据处理与程序控制；只要测量机的测头能够瞄准（或感受）到的地方，就可测出它们的几何尺寸和相互位置关系，并借助于计算机完成数据处理。

三坐标测量机主机系统的结构类型主要有悬臂式、桥式、龙门式等，如图 2-2 所示。悬臂式结构的优点是开敞性较好，装卸工件方便，而且可以放置底面积大于工作台面的零件。不足之处是刚性稍差，精度低。桥式测量机承载力较大，开敞性较好，精度较高，是目前中小型测量机的主要结构形式。龙门式测量机一般为大中型测量机，要求有好的地基，结构稳定，刚性好。

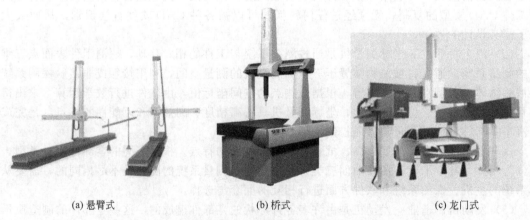

(a) 悬臂式　　　　　　　　(b) 桥式　　　　　　　　(c) 龙门式

图 2-2　固定式三坐标测量机的主要结构形式

三坐标测量机采用空气轴承气路系统（过滤器、开关、传感器、气浮块、气管等），使运动部件无摩擦。气浮轴承与大理石导轨之间的间隙为 $3\sim10\mu m$，具有比油黏滞性小、耐高温、无污染等优点。可实现高精度、高速度、高寿命、摩擦小、振动小、稳定性高的测量工作。

控制系统包括光栅系统、驱动系统和控制器。光栅系统是提高测量机精度的保证，分辨率

一般为 $0.1\mu m$ 或 $0.5\mu m$，可获得三轴的空间坐标。驱动系统一般采用直流伺服驱动，特点是传动平稳，功率较小。控制器是整个控制系统的核心，负责设备各种电气信号的处理和软件的通信，另外，把软件的控制指令转化为电气信号控制主机运动，把设备实时状态信息传输给软件。

测头系统是测量机的核心部件（图 2-3），能确保测量机的精度，精度为 $0.1\mu m$。测头系统包括测座、测头、测针三部分。测座有手动、机动、全自动测座；测头分为触发式和扫描式；测针有各种类型，如针尖、球头、星形测针等。大部分工件的精密测量都使用接触式触发测头。机械触发式测头包括 3 个电气触点，在探针偏移后，至少一个触点断开。这一瞬间，测量机将立即读取 X、Y 和 Z 坐标。这些坐标值代表了这一瞬间的探针测球中心坐标。测头传感器在探针接触被测点时发出触发信号；控制器根据命令控制测座旋转到指定角度，并控制测头工作方式转换；测座连接测头，可以根据命令（或手动）转换角度。

图 2-3　三坐标测量机的测头

计算机数据处理系统从功能上分主要包括通用测量模块、专用测量模块、统计分析模块、各类补偿模块。通用测量模块作用是完成整个测量系统的管理，包括测头校正、坐标系建立与转换、几何元素测量、形位公差评价、输出文本检测报告。专用测量模块一般用包括齿轮测量模块、凸轮测量模块、叶片模块。统计分析模块一般用在工厂里，对一批工件的测量结果的平均值、标准偏差、变化趋势、分散范围、概率分布等进行统计分析，可以对加工设备的能力和性能进行分析。

2.3.2.2　三坐标测量机的工作原理

三坐标测量机是由三个相互垂直的运动轴 X、Y、Z 建立起一个直角坐标系，测头的一切运动都在这个坐标系中进行。测头的运动轨迹由测球中心点来表示。测量时，把被测零件放在工作台上，测头与零件表面接触，三坐标测量机的检测系统可以随时给出测球中心点在坐标系中的精确位置。当测球沿着工件的几何型面移动时，就可以得出被测几何型面上各点的坐标值。将这些数据送入计算机，通过相应的软件进行处理，就可以精确地计算出被测工件的几何尺寸、形状和位置公差等。

2.3.3　桥式三坐标测量机

2.3.3.1　青岛海克斯康桥式三坐标测量机

海克斯康 HEXAGON 测量技术（青岛）有限公司是中国最大的世界级数控三坐标测量机专业制造厂商。海克斯康作为目前技术最先进、实力最强的坐标测量机制造企业，拥有全世界最大规模的 $15000 m^2$ 的现代化生产厂房。海克斯康所有机型均配备国际最先进的数控系统和功能强大的通用测量软件。

海克斯康拥有一支训练有素的测量机技术服务和应用支持队伍，分布在全国各地的 12 个区域办事处，可为客户提供快速的本地化技术支持和服务。对于客户的任何技术问题，海克斯康承诺 4 小时之内予以积极响应，24 小时之内到达用户现场解决相应问题。

2.3.3.1.1　global advantage 系列三坐标测量机

global advantage 系列三坐标测量机是瑞典海克斯康计量技术集团最新一代高性能活动桥式测量机，配备高稳定性的测量系统。该测量机具有高性价比、高效和高精度的特点，而且操作可靠性好、维护成本低，是进行快速、精确测量的理想解决方案。

X 向横梁采用海克斯康获得专利的 TRICISIONTM 式（精密三角梁）横梁设计，提供最佳刚性质量比；轻合金桥架较传统设计刚性提高 25%，X 向导轨重心降低 50%，从而保证了运动平稳、精确。移动桥上的轴承跨距更宽，降低了由于桥架自转导致的误差，保证了整机空间精度更高；同时降低了重复性误差，提高了速度和加速度，使得测量效率更高。图 2-4 所示为 global advantage 活动桥式三坐标测量机。

图 2-4　global advantage 活动桥式三坐标测量机

（1）global advantage 活动桥式三坐标测量机功能　global advantage 集单点触发和连续扫描功能于一身，可配备多种测头系统，如接触式和非接触式扫描测头。通过配备新一代高稳定性的控制系统，并结合温度和精度补偿系统对测量机性能进行优化，再加上先进的算法，global advantage 支持高速、高精度模拟开环以及闭环扫描。该测量机采用获得专利的快速探测模式的指向、点击和扫描技术，可把扫描测头当作触发式测头使用，而不会损失速度和精度。global advantage 有三个系列可供选择，满足用户精密计量的要求，三坐标测量机参数见表 2-2。

表 2-2　global advantage 活动桥式三坐标测量机参数

型号	行程			外形尺寸		
	X/mm	Y/mm	Z/mm	L/mm	W/mm	H/mm
575	500	700	500	1480	1025	2431
7107	700	1000	660	1951	1316	2842
9182	900	1200	800	2495	1510	3066
9158	900	1500	800	2795	1510	3066
9208	900	2000	800	3295	1510	3066

① 技术特点

a. X 向横梁采用超高刚性精密三角梁技术，通过减轻运动负荷从而提高了整机的性能，是保证稳定性和刚性的最佳结构设计，该领先技术受到专利保护。

b. 标配机器与工件的线性温度补偿技术。

c. Y 轴采用海克斯康获得专利的整体燕尾式导轨，提高了测量机的精度和重复性。

d. 三轴均采用同步带驱动，结构紧凑、不打滑、速度快、噪声低、易维护。

e. Z 轴采用可调气动平衡，运动平稳，并可在紧急情况下自动制动，保证安全。

f. 三轴均采用德国海德汉镀金光栅尺，其热膨胀系数的准确度及均匀性经德国国家标准局（PTB）认证，确保准确稳定的温度补偿。

g. 配备全球一流的坐标测量软件，可满足各种测量需求，已成为测量业界的标杆。

h. 可选配 CLIMA 温度补偿选项，使得测量机可在更宽温度范围（16～26℃）内保持高精度。

i. 可提供专业的一体化设计方案（包括地基、减震、空调间、上下料等）。

② 技术性能指标　三坐标测量机技术指标见表 2-3。

表 2-3　global advantage 活动桥式三坐标测量机技术指标

项目	指标	项目	指标
最大允许示值误差 $MPE_e/\mu m$	$2.5+3.0L/1000$	3D 运动速度/(mm/s)	866
最大允许探针误差 $MPE_p/\mu m$	2.5	3D 运动加速度/(mm/s²)	2598

注：根据 ISO 10360-2 坐标测量机的性能评定标准。

③ global advantage 的控制系统

a. 它是一种优质高效的直流伺服系统。

b. 可支持各种触发式测头、模拟扫描测头和非接触式测头。

c. 采用了高速运动控制芯片，使得测量机的各轴运动形成了独立的闭环系统，在高效运作的同时保持高精度。

d. 独特的飞行特性减少了运动中的停顿和拐角，从而确保测量机的工作效率及运行的稳定性。

e. 经过严格的可靠性与安全性国际认证（如 CE 认证）。

f. 控制柜中装有用于通风的风扇，同时控制柜前后有两个装有过滤栅格的通风口，起到了良好的防尘效果。

g. 控制柜有两种类型的总线：DEA 总线和 ISA 总线。这种总线设计使得功能的扩展变得非常容易。

h. 支持无线操纵盒。

（2）软件系统（software system）

① PC-DMIS CAD++测量软件（measuring & inspection software）　PC-DMIS 是海克斯康为广泛的坐标测量用户打造的高性价比测量软件。作为全球计量行业标杆软件，PC-DMIS 融合了海克斯康在坐标计量行业内多年深厚的应用实践经验及对广大用户需求的精准把握。人性化的操作方法、直观的操作界面、可个性化定制的检测报告以及智能化的特征自动识别与多语言在线帮助，使得该款软件易学、高效、实用，适合广泛的测量需求，能够帮助企业快速提升坐标计量和产品质量控制能力，实现高效快捷的质量检测和过程控制。

PC-DMIS 开创了离线编程和无纸化检测的先河，通过选项的 DCI 直读接口或者 DCT 编译器，还可直接调用 UG、CATIA、Pro/E 等原始数模，从而避免了数据丢失和失真，并提高了效率。特征复杂、易变形、坐标系要求特殊、公差范围大一直是薄壁零件检测的技术难点，PC-DMIS 凭借其强大的模块化集成测量、特征自动查找、灵活多样的坐标系建立方法、相对测量、多臂支持等功能，为薄壁零件检测提供了完美的解决方案，在汽车、航空航天、船舶、模具、新能源、轨道交通等行业赢得了广泛赞誉。

PC-DMIS 强大的扫描和逆向支持功能，提供了开放曲线、闭合曲线、自由曲面等多种路径的扫描，支持多种接触式测头及非接触式测头，支持触发式扫描和连续扫描，测量数据可以多种常用 CAD 格式输出，为复杂曲线曲面检测和逆向工程提供了高效的解决方案。

功能强大的计量与检测软件 PC-DMIS CAD＋＋是复杂零件检测者的理想选择。一方面，满足了客户 PC-DMIS CAD 全部功能，同时为薄壁零件、逆向工程的客户提供了强大的复杂几何特征测量和扫描功能，从而满足了汽车、航空航天各种零件的测量过程始终以高速、高效率进行的要求；另一方面，这一强大、完善的测量软件，通过其简洁的用户界面，引导使用者进行零件编程、程序初始设定和执行工件检测。利用其一体化的图形功能和丰富的测量报告模板，能够生成多种格式的可视化的图形报告，同时还提供了测量报告模板定制。

PC-DMIS 提供了具有中文版用户操作界面和在线中文帮助。具有完善、可定制的直观化图形用户界面（GUI），为不同软件应用水平的操作者提供了便捷的执行功能强大的计量软件的方法。提供了快速启动界面，按照操作提示对测头系统快速管理和应用操作、零件坐标系管理、几何特征的测量、构造和公差评价。

提供了功能强大的形位公差的评价，包括直线度、平面度、圆度、圆柱度、圆锥度以及各种型面轮廓度等。相对基准几何要素真实位置度的评价包括平行度、垂直度、角度、对称度、位置度、同轴度、同心度、轴向跳动、径向跳动、轴向全跳动、径向全跳动。可实现具有多种格式的 CAD 数模的导入、编程和测量，并能够完成几何关系的计算、构造和形位公差的评价与分析，如 IGES、STEP、VDAFS、STL 等。可实现基于 CAD 模型的零件测量前路径模拟和碰撞检查。

具有测量数据的 CAD 格式输出功能如 IGES、STEP、VDAFS、DFX。具有测量数据多种通用的输出格式如 DMIS、DES、Excel、Generic、XYZ。提供了丰富多样的检测报告标准模板，同时还提供了个性化定制功能，使检测报告输出增加了报告格式和数据处理上的灵活性。通过 PTB 完全认证，符合 ISO 标准的公差评判能力。

② PC-DMIS CAD＋＋具备高速扫描功能（high speed scanning）　PC-DMIS CAD＋＋软件的扫描功能，一方面提供操作者能够快速、高效、高密度并准确用于测量特殊几何形状的应用，如发动机的阀座、导管等特征；另一方面也为复杂的三维曲面测量提供了更好的解决方案，例如蜗轮叶片、钣金件组件和其他曲线、曲面形状。同时也适用于工件建模，模具制造调整，生产过程中故障诊断和处理，以及事故分析。各种类型的扫描特性和功能能够满足工件表面的多种扫描模式，只需快速点击 CAD 图形，便可获取扫描参数和信息。扫描功能也是检测工件配合表面尺寸的重要工具。

对已有 CAD 模型的扫描，在 CAD 图形上只需指向和点击即可确定工件扫描区域，该软件根据被测工件 CAD 模型的表面数学定义，自动提取名义数值和正确的矢量方向。对于手动测量机，程序可图形化地指导操作者到达工件准确的测量位置，然后计算出实际测量点与这些点的理论矢量偏移位置的差值。

③ PC-DMIS CAD＋＋支持薄壁件测量功能（support for thin-walled parts）　PC-DMIS CAD＋＋的薄壁件测量功能，提供快速、简捷测量薄壁件的复杂特征，如圆槽、方槽、棱点、高点等。满足特殊零件包括钣金件、塑料件、玻璃件和管件的测量需要。薄壁件测量这些功能包括自动寻找实际测量位置，实时三维测头补偿，自动补偿变形工件的表面位置和方向。

（3）测头系统（probe system）

① TESASTAR-sm 80 自动分度测座　TESASTAR-sm 80 可在竖直和水平两个方向自动旋转，5°的精细分度量确保有多达 2952 个测头角度组合。旋转 90°仅需 2s，可配置长达 300mm 的加长杆；可连接各种触发式测头、模拟扫描测头和非接触式测头。特别设计的结构使得 TESASTAR-sm 80 在安装时，部分结构可深入测量机 Z 轴内部，节省了安装空间尺寸，因而增大了测量空间。其技术参数见表 2-4。

表 2-4　**TESASTAR-sm 80 技术参数**

性能	指标	性能	指标
分度角 A(仰角)	−115°＋90°	定位重复性/μm	0.5
分度角 B(旋转)	±180°	旋转一个分度的时间/s	1
总位置数	2952	旋转90°的时间/s	2
重量/g	938	加长杆最大长度/mm	300
旋转扭矩/N·m	0.6		

② Renishaw TP200 测头系统（probe system）　Renishaw TP200 6 向电子测头能够保证在使用长探针的情况下依然具备优良的重复性。测头系统包括标准探针夹持吸盘一件，其技术参数见表 2-5。

表 2-5　**Renishaw TP200 技术参数**

性能	指标	性能	指标
感应方向	6 向，±X，±Y，±Z	重量/g	22
重复性/μm	0.30(10mm)	测力范围/g	2(XY 平面),7(Z 平面)

③ Kit ♯ 200 BSQ 探针组 Styli Kit ♯ 200 BSQ　具体规格见表 2-6。

表 2-6　**Kit ♯ 200 BSQ 探针组规格**

序号	名称		规格	数量
1	GF504R	碳纤维探针	4mm Dia,50mm long ball styli	1
2	GF506R	碳纤维探针	6mm Dia,50mm long ball styli	1
3	GF40E	碳纤维加长杆	40mm long extension	1
4	GF50E	碳纤维加长杆	50mm long extension	1
5	GF90E	碳纤维加长杆	90mm long extension	1
6	PS35R	柱形探针	2mm Dia,20mm long cylinder styli	1
7	PS2R	探针	2mm Dia,20mm long ball styli	2
8	PS16R	探针	3mm Dia,20mm long ball styli	2
9	PS17R	探针	4mm Dia,20mm long ball styli	2
10	PS7R	星形探针	5-way star stylus	1
11	SC2	星形转接座	5-way center	1
12	SE4	探针加长杆	10mm long extension	2
13	SE5	探针加长杆	20mm long extension	1
14	S7	扳手	M2 & M3 stylus tool	2
15	S1	C 形扳手	"C"spanner 13mm	1
16	S9	双头扳手	double ended "C"spanner 13mm×18mm	1
17	S20	扭矩扳手	GF style torque tool	2
18	PS12R	探针	M2 ruby ball style,4mm Dia,10mm long	1

合计 24

④ Swift-Fix 夹具系统（Swift-Fix fixturing system）　该系统能够提供综合的测量装夹方案，可随时向各种不同类型的零配件提供测量准备。包括一块底板座和一套标准的部件（95

件），其配置见表 2-7。

表 2-7　Swift-Fix 夹具系统配置

序号	夹具描述	数量
1	中型弹性压板	2
2	弹性压板的支撑柱	2
3	固定支撑块	2
4	弹性柱塞	2
5	螺纹柱塞	2
6	小型可调锁紧夹子	2
7	高度可调支撑	2
8	滑动支撑块	2
9	万向接头	2
10	ϕ20mm 磁性平支撑	4
11	m8 底盘紧固螺钉	2
12	m8 夹具紧固螺钉	2
13	铝锥支撑	3
14	尼龙锥支撑	3
15	阳接头	8
16	平头销支撑	2
17	ϕ12mm×20mm 支撑杆	6
18	ϕ12mm×30mm 支撑杆	6
19	ϕ12mm×50mm 支撑杆	6
20	ϕ16mm×20mm 支撑杆	6
21	ϕ16mm×30mm 支撑杆	6
22	ϕ16mm×50mm 支撑杆	6
23	ϕ20mm×20mm 支撑杆	6
24	ϕ20mm×30mm 支撑杆	6
25	ϕ20mm×50mm 支撑杆	6
26	夹具托盘	1
27	600mm×600mm×12mm 高强度铝金属板,结构 841-M8 螺孔,孔心距 20mm	

⑤ 测头系统选项（probe system options）　LSP-X1 测头系统是高速、高精度的可分度三维扫描模拟测头。它同时兼容触发和扫描功能，支持所有标准的探测模式，单点测量、自定心测量和连续高速扫描测量，可完成各种复杂的测量任务，包括复杂轮廓和外形的扫描。由于采用触发方式进行校验，因而校验所需的时间很短。LSP-X1 测头系统具备紧凑的结构，直径仅30mm，可最大限度地接近待测工件，并可深入工件内部进行测量。配备 Tesastar-m 或Tesastar-sm 自动分度测座，具有灵活高效的测量能力，如图 2-5 所示。

对应 LSP-X1s 和 LSP-X1m 两种不同的型号，LSP-X1 测头系统允许用户在不同的扫描模块中间进行转换，搭配 M3 螺纹探针，允许探针总长度范围在 20～115mm 之间，或者在120～200mm 之间。LSP-X1 测头系统可以使用可选的 Tesastar-r 自动更换架自动更换测头，也可以使用可选的 LSP-X1 自动探针更换架快速更换探针，无须重新校验，仍可保持测量精度。对应LSP-Xls 扫描模块，LSP-Xl 测头系统允许用户携带 20～115mm 的加长杆和探针。

LSP-Xls 测头系统包括以下组件：1 个 LSP-Xls 扫描模块；1 个 Xls-1 探针夹持吸盘；1 个X1s-2 探针夹持吸盘；1 个测头控制器；标准探针组。如使用扫描测头，测量精度可提高

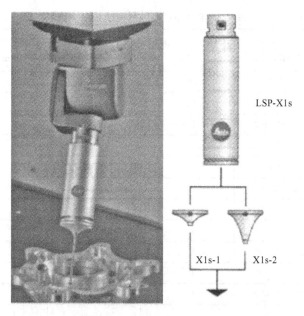

LSP-X1s

X1s-1　X1s-2

图 2-5　LSP-X1 测头系统

到 2.2μm。

2.3.3.1.2　超高精度三坐标测量机 Leitz 系列

高性能的 PMM-C 系列测量机把高精度、高效率有机地结合在一起。快速采集数据和先进的高速扫描为高效率的过程控制提供了最优化的检测报告。除了执行标准测量任务，如发动机箱体以及传动齿轮箱检测，PMM-C 系列测量机由于拥有极高的测量精度而能够处理具有复杂形状工件的检测，成为真正意义上的通用测量中心。

PMM-C 系列测量机是采用封闭框架设计固定龙门的高速度、高精度三坐标测量机，花岗岩材料的工作台可移动，底座是整体燕尾式导轨设计。工作台和导轨之间是预载荷空气轴承，陶瓷 Z 轴配有精密导向系统。这种结构形式可以最大限度地保证机器的整体刚性以及方便地装卸工件。三坐标测量机结构如图 2-6 所示，技术参数见表 2-8。

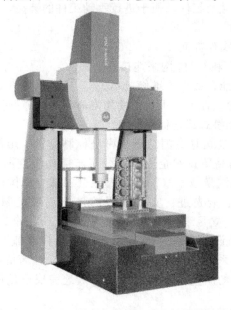

图 2-6　PMM-C 系列超高精度三坐标测量机结构

表 2-8 PMM-C 各种机型的技术参数

机型 (x、y、z)	最大允许示值 误差 MPEe/μm	最大允许探测 误差 MPEp/μm	最大允许扫描 探测误差 THP/μm	形状误差 MF/μm	尺寸误差 MS/μm	位置误差 ML/μm
PMM-C Ultra	$0.4+L/1000$	0.5	1.4(68s)	2.8	0.4	1.7
PMM-C12.10.7	$0.4+L/1000$	0.5	1.4(68s)	2.8	0.4	1.7
PMM-C8.10.6	$0.6+L/800$	0.6	1.5(49s)	2.8	0.4	1.7
PMM-C12.10.6	$0.6+L/800$	0.6	1.5(49s)	2.8	0.4	1.7
PMM-C12.10.7	$0.6+L/800$	0.6	1.5(49s)	2.8	0.4	1.7
PMM-C16.12.7	$0.9+L/600$	0.9	1.8(49s)	3.0	0.5	1.9
PMM-C24.12.7	$0.9+L/500$	0.9	1.8(49s)	3.0	0.5	1.9
PMM-C24.16.7	$1.3+L/600$	1.0	1.8(49s)	3.1	0.5	2.0
PMM-C16.12.10P	$1.3+L/500$	1.0	1.8(49s)	3.1	0.5	2.0
PMM-C16.12.10P	$1.6+L/400$	1.0	1.8(49s)	3.1	0.5	2.0
PMM-C16.12.10	$1.6+L/600$	1.3	2.1(49s)	3.3	0.6	2.2
PMM-C24.12.10	$1.6+L/600$	1.3	2.1(49s)	3.3	0.6	2.2
PMM-C24.16.10	$1.6+L/600$	1.3	2.1(49s)	3.3	0.6	2.2

主要特点如下。

(1) Leitz 的 PMM-C 系列测量机具备三个型号，行程范围从 800mm×1000mm×600mm 到 2400mm×1600mm×1000mm。

(2) 快速数据采集和先进的高速扫描技术提高了效率，有效地进行了过程控制。

(3) 高精度和优异的重复性，保证了最佳的测量性能。

(4) 无与伦比的探测率（高达 40 点/min）、高速度（高达 400mm/s）和高加速度（高达 3000mm/s²），缩短了检测周期，提供了较其他精密机器更高的效率，并显著减少了检测成本和机器的闲置时间。

(5) 检测结果的快速处理使得测量任务可以快速变换。

(6) 从空间四个方向可触及工件，便于进行手动工件的装夹，同时测量机可以集成为自动化生产线的组成部分。

(7) 简洁、用户友好的操作界面。

(8) 可以与现有的 CAD 和 CAQ 网络连接。

(9) 整机防碰撞保护功能，减少了维修成本。

(10) 最优化的设计理念，保证了更长的使用寿命和无故障操作。

2.3.3.2 苏州高瑞活动桥式三坐标测量机

苏州高瑞精密仪器有限公司是专门从事精密坐标测量机、影像测量仪、测高仪等专业计量设备和仪器生产与服务的高新技术企业，该公司与瑞典海克斯康计量技术集团（Hexagon Metrology AB）控股的思瑞测量技术（深圳）有限公司联合向国内市场推出 SEREIN 思瑞品牌产品。作为中国目前技术最先进、实力最强的坐标测量机制造企业之一，该公司拥有 8000m² 的现代化生产厂房，立足于中国市场，依托海克斯康全球化的资源优势，国际化的管理体系，引进先进的产品设计理念、制造工艺和质量控制流程，确保产品的技术领先性和品质的可靠性。Function 系列三坐标测量机是 SEREIN 思瑞精密最新一代高性能活动桥式测量机（图 2-7）。高稳定性的测量系统能够快速有效地完成通用的检测需要，并大大提高了检测效率。

(1) 技术特点

图 2-7　苏州高瑞三坐标测量机

① 核心零部件及软件全部原装进口。

② 单边活动桥式结构，显著提高运动性能，确保测量精度及稳定性。

③ 三轴导轨均采用高密度天然花岗岩，具有相同的温度特性及刚性。

④ 三轴导轨均采用自洁式预载荷高精度空气轴承，运动更平稳，导轨永不受磨损。

⑤ RENISHAW 自粘开放式金属光栅尺，更接近花岗岩基体的热膨胀系数，提高了设备的稳定性。

⑥ Y 轴采用整体燕尾式导轨，有效消除了运动扭摆，保证了测量精度及其稳定性。

⑦ 控制系统采用英国 RENISHAW 的 UCCLite 高速、高精度自动控制系统，该系统内嵌 32 位微处理器，真正实现实时控制。

⑧ 三轴均采用大功率驱动器、电机及双级减速装置，确保传动迅速、准确。

Function 主要规格型号与技术指标见表 2-9。

（2）控制系统　Function 所采用的 UCCLite 高速、高精度控制系统具有高水平的可靠性、安全性、模块化设计和结构紧凑的特点，非常适合安装在具备环境控制的房间中。真正实时控制，下位机为 32 位主 CPU 微处理器，改成上下位机采用光纤通信，提高抗干扰能力；PID 数字调节，速度和加速度前馈及反馈控制；图形轨迹显示调试软件；DCC 连续运动轨迹控制，飞行触测功能。多重保护 I/O 控制器，所有 I/O 均采用光电隔离技术，提高可靠性，控制状态实时显示。Rationai DMIS 软件运行在 Windows 2000、Windows XP、Windows 7 环境下，全中文界面，面向对象的编程方式，支持图形镜像功能。

表 2-9　Function 主要规格型号与技术指标

性能		指标				
		800 系列	1000 系列			
		F10128	F121510	F122010	F122510	F123010
行程/mm	X	1000	1200	1200	1200	1200
	Y	1200	1500	2000	2500	3000
	Z	800	1000	1000	1000	1000

性能		指标				
		800 系列	1000 系列			
		F10128	F121510	F122010	F122510	F123010
测量空间/mm	D_x	1100	1300	1300	1300	1300
	D_y	1960	2340	2840	3340	3840
	D_z	950	1150	1150	1150	1150
	D_{x1}	153	173	173	173	173
	D_{y1}	250	280	280	280	280
外形尺寸/mm	L	2370	2820	3320	3820	4320
	W	1694	1980	2100	2100	2100
	H	3150	3460	3750	3750	3750
承重/kg		1200	2000	2000	2000	2000
机器重量/kg		4000	5300	8500	10500	12500
MPEe/μm		$4.0+L/300$	$5.0+L/300$	$5.0+L/300$	$7.0+L/300$	$7.0+L/300$
MPEp/μm		4.5	5.5	5.5	5.5	5.5
光栅尺分辨率/μm		0.4	0.4	0.4	0.4	0.4
空间移动速度/(mm/s)		200	200	200	200	200
空间移动加速度/(mm/s²)		450	450	450	450	450
流量/(L/min)		150	150	150	150	150
供气压力/MPa		0.45	0.45	0.45	0.45	0.45

（3）测头系统 Renishaw PH10T＋TP20 自动旋转测座是由英国 Renishaw 公司专业设计生产的分度旋转开关，技术参数见表 2-10。

表 2-10 Renishaw PH10T＋TP20 技术参数

项目	性能		指标
Renishaw PH10T	分度角 A(仰角)		$0°\sim105°$，步距 7.5°
	分度角 B(旋转)		$\pm180°$，步距7.5°
	位置数		720
	重量/g		645
	定位重复性/μm		0.5
	加长杆最大长度/mm		300
Renishaw TP20	感应方向		5 向，$\pm X$,$\pm Y$,Z
	重复性/μm		0.35
	重量/g		22
Renishaw M2 测针组	产品名称	规格	1
	测针	PS49R(ϕ1.5mm×20mm)	4
	测针	PS27R(ϕ2.5mm×20mm)	1
	测针	PS17R(ϕ4.0mm×20mm)	1
	测针加长杆	SE2(10mm)	1

续表

项目	性能		指标
Renishaw M2 测针组	测针加长杆	SE5(20mm)	1
	测针加长杆	SE18(40mm)	1
	测针中心	SC2(可组装星形测针)	1

2.3.3.3 杭州博洋公司 BQC654 复合式三坐标测量机

杭州博洋公司生产的复合式三坐标测量机 BQC-R 系列和 BQM-RH 系列可将激光扫描、探针测量（扫描、测量）、CCD 光学测量等多种功能集成在同一台设备上，完成对工件进行扫描采点工作，获取点云数据进行产品数字化反求设计；同时可对各种机械零件、模型及其制品进行几何元素、形位公差及复杂的曲线、曲面高精度的测量、获取测量数据进行产品质量检测。

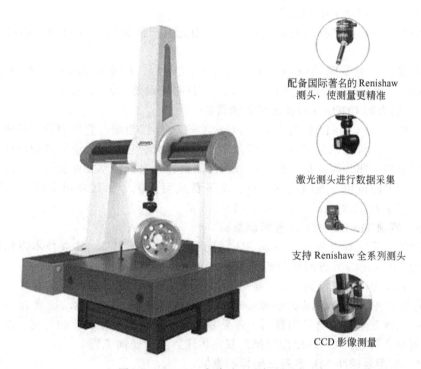

配备国际著名的 Renishaw
测头，使测量更精准

激光测头进行数据采集

支持 Renishaw 全系列测头

CCD 影像测量

图 2-8 BQC654 复合式三坐标测量机

2.3.3.3.1 三坐标测量机的结构特性

图 2-8 为 BQC654 复合式三坐标测量机。该仪器结构特性如下。

（1）采用国际先进的有限元分析技术设计的精密横梁机械结构，全封闭框架移动桥式，结构简单、紧凑、运动质量轻、承载能力强、刚性好。

（2）工作台与三轴结构均采用优质花岗岩（变形系数小），环抱式导轨设计，硬度高，承载能力强，温度稳定，热变形系数小，抗时效变形能力强，具有优良的稳定性，精度持久保持。

（3）三轴采用直流伺服，光栅计量系统，实现全封闭控制，设备响应速度快，定位精度高。

（4）采用自洁式预载荷高精度空气轴承（气浮装置），运动更平稳。

（5）采用高精度接触式测头及激光测头，性能可靠稳定，灵敏度高，重复性好，抗干扰能力强。

（6）采用高速高精度全数字自动控制系统和高精密光栅反馈系统（光栅尺及光栅读数头），配合伺服电机实现全闭环反馈控制。

（7）Z 轴采用汽缸平衡装置，具有自动安全保护，可防止缺气时 Z 轴下滑，极大地提高了 Z 轴的定位精度及稳定性。

2.3.3.3.2　三坐标测量机的技术参数

该三坐标测量机的主要技术参数如下。

（1）测量行程范围　$\geqslant 500mm(X) \times 600mm(Y) \times 400mm(Z)$。

（2）机械结构　活动桥式，三轴均为石材，环抱式石材导轨，X 轴为斜梁。

（3）工作台最大承重　$\geqslant 500kg$。

（4）驱动系统　三轴直流伺服电机、高精度光栅反馈系统、自洁式预载荷高精度空气轴承、高效控制系统、数据采集卡。

（5）扫描方式　接触式扫描＋激光点扫描，自动＋手动。

（6）测量方式　自动＋手动操作。

（7）测头系统　接触式探针自动测量系统＋激光点扫描系统＋CCD 影像测量系统＋可更换的测座。

（8）精度误差　测量示值误差$\leqslant 0.0022mm + L/300$，$L$ 单位为 mm；测量空间探测误差$\leqslant 0.0022mm$；激光扫描精度$\leqslant \pm 0.05mm$；CCD 测量误差$\leqslant 0.005mm$。

2.3.3.4　意大利 COORD 科德三坐标测量机

意大利科德三（COORD3）公司创立于 20 世纪 70 年代初期，它伴随着测量机技术的进步而发展。数十年来，科德三公司的设计理念延续至今。由于它在本行业的新颖设计和富有成效的工作，使它取得了非凡的成果。科德三公司的测量机已遍及各个工业领域。产品系列包括桥式测量机、悬臂式测量机、龙门式测量机、水平臂式测量机等。其分辨率可达 $0.5\mu m$，设备有效行程最大可达到 $5000mm \times 2500mm \times 1500mm$。

2.3.3.5　英国 Merlin SHA 三坐标测量机

英国国际计量系统有限公司 Merlin SHA 生产的三坐标测量机，主要技术指标如下：X 方向测量范围为 1100mm，Y 方向测量范围为 1100mm，Z 方向测量范围为 500mm；空间测量精度为 $2.4\mu m + L/300$，L 单位为 μm，重复精度为 $1.8\mu m$；工作台最大承重为 2000kg；设备使用标定温度为 $20℃ \pm 1℃$，环境湿度为 40%～80%；设备功率为 750W；运动速度为 20m/min，加速度为 $1m/s^2$。该三坐标测量机主要用于各类零件形状公差和位置公差的检测，以及复杂曲线和三维空间测量，可进行 CAD 模型数据的双向传递，执行逆向工程。

2.3.3.6　德国爱德华 ML 系列三坐标测量机

西安爱德华测量设备股份有限公司是德国 AEH 在中国投资的独资企业，是国内唯一一家拥有全套核心技术的自主知识产权的三坐标测量机专业生产厂商。公司拥有全套坐标测量机的生产、研发技术及机械设计、数控系统、测量软件及光学图像信息处理技术等核心技术的自主知识产权，研发世界一流的坐标机通用测量软件 AC-DMIS。拥有 MQ、MQH、MGH、ML、ML-L、UG、SP 和 MQ564S 手动机型等 9 大系列 100 多个型号产品。

爱德华 ML 系列三坐标测量机是新一代三坐标测量机，采用国际先进的有限元分析技术设计的精密横梁机械结构，设计采用刚性好、运动质量轻的单边高架移动桥式结构，此结构为大中型测量机的机械设计形式，其显著提高了 Y 轴导轨的运动精度，并降低了移动桥框架的重量，提高了系统的运动性能，大幅度降低了 Y 轴运动中的横梁角摆现象，确保了系统的精度及稳定性，设备结构如图 2-9 所示。

ML 系列三坐标测量机设计采用刚性好、运动质量轻的单边高架移动桥式结构，为大中型测量机首选的机械设计形式。运用单边高架技术提高了系统的结构刚性及稳定性。其具有承载能力强、装卸空间宽阔、操作便捷等优点。

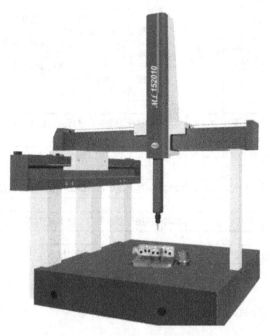

图 2-9　ML 系列三坐标测量机

三轴导轨均采用优质花岗岩,使三轴具有相同的温度特性,因而具有良好的温度稳定性、抗实效变形能力,刚性好,动态几何误差变形最小。采用 Y 轴导轨上移技术,降低了横梁的重量,显著提高了系统运动性能。三轴导轨均采用自洁式预载荷高精度空气轴承,运动更平稳。

驱动系统采用进口高性能直流伺服电机,同步齿形带传动,确保传动更快捷、精准和运动性能更佳。控制系统采用德国 SB 高集成度专用数控系统,从而大大提高系统的性能、可靠性和抗干扰能力。软件采用具有独立知识产权的、功能强大的 AC-DMIS 测量软件包,其完善的测量功能和联机功能为用户提供了完美的测量解决方案。

2.3.4　三坐标测量机的操作流程

三坐标测量机可以实现工件的高精度全尺寸检测,测量前需要根据被测工件的尺寸选取合适的测针。针对待测量的元素,包括面、圆、圆柱、球体、键槽等,根据实际需要测量相应的几何量,并进行公差评价与报告输出。

图 2-10 所示为三坐标测量机操作流程。在测量之前,对工件的分析非常重要。需根据待测工件的测量要求,确定工件的放置方位、装夹方式,选取合适的测针及测头角度,确定建立工件坐标系的要素。这些准备工作保证了后续测量工作的正常进行。

首先,根据工件图样的设计基准确定测量基准;然后,确定检测几何尺寸的项目和方式,包括直接检测尺寸,通过间接测量构造尺寸,通过几何量之间的关系计算获得尺寸;确定各几何量所需要输出的参数项目。

由于不同三坐标测量机的操作步骤大同小异,现以 BQC654 复合式三坐标测量机为例,说明三坐标测量机的操作步骤。

(1) 开机准备

① 依次开启空压机、冷干机。检查设备使用气压是否在 0.4~0.5MPa 范围之内。如果不在此范围内则可通过气源调节阀调节。开启控制系统电源及计算机电源。

② 启动测量软件。双击桌面 Rational DMIS 软件图标,出现软件初始界面;机器初始化,

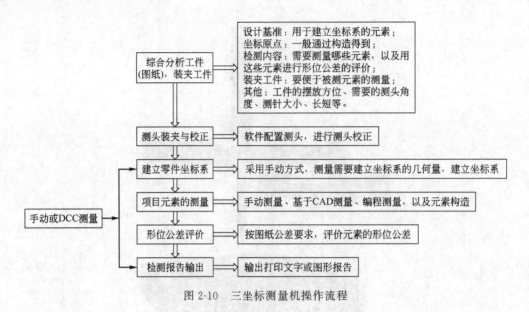

图 2-10　三坐标测量机操作流程

完成系统与软件的通信，并且进行坐标初始化操作。

（2）校验测头

① 构建测头。在"测头"模块下选取"构建测头"指令，在右侧列表依次选取测座"RTP20"、测头"TP20-LSMEF"、测针"PS16R"。在一般情况下，测座和测头是固定不变的，测针可根据实际工件的尺寸需要选用，以小于工件上可测量的最小尺寸为宜。此处选用的测针"PS16R"，长度为 20mm，直径为 $\phi3mm$。

② 创建新测头角。在"测头"模块下选取"创建新测头角"指令，根据被测工件选取需要的测头角度，单击"定义"完成新测头角度的添加。

③ 校验规定义。在"测头"模块下选取"校准测头"指令，进入"校验规定义"界面进行参数设置。例如，设置球形校验规，其中 X、Y、Z 值代表校验规球心在三坐标测量机机器坐标系下的坐标值。此处所输入的数据只是将校验规的大致位置固定下来，不能代表校验规的确切位置。还需要通过手动测量的方式"告诉"三坐标测量机校验规的具体位置。在"测头校验"界面勾选"更新校验规"选项，通过手动采点的方式在校验规上采 5 个点，即可将校验规的实际位置在软件中更新。

④ 校验测头。选中所有测头角度，按住鼠标左键拖动至球形规 SP1 下，当左侧出现蓝色箭头即松开鼠标左键，根据软件提示对每个测头角度进行校验。由于 RTP20 是半自动测座，在校验不同测头角度之前需要手动更换测头角度。

（3）建立工件坐标系　"测量"模块下选择"面"元素，在工件上表面手动测量一个平面。"测量"模块下选择"线"元素，在工件侧面测量一条直线。"测量"模块下选择"点"元素，在工件左侧面测量一个点。测量第 1、2、3 点生成"平面"，测量第 4、5 点生成"直线"，测量第 6 点生成"点"。在"坐标系"模块下，选择"生成坐标系"，拖放实际面—线—点元素构建零件坐标系并单击"添加/激活坐标系"。

（4）元素的测量

① 圆的测量。"测量"模块下选择"圆"元素，以直径 $\phi80mm$ 的圆为例，在圆内手动采集≥3 个点生成 CIR1。双击 CIR1 的理论值，将 CIR1 的圆心坐标、矢量方向、直径根据图样所标注的尺寸进行规整，并更新。鼠标右击 CIR1，在弹出的快捷菜单中选择"产生测量点"。在弹出的界面中根据实际情况对起始点坐标、顺时针方向、角度、点数目进行修改，修改完成后单击"产生测量点"，可在图形浏览区看到自动测量路径，预览确认测量路径没有问题，即

可自动测量被测要素。

②　圆柱的测量。"测量"模块下选择"圆柱"元素，以直径 ϕ80mm 的圆柱为例，在圆柱内手动采集≥5 个点生成 CYL1。双击 CYL1 的理论值，将 CYL1 的重心坐标、矢量方向、直径、高度根据图样所标注的尺寸进行规整，并更新。鼠标右击 CYL1，在弹出的快捷菜单中选择"产生测量点"。在弹出的界面中对起始点坐标、顺时针方向、角度、每路径点数、路径数进行修改，修改完成后单击"产生测量点"，可在图形浏览区看到自动测量路径，预览确认测量路径没有问题，即可自动测量被测要素。

③　键槽的测量。"测量"模块下选择"键槽"元素，在键槽内手动采集 5 个或 6 个点生成 SLT1。双击 SLT1 的理论值，将 SLT1 的重心坐标、矢量方向、长度、宽度根据图纸所标注的尺寸进行规整，并更新。将更新后的 SLT1 理论值拖动至"测点管理"界面，单击"生成测量点"，可在图形浏览区看到自动测量路径，预览确认测量路径没有问题，即可自动测量被测要素。

以同样的方法测量工件上其他面、圆、球体等要素。测量注意遵循"手动采点—理论规整—自动测量"这一原则。

（5）元素的构造　对于工件上没有办法直接测量而在评价公差时需要用到的元素，可以利用构造功能实现。也就是先测量出与需要构造元素相关的元素，再利用这些相关元素来构造出需要的元素。

构造"投影"元素时，通过将圆 CIR1"投影"到平面 PLN1 的方式构造圆 PROJCI1。具体步骤如下："构造"模块下选择"投影"功能，将圆 CIR1 的实际要素拖放至投影元素，平面 PLN1 的实际要素拖放至投影面后，可在左侧得到两个结果：由圆 CIR1 投影得到的圆 PROJCI1，由圆 CIR1 的圆心投影得到的点 PROJPT1。选择圆 PROJCI1，预览没有问题即可"添加结果"。

利用"构造"模块中的各种指令可以用多种方式构造元素，如用两相交平面构造棱线，多点拟合构造一个平面等。此处需注意要根据图样的要求构造所需元素。

（6）公差评价　当测量、构造完成所需元素后，就要根据图样要求进行尺寸公差和形位公差的评价。公差评价主要在"公差"模块的各指令中完成。可评价两元素之间的距离、夹角，键槽的长度、宽度，圆（圆柱）的直径、半径，圆锥的锥角，直线度、平面度、圆度、圆柱度、同轴度、平行度、垂直度等各种形位公差。

①　圆的直径。"公差"模块下选取"直径"指令，将 CIR1 的实际要素拖入"元素名"，根据图样标注输入上、下公差值，该圆的实际直径值就会出现在"实际"中，是否超差也会在"偏差"中显示。单击"接受"或"定义公差"生成尺寸公差。

②　两元素之间的距离。评价圆 CIR1 到面 PLN1 的距离。"公差"模块下选取"直径"指令，将 CIR1 和 PLN1 的实际要素拖放至"元素名"，不勾选"使用计算的理论距离"，根据图样要求输入理论距离、上下公差，距离方式选用"X 轴"，就可在长度公差下看到两元素之间的实际距离以及是否超差。如果不超差，则显示"In Tol"；超差，则显示实际超差数值。单击"接受"或"定义公差"生成尺寸公差。

③　圆柱度的评价。"公差"模块下选取"圆柱度"指令，将 CYL1 的实际要素拖放至"元素名"，根据图样要求输入公差带值，就可在圆柱度公差下看到 CYL1 的实际圆柱度及是否超差。如果不超差，则显示"In Tol"；超差，则显示实际超差数值。单击"接受"或"定义公差"生成形位公差。

④　垂直度的评价。评价平面 PLN1 相对于基准平面 PLN2 的垂直度。"公差"模块下选取"垂直度"指令，将 PLN1 的实际要素拖放至"元素名"，将 PLN2 的实际要素拖放至"数据1"；如果还有基准，就将其拖放至数据 2。根据图样要求输入公差带值，就可在垂直度公差下看到平面 PLN1 相对于基准平面 PLN2 的垂直度及是否超差。如果不超差，则显示"In Tol"；

超差，则显示实际超差数值。单击"接受"或"定义公差"生成位置公差。

（7）输出报告　根据图样要求评价所有的尺寸公差及形位公差后，就可输出测量报告。

① 生成文字报告。从"图形浏览"界面切换到"输出"界面，将生成的尺寸公差及形位公差逐项拖放至输出界面。测量结果是否超差可在"趋势"一项很明显地看出来。不超差，则显示绿色；超差，则用红色字体显示实际超差数值。

② 生成图形报告。在有些情况下，图形报告可与文字报告结合使用让检测报告更加清楚。切换到"图形报告"界面，隐藏机器模型及测头测座模型，将工件摆放成自己需要的方位及大小。单击"新订图形报告"，将需要在图形报告中显示的元素标注、尺寸公差及形位公差标注拖放至图形报告区域，可自动或手动调整标注的排列。完成后，单击"保存图形报告"，并单击"到输出窗口"将其与文字报告合并在一起。

③ 输出检测报告。可根据实际需要将其保存为 PDF 格式或 HTML 格式输出，也可直接打印纸质检测报告。

2.3.5　箱体类零件的测量实例

针对某箱体类零件（图 2-11），假定所有的尺寸公差均为 ±0.01mm，利用三坐标测量机对其进行测量。

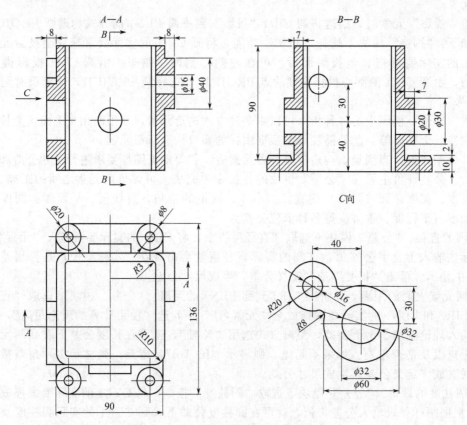

图 2-11　某箱体类零件

（1）准备工作

① 按图所示方位将工件摆放好（图 2-12），以便进行元素的测量与尺寸评价。

② 校验测头。对于该箱体类零件，选用 20mm×ϕ2mm 的测针较合适。由于工件是比较方正的，而且上表面、四周四个面及底面都有要素需要测量，因此，需要校验 A0B0、A90B-

90、A90B0、A90B90 和 A90B180 五个测头角度。

（2）建立工件坐标系

① 构造底面。工件的底面是加工面，将它作为坐标系的 XY 平面较为合适。但由于测头角度的限制，无法直接测量底面。因此可以用 A90B-90、A90B0、A90B90 和 A90B180 四个测头角度分别在底面测量两个点，通过"构造"模块的"拟合"指令，用这 8 个点构造底面 BFPL1。"预览"没有问题，单击"添加结果"按钮即可得到底面 BFPL1。

② 构造中分线。在工件四周测量 4 条直线，利用"构造"模块的"中分"指令，用相对的两条直线分别构造中分线。

③ 构造投影线。构造的两条中分线可能是不相交的，因此需要将它们投影到同一个平面上以方便构造相交点。利用"构造"模块的"投影"指令分别将两条中分线投影到底面 BFPL1 上，构造同一平面上的中分线。

④ 构造相交点。利用"构造"模块的"相交"指令将构造的两条投影线相交得到点 INTERPT1。

⑤ 生成坐标系。用底面 BFPL1 的矢量方向确定 $-Z$ 方向，用构造的一条投影线确定 $-X$ 方向，用构造的相交点确定坐标原点，生成工件坐标系，如图 2-13 所示。

图 2-12　箱体类零件的摆放

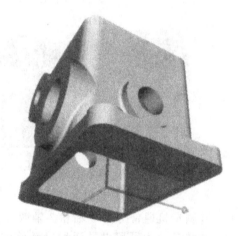

图 2-13　箱体类零件的工件坐标系

（3）元素的测量　该箱体类零件的元素基本上为圆、圆柱、平面和直线。工件坐标系建立好后，根据图样尺寸要求，对被测要素依次测量即可。无法直接测量的元素，可通过测量相关元素进行构造。

（4）公差评价　依图样所标注尺寸按顺序评价其相应的公差。

（5）输出报告　根据公差评价顺序，将其依次输出，必要时可插入图形公差。

2.4　关节式坐标测量机及其操作

关节式坐标测量机（又称为关节式测量臂）是三坐标测量机的一种特殊机型，其最早出现于 1973 年，是由法国 Romer 公司设计制造的。由于其轻巧便捷、功能强大、使用环境要求较低、测量范围较广、投入成本较低，而被广泛地应用于航空航天、汽车制造、重型机械、轨道交通、零部件加工、模具制造等多个行业。而随着三十多年来的不断发展，该产品已经具有三坐标测量、在线检测、逆向工程、快速成形、扫描检测、弯管测量等多种功能。

美国 Cimcore 公司和法国 Romer 公司推出的多款高品质的测量产品，已经在中国乃至全球市场占据了极高的市场份额。目前，在关节臂测量市场上主推的产品包括 Cimcore 公司的 Infinite 2.0 系列测量机和 Stinger Ⅱ 系列测量机，Romer 公司的 Sigma 系列测量机、Omega 系列测量机以及 Flex 系列测量机，美国 FARO 公司的 FaroArm Fusion 测量臂、FARO Prime 测量臂等。而与其相对应的激光扫描测头则包括 Perceptron 公司推出的 Scanworks V4i、Scanworks V5 以及 Romer 公司推出的 G-scan 等系列产品。图 2-14 所示为 FARO 公司的关节臂测量机系列产品。图 2-15 所示为 FARO Laser Tracker 激光跟踪仪系列产品。

(a) FARO Edge 测量臂　　　(b) FARO Prime 测量臂　　　(c) FARO Arm Fusion 测量臂　　　(d) FARO Laser ScanArm V3

图 2-14　FARO 公司的关节臂测量机系列产品

(a) Tracker Vantage　　　　　(b) Tracker ION　　　　　(c) FARO TarckArm

图 2-15　FARO Laser Tracker 激光跟踪仪系列产品

关节臂测量机通常分为 6 轴和 7 轴两种。与 6 轴测量机相比较，7 轴测量机在腕部末端多出的一个关节，除了可以灵活地旋转使测量更为方便之外，更重要的是减轻了设备操作时的重量，有的测量臂还具有自平衡功能，从而降低了操作时的疲劳程度，适用于激光扫描检测。

关节臂的工作原理主要是设备在空间旋转时，设备同时从多个角度编码器获取角度数据，而设备臂长为一定值，这样计算机就可以根据三角函数换算出测头当前的位置，从而转化为 XYZ 的形式。

关节臂测量机可选配的测头多种多样。例如触发式测头，可用于常规尺寸检测和点云数据的采集；激光扫描测头，可实现密集点云数据的采集，用于逆向工程和计算机辅助检测；红外线弯管测头，可实现弯管参数的检测。

关节臂测量机的优点是重量轻，便于移动运输，精度较高，测量范围大，可实现在线检测，操作简便易学，特别适合复杂曲面和非规则物体的测量。

关节臂测量机配激光扫描测头的精度较高、投入成本较低、扫描速度快、应用功能强大，因此在逆向工程和 CAD 模型对比检测的应用中得到了极高的市场的认可，是性价比较高的数据采集设备。在外接触式测头的时候，关节臂测量机可以实现三坐标测量机的所有功能，而在外接非接触式激光扫描测头的时候，它又实现了激光扫描仪和抄数机的全部功能。对一些超大型零件进行检测和反求时，借助蛙跳技术的协助，关节臂测量机可以完全摆脱固定式测量机面临的检测范围无法更改的问题，实现设备多次移动数据拼接的功能。

2.4.1　FARO CAM2 Measure 10 软件

FARO CAM2 Measure 10 专为高效率的计算机辅助测量和三维检测而设计。可以灵活地按照所需的测量过程或工作要求进行测量。该软件非常适合有 CAD 模型和没有 CAD 模型检测，以及形位公差的测量（GD & T）。FARO CAM2 Measure 10 具备图像引导测量功能，可自动关联标称值至各种功能，并拥有 QuickTools 和简洁直观的客户界面。此外，该软件还具有可靠的 CAD 数据导入工具，提高了加载大容量 CAD 数据的能力。

该软件可以方便地应用于航空、汽车、金属加工和模具、工具的成形等行业或领域，实现零件的定位、工具和模具验证、零件检测、样件扫描等。对自由形状的零件，在基于 CAD 模型检测时，实现"实时"扫描以提高效率。扫描零件时，基于 CAD 模型上的实时色彩，能够快速反馈零件偏差。

操作平台：Windows Vista，Windows XP，Windows 7

数据输入：Parasolid，IGES，VDA/FS，STEP，Optional-Unigraphics，Solidworks，CATIA，Solid Edge，ProE & Inventor

数据输出：Parasolid，IGES，VDA/FS，STEP

可以选择的测量模式包括无缝连接至 FARO 硬件设备、直接测量模式、自动投影面模式、QuickTools 编程模块、圆管测量、导引性几何测量等。

FARO CAM2 Measure 10 软件快捷键如下：

E——缩放至合适窗口

Shift＋R——重新测量

鼠标左键——旋转

鼠标中键——缩放

鼠标右键——平移

数字键 4、5、6……0——视图操作

S——实体与线框显示切换

D——CAD 导航模式下，显示浮动测量窗口

2.4.2　采用 FARO Edge 测量臂测量实例

图 2-16 为 FARO 6 轴 4ft 便携式三维测量臂，其性能参数如下：

图 2-16　FARO 6 轴 4ft 便携式三维测量臂

测量范围：1.2m

锥测试精度：＋/－0.025mm

长度精度：＋/－0.036mm

工作环境温度：0～40℃

电源：全球通用电压 85～245V AC，50Hz/60Hz

湿度：95％，无凝结

保护：IP64 标准

温度周期：5℃/5min

仪器重量：＜9.3kg

待检测的样件为某产品模具（图 2-17），其型腔表面为回转体高次曲面，现以该模具的凹模为例，说明检测过程。

(a) 凹模　　　　　　　　　　　　　　　　　　(b) 凸模

图 2-17　某产品模具

采用磁力表座将三坐标测量臂固定于模具的上表面，如果是在车间现场测量，要求周边机床或其他设备的振动、噪声要小，否则测量臂无法正常工作。

测量前首先进行 FARO 探针配置，打开 FARO CAM2 Measure 10 软件（图 2-18），单击菜单栏下的"设备"/"硬件配置"，弹出 FARO 设备控制面板（图 2-19），单击"当前测头"

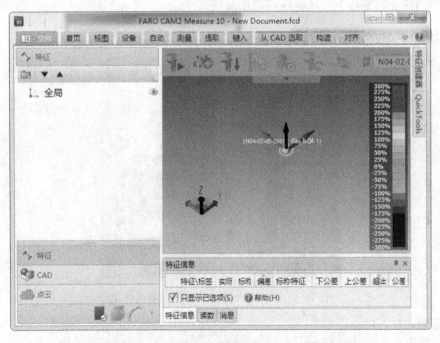

图 2-18　软件界面

下的小图标，弹出图 2-20 所示的对话框，即可对探针进行设置和补偿。根据被测量表面的形状、结构，选择合适测头直径的探针，这里选用 3mm 球头探针。

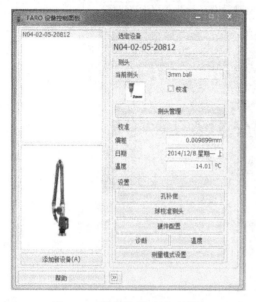

图 2-19　设备控制面板对话框

图 2-20　探针补偿及设置

采用 UG NX8.0 对模具进行三维造型设计，导出为 Parasolid 格式文件，如图 2-21 所示。从 FARO CAM2 Measure 10 软件的菜单项中，选择"文件"/"导入/导出"，通过"导入 CAD"，打开对应的 *.x_t 文件。导入的三维模型如图 2-22 所示。

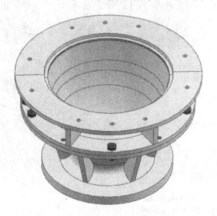

图 2-21　模具的三维模型

将模型文件导入到 FARO CAM2 Measure 10 软件后，首先要将模型和被测的实物对齐，在选择对齐方式时，可以选择"对齐我的零件"或通过"迭代"、"三个特征"等方式进行对齐，要根据零件的结构特征进行选择。

如果零件上有三个精度较高、可以用作定位的平面或者圆柱面，可以选择"三个特征"方式将数模和实物模型进行对齐，单击菜单文件的"从 CAD 选取"，单击"其他"，在下拉菜单中出现"平面"、"直线"、"圆"、"球体"、"圆柱体"等，选择某一特征，在对应的数模表面选择相应的特征，同样的方法再选择另外两个特征。单击软件界面左侧出现的对应特征，在对应特征上单击鼠标右键，选择"添加测量结果"，软件界面弹出"测量"窗口（图 2-23），应用测头测量对应实物表面上三个以上的数据点，完成第一个对齐特征的标识与测量工作。采用同样的方法完成另外两个特征的标识与测量工作。然后选择"三个特征"即可进行数模与实物的对齐。

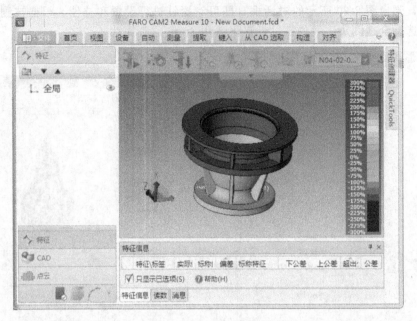

图 2-22　导入的三维模型

图 2-23　对应特征的标识与测量

　　除选择零件表面"三个特征"对齐外,多数零件表面没有精度较高的平面或者圆柱面,因此,一般情况下,都是采用通过建立坐标系的方法进行迭代对齐。针对该模具凹模零件,通过分析,采用"平面"、"直线"、"点"的 3-2-1 模式建立坐标系。选择如图 2-24 所示的平面为所建坐标系的基准平面,构建由基准圆 1 和基准圆 2 二者的圆心连线为基准直线,选择基准圆 1 的圆心为基准点,由此构建坐标系 1。鼠标单击软件界面中对应的平面、圆,单击右键,选择"添加测量结果",在实物表面对应位置进行测量,然后由实测结果通过 3-2-1 方式建立坐标系 2。从软件菜单栏选择"对齐" / "迭代",在"测量坐标系"一栏选"坐标系 2",在"标称坐标系"一栏选"坐标系 1",单击"应用/解算",如图 2-25 所示,通过解算可实现坐标系的对齐。对齐后的坐标系界面如图 2-26 所示。

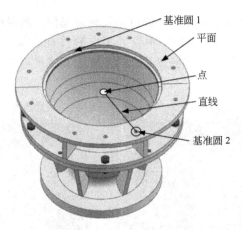

图 2-24 建立数模及被测实物坐标系

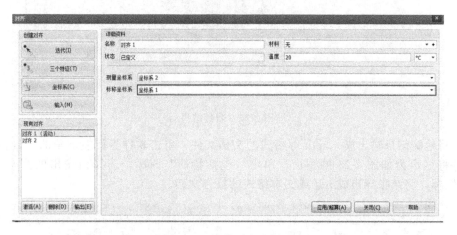

图 2-25 迭代对齐坐标系

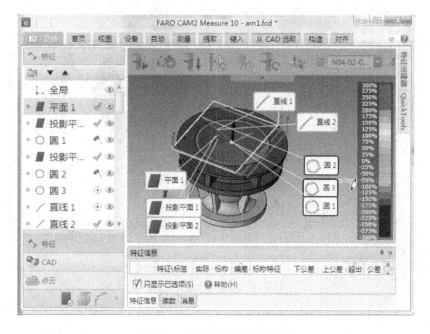

图 2-26 对齐后的坐标系界面

将数模坐标系和实物坐标系对齐后，即可进行测量操作。测量前根据对被检测表面误差范围的要求，可以在"文件"/"首选项"中设置相应的公差范围。选择菜单项中的"测量"/"检查曲面点"，选择模具型腔表面相应位置上的点，进行测量，单击"视图"显示标签点，结果如图 2-27 所示。

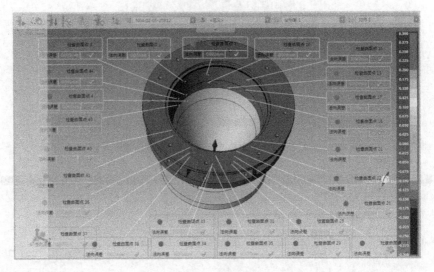

图 2-27　测量结果

可以将检测结果输出成 ∗.pdf 等格式的文档文件，单击软件界面左下角的"报告"图标，软件界面将显示为如图 2-28 的图面，单击"包括特征"图标，选择预输出的测量点，单击"导出"图标，将结果导出成 pdf 或文本格式的报告文档。

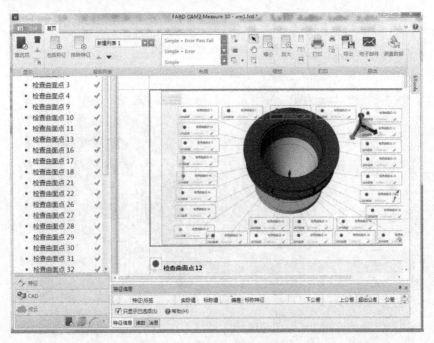

图 2-28　测量结果输出界面

2.4.3　采用 FARO Laser ScanArm 测量臂测量实例

FARO ScanArm 扫描测量臂携带手持式激光扫描仪，汇集了 FaroArm 的全部优势，是一种理想的接触型、非接触型便携式测量系统。与其他扫描系统不同，ScanArm 的硬测头和激光扫描头能够在不移除任何部件的情况下交替进行数字化处理。用户可以使用硬测头精确地测量棱柱形工件，激光扫描需要大量的数据，所有这些功能均集中在这款简单的工具中。在非接触测量设备变得越来越普及的今天，手持式激光扫描仪能够快速而有效地对复杂的工件和表面进行检测和逆向工程。它们可将日常物品转变成数字化的计算机模型。无论是柔软、可变形还是复杂的外观形状，都能够轻松检测，所有这些检测都可以在接触或不接触工件的条件下进行。FARO ScanArm 扫描测量臂是用于检测、点云至 CAD 比较、快速成形、逆向工程和三维模型的理想工具。图 2-29 为 FARO ScanArm 扫描测量臂的测量头，精确度为 $\pm 25\mu m(\pm 0.001 in)$，扫描速度为 280 帧/s×2000 点/帧＝560000 点/s。

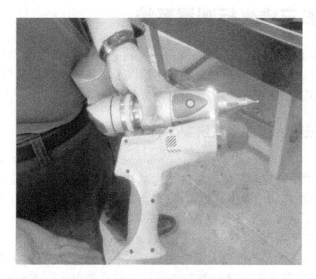

图 2-29　FARO ScanArm 扫描测量臂的测量头

FARO ScanArm 扫描测量臂（图 2-30），测量精度高达 0.016mm，适用于接触测量及光学测量，可选用测头接触被测量物体或使用激光扫描测量臂扫描物体表面。手持测量臂的测头，切换到激光扫描模式，对准预测量的物体表面，例如对玩具小鸭子进行激光扫描测量 [图 2-31(a)]，输出为 *.wrp 文件，结果如图 2-31(b) 所示。

图 2-30　FARO ScanArm 扫描测量臂

 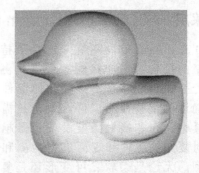

(a) 小鸭子实物模型　　　　　　　　　　(b) 扫描得到的小鸭子数据点模型

图 2-31　玩具小鸭子的测量

2.5　数字摄影三维坐标测量系统

数字摄影测量（basic concept of digital photogrammetry）是基于数字影像和摄影测量的基本原理，应用计算机技术、数字影像处理、影像匹配、模式识别等多学科的理论与方法，提取所摄对象以数字方式表达的几何与物理信息的摄影测量学的分支学科。

2.5.1　数字摄影三维坐标测量系统 V-STARS

V-STARS（video-simultaneous triangulation and tesection system）是美国 GSI 公司研制的工业数字近景摄影三坐标测量系统。该系统主要具有三维测量精度高（相对精度可达 20 万分之一）、测量速度快、自动化程度高和能在恶劣环境中（如热真空）工作等优点，是目前国际上最成熟的商业化工业数字摄影测量产品。该系统是基于数字摄影的大尺寸三坐标测量系统，也称为工业摄影测量系统（industrial photogrammetry system）、数字近景摄影测量系统、数字近景摄影视觉测量系统、数字摄影三维测量系统、三维光学图像测量系统（3D industrial measurement system）。其基本原理如图 2-32 所示，它通过 V-STARS 软件将采用高精度的专业相机所拍摄的位于不同位置的影像，通过图像匹配等处理及相关数学计算后得到待测点精确的三维坐标。一旦处理完毕，被测对象的三维数据将会进入到坐标系统中，通过通用的 CAD 格式进行输出。该系统具有以下技术特点。

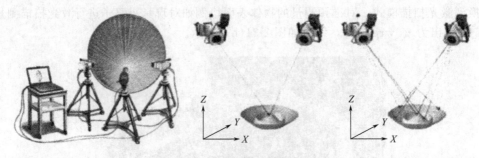

图 2-32　摄影测量基本原理

（1）高精度。单相机系统在 10m 范围内测量精度可以达 0.08mm，而双相机系统则可以达到 0.17mm。

（2）非接触测量。光学摄影的测量方式，无须接触工件。

（3）测量速度快。单相机几分钟即可完成大量点云测量，双相机实时测量。

（4）可以在不稳定的环境中（温度、震动）测量。测量时受温度影响小，双相机系统可以在不稳定环境中测量。

（5）特别适合狭小空间的测量。只要 0.5m 空间即可拍照、测量。

（6）数据率高，可以方便获取大量数据。像点由计算机软件自动提取并测量，测量 1000 个点的速度几乎与 10 个点的一样。

（7）适应性好。被测物尺寸在 0.5～100m 均可用一套系统进行测量。

（8）便携性好。单相机系统 1 人即可携带到现场或外地开展测量工作。

V-STARS 在国外航空航天、天线制造、汽车、造船、核工业等诸多领域均有广泛应用。在国内，V-STARS 在工程应用方面，先后完成了 50m 口径大型天线测量、17.2m 和 15.6m 口径星载可展开式网状天线测量、卫星天线真空环境变形测量（热变形测量）、大型水电叶片（5m）和大型风电叶片（40m）等高精度工业测量项目。

目前针对大工件的测量手段主要有三坐标测量机、激光跟踪仪、便携式测量臂、光笔测量系统和 3D 摄影测量系统。采用三坐标测量机测量较大的工件时，必须将工件搬运至测量室，费时费力，有些工件尺寸超大超长，对三坐标测量机的测量范围要求非常高，购置设备的成本和维护成本非常昂贵，因此三坐标测量机已经难以满足用户越来越高的要求。因为需要将大工件搬运下来，再进行二次定位以及烦琐的设备校正等工作，自然会对下一步的加工产生影响，降低工作效率。在几种测量方法中，3D 摄影测量系统是目前国际上新兴的一项技术，该技术是根据视觉 3D 计算的基本原理开发的。即在空间两个（或两个以上）不同的位置看到同一点，那么该点的空间坐标就可以计算出来。通过在待测物体上放置参考点和标尺并利用高分辨率的数码相机拍摄照片，系统软件可自动对照片进行处理并计算参考点的 3D 坐标。

三维摄影测量系统的优势是测量速度极快，测量范围不受限制，测量环境不受限制，操作简单方便，测量精度高，不需搬运工件，也不需要对设备进行烦琐的位置调整和校正精度等操作，可以说是一台便携式快速光学"三坐标测量仪"。在能源领域，三维摄影测量系统对于测量大型风电叶片、大型水电叶片、大型模具、大模型等大型工件，均能在 1h 左右的时间内检测完成，由此大大提高了企业生产效率。图 2-33 所示为数字化三维摄影测量系统对大型风机叶片的测量。

图 2-33　大型风机叶片的测量

3D 摄影测量技术在大型工件 3D 检测中的应用，主要弥补了传统的三坐标测量机、激光跟踪仪、关节臂等测量设备速度慢、测量方式不够灵活、购置和维护成本高等不足之处。三维摄影测量系统对大型工件的 3D 全尺寸检测全部流程仅需 1h，能够快速精确地进行车间生产现场 3D 测量及 3D 检测，不需要对大型工件进行费力的搬运和吊装，大大提高工厂检测和生产效率，为企业创造经济效益。总之，采用 3D 摄影测量技术是如此的快速、灵活、方便，从而轻松地实现了大型工件的高效、高精度 3D 全尺寸检测，为企业提高了工作效率，节约了产品检测成本。

2.5.2　3DSS 幻影四目型三维光学扫描仪

3DSS 幻影四目型三维光学扫描仪是上海数造机电科技有限公司生产的第三代白光扫描仪（图 2-34），扫描速度和精度得到了显著提高，能同时完成大、小部件的精密扫描。适用于汽车、飞机、摩托车、模具等行业的专业抄数与测量。可以输出为四边形网格（GPD）、三角形网格（STL）、点云（ASC、IGS）等格式的数据文件。其技术指标见表 2-11。

图 2-34　三维光学扫描仪

表 2-11　3DSS 幻影四目型三维光学扫描仪的技术指标

序号	项目及配置	技术指标
1	扫描方式 scan principle	双目面结构光扫描
2	光源 optic source	LED 冷光源，寿命 10 万小时
3	单次扫描分辨率 camera pixels	1310000/3000000/5000000
4	测量距离 working distance	350mm 和 1000mm
5	单次扫描范围 measuring area	100mm×75mm；400mm×300mm
6	测量点距 point spacing	0.08mm；0.3mm
7	单幅扫描精度 scanning accuracy	0.01mm；0.03mm
8	采集时间 sample time	小于 3s
9	扫描头重量 weight	3.3kg
10	扫描头尺寸 dimensions	500mm×180mm×160mm
11	扫描景深 measuring depth	50～300mm
12	点云输出格式 file format	GPD、STL、ASC、IGS、WRL，能与常见逆向工程、三维 CAD 软件兼容

序号	项目及配置	技术指标
13	软件功能	全自动拼接 选区扫描 扫描材质选择 最佳数据选择、自动删除叠点 自动融合成单层点云 扫描数据自动保存 全局参考点自动匹配 与 TRITOP、AICON 等摄影测量系统兼容

采用 3DSS 幻影四目型三维光学扫描仪，对某型号无人机螺旋桨的桨叶（图 2-35）以及深孔钻头（图 2-36）进行扫描测量，调整好光学设备的镜头，事先对螺旋桨的桨叶及深孔钻头表面喷涂显影剂，注意在喷涂过程中保持喷涂均匀，不能喷涂过厚，保持其表面能进行摄影即可。分别得到螺旋桨的桨叶扫描影像（图 2-37）和深孔钻头的扫描影像（图 2-38），文档格式可以保存为 ＊.stl 格式。

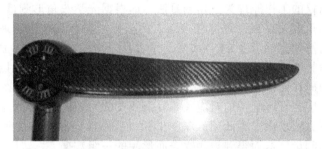

图 2-35　无人机螺旋桨的桨叶

图 2-36　深孔钻头

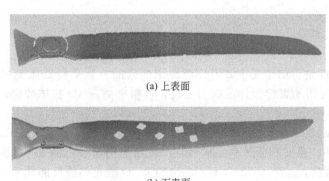

(a) 上表面

(b) 下表面

图 2-37　桨叶的扫描影像

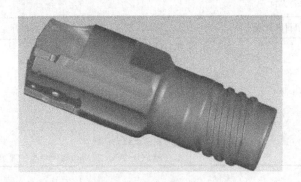

图 2-38　深孔钻头的扫描影像

2.6　手持式激光扫描仪测量系统

手持式激光扫描仪的工作原理为三角测量法，即根据光学三角形测量原理，利用光源和敏感元件之间的位置和角度关系来计算零件表面点的坐标数据，其基本原理如图 2-39 所示，激光器的轴线、成像物镜的光轴以及 CCD 线阵，三者位于同一个平面内。激光光源作为测量的指示光源，将一个理想的点光斑投射在被测物表面上，该光斑将随其投射点位置的深度坐标变化而沿着激光器的轴向作同样距离的位移。点光斑同时又通过物镜成像在 CCD 线阵上，而且成像位置与光斑的深度位置有唯一的对应关系。测出 CCD 线阵上所成实像的中心位置，即可通过几何光学的计算方法求出光斑此刻的深度坐标，从而得到被测物表面该点处的深度参数。通过对若干采样点的测量，从而得到被测物表面形貌的一组数据。

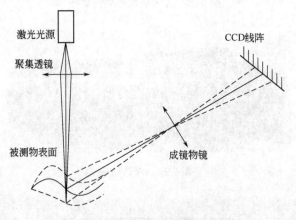

图 2-39　激光三角法测量原理

HandySCAN 3D 是目前市场上具有广泛应用前景的一款手持式激光扫描仪，该扫描仪是美国 CREAFORM 公司的旗舰型计量级扫描仪，可精准捕获 3D 扫描数据，具有较高的扫描分辨率和精度。

图 2-40 为 HandySCAN 3D 的激光扫描头，与上一代产品相比，HandySCAN 3D 系列产品具有更高的准确性、速度和分辨率，成为目前市场上用途最广的 3D 扫描仪，适用于检测和要求严格的逆向工程应用。表 2-12 为 HandySCAN 3D 激光扫描仪的技术规格。

HandySCAN 3D 激光扫描仪的技术特点如下。

（1）计量级测量。高达 0.030mm 的精度，高达 0.050mm 的分辨率，具有极高的可重复性和可追踪性。无论环境条件、部件设置和用户情况如何，都能实现高精确性。

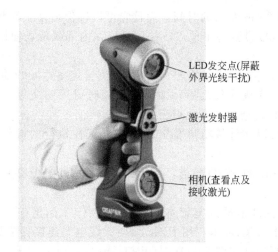

图 2-40 HandySCAN 3D 的激光扫描头

表 2-12 HandySCAN 3D 激光扫描仪的技术规格

项目	HandySCAN 300	HandySCAN 700
重量	0.85kg	
尺寸	122mm×77mm×294mm	
测量速率	205000 次/s	480000 次/s
扫描区域	225mm×250mm	275mm×250mm
光源	3 束交叉激光线	7 束交叉激光线（+1 额外一束）
激光类别	Ⅱ（人眼安全）	
分辨率	0.100mm	0.050mm
精度	最高 0.040mm	最高 0.030mm
体积精度	0.020～0.100mm/m	0.020～0.060mm/m
基准距	300mm	
景深	200mm	
部件尺寸范围（建议）	0.1～4m	
软件	VXelements	
输出格式	.dae、.fbx、.ma、.obj、.ply、.stl、.txt、.wrl、.x3d、.x3dz、.zpr	
兼容软件	3D Systems（Geomagic Solutions）、InnovMetric Software（PolyWorks）、Dassault Systemes（CATIA V5 和 SolidWorks）、PTC（Pro/ENGINEER）、Siemens（NX 和 SolidEdge）、Autodesk(Inventor、Alias、3ds Max、Maya、Softimage)	
连接标	1×USB 3.0	
操作温度范围	0～40℃	
操作湿度范围（非冷凝）	10%～90%	

（2）无须固定安装。使用光学反射靶来形成锁定至部件自身的参考系统，使用户可以在扫描期间按自己需要的方式移动物体（动态参考）。而且周围环境的变化不会影响数据采集质量和精度。

（3）自定位。HandySCAN 3D 扫描仪是一个数据采集系统，也是其自身的定位系统，无须配备外部跟踪或定位设备。它使用三角测量法来实时确定自身与被扫描部件的相对位置。

（4）校准方便。用户可以按照所需的频率对扫描仪进行校准（每天或者在每个新的扫描开始之前）。校准只需花费 2min 左右的时间，而且它可以确保最佳工作状态。

（5）便携式扫描。可以带到各个地点，并且可以在内部或现场使用。重量不到 1kg，可在狭小空间内轻松使用。

（6）测量速率高。市场上最快速的 3D 扫描仪，测量速率达 480000 次/s。

（7）自动网格输出：完成采集之后，即可获得随时可用的文件。能够将扫描文件导入至 RE/CAD 软件，无须执行复杂的对齐或点云处理。

（8）实时可视化。可以在计算机屏幕上看到自己正在执行的操作，以及还需要执行哪些操作。

（9）多功能。几乎无限制的 3D 扫描，不受部件尺寸大小、复杂程度、原料材质或颜色的影响。

首先，将 PCMCIA 火线卡插入笔记本电脑的 PCMCIA 插槽中，将电源适配器连接至电源，并将电源线连接至 PCMCIA 卡，用 IEEE1394 火线电缆连接扫描头与 PCMCIA 卡。

其次，对扫描仪进行校准（图 2-41）。打开扫描软件，进入"配置"→"扫描仪"→"校准"指令；按"获取"按钮（Acquire）激活传感器；将校准版放于一个稳定的平面，并将扫描头置于距校准版大约 10cm 处；用扫描头上的预览按钮（Preview）使十字激光对准校准版上的白色十字带状区域；按下触发器，并缓慢地移动扫描头至距离校准版大约 60cm 处，直到完成 14 个测量。在此过程中，一定要保持十字激光始终居于校准版上的白色十字带状区域内。

　　　　(a) 校准版　　　　　　　　　　(b) 校准软件显示

图 2-41　扫描仪的校准

再次，对物体进行扫描。为了达到更好的扫描效果，在扫描前要对发亮的、黑色的、透明的或反光的物体表面喷涂白色粉末状的反差增强剂，喷涂时要注意喷涂均匀且越薄越好。另外，为了使扫描对象系统在空间中完成自定位，对于较大的工件需要在其表面粘贴定位点。对于较小的工件，建议将定位点贴于一个平板上（最好是黑色、不光滑表面），然后将工件放于平板上进行测量。设置好扫描分辨率（0.02mm），选择"扫描"→"扫描表面"，开始扫描被测对象。扫描过程中注意扫描仪与被测对象保持合适的距离。距离太近或太远都不能继续跟踪扫描，这意味着相机不再能通过反光点来进行定位或者反光点分布不合理，如遇不能跟踪扫描，应将扫描头置于已被扫描过的区域，再按下触发器或重新粘贴定位点。

扫描完成所需数据后，选择"停止扫描过程"指令，并"保存面片"，保存的三角网格面片数据可直接作为逆向设计的源数据。

第3章
逆向设计建模技术

3.1 数据预处理

逆向设计所需的产品外形数据是通过测量机来获取的,一方面,无论是接触式的测量还是非接触式的测量,不可避免地会引入数据误差,尤其是尖锐边和产品边界附近的测量数据。测量数据中的坏点,可能使该点及其周围的曲面片偏离原曲面。另一方面,受测量实物几何形状和测量手段的制约,在数据测量时,会存在部分测量盲区和缺口,给后续的造型带来影响。另外,由于非接触式测量方法在工业中得到了越来越广泛的应用,曲面测量时会产生海量的数据点,这样在造型之前应对数据进行精简。同时测量结果经常带有许多的杂点、噪声点,影响后续的曲线、曲面重构过程。因此,需在曲面重构前对点云进行一些必要的预处理,以获得令人满意的数据。一般需要进行的数据预处理工作,包括异常点处理、孔洞修复、数据光滑、数据精简等。

3.1.1 异常点处理

因为点云数据中存在有偏离原曲面的坏点和由于测量手段或测量环境引起的盲区和缺口,所以需要对测量得到的数据进行坏点剔除。异常点处理不同测量方式得到的点云数据呈现方式各不相同。根据点云的分布特征,点云分为散乱点云、扫描线点云、网格化点云。其点云分类如表 3-1 所示。

表 3-1　点云分类

点云类型	点云特征	点云获取方式
散乱点云	点云没有明显的几何分布特征,呈散乱无序状态	坐标测量机(CMM)、激光测量随机扫描、立体视觉测量法
扫描线点云	点云由一组扫描线组成,扫描线上的所有点位于扫描平面内	坐标测量机(CMM)、激光点光源测量系统沿直线扫描和线光源测量系统扫描
网格化点云	点云分布在一系列平行平面内,用线段将同一平面内距离最小的若干相邻点依次连接,可形成一组平面三角形	莫尔等高线测量、工业 CT、切层法、核磁共振成像

由于工程实际中常用的是扫描线点云和散乱点云,因此,这里主要讨论这两种点云形式。

3.1.1.1 扫描线点云

对于扫描线点云,常用的检查方法是将这些数据点显示在图形终端上,或者生成曲线、曲面，采用半交互、半自动的光顺方法对数据进行检查、调整。扫描线点云通常是根据被测量对象的几何形状，锁定一个坐标轴进行数据扫描得到的，它是一个平面数据点集。由于数据量大，测量时，不可能对数据点重复测量（基准点除外），这容易产生测量误差。在曲面造型中，数据中的"跳点"和"坏点"对曲线的光顺性影响较大。"跳点"也称为失真点，通常由于测量设备的标定参数发生改变和测量环境突然变化造成；对人工手动测量，还会由于操作误差，如探头接触部位错误，使数据失真。因此，测量数据的预处理首先是从数据点集中找出可能存在的"跳点"。如果在同一截面的数据扫描中，存在一个点与其相邻的点偏距较大，可以认为这样的点是"跳点"，判断"跳点"的方法有以下 3 种。

（1）直观检查法　通过图形终端，用肉眼直接将与截面数据点集偏离较大的点，或存在于屏幕上的孤点剔除。这种方法适合于数据的初步检查，可从数据点集中筛选出一些偏差比较大的异常点。

（2）曲线检查法　通过截面数据的首末数据点，用最小二乘法拟合得到一条样条曲线，曲线的阶次可根据曲面截面的形状设定，通常为 3～4 阶，然后分别计算中间数据点到样条曲线的欧氏距离，如果 $\|e\| > [\varepsilon]$，$[\varepsilon]$ 为给定的允差，则认为 P_i 是坏点，应予以剔除，见图 3-1。

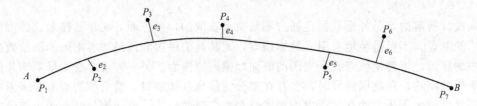

图 3-1　曲线检查法剔除坏点

（3）弦高差法　连接检查点前后两点，计算只到弦的距离，同样如果 P_i 到弦的距离满足 $\|e\| > [\varepsilon]$，$[\varepsilon]$ 为给定公差，P_i 是坏点，应予以剔除。这种方法适合于测量点均布且点较密集的场合，特别是在曲率变化较大的位置，见图 3-2。

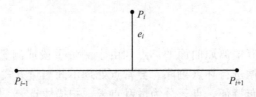

图 3-2　弦高差法

上述方法都是一种事后处理方法，即已测量得到数据再来判断数据的有效性。根据等弦高差的方法，还可以建立一种测量过程中既可对测量位置进行确定又可对测量数据进行取舍的方法，具体为编制坐标测量机（coordinate measuring machine，CMM）测量程序，给定允许弦差，当测量扫描时不断计算运动轨迹当前采样点和已记录点的连线（弦）到该段运动轨迹中心的高度 h，通过给定弦差来判定当前采样点是否列入记录。弦高差 h 按下式计算（图 3-3）：

$$h = \frac{|A(x - x_i) + B(y - y_i)|}{(A^2 + B^2)^{1/2}} \tag{3-1}$$

$$A = y_i - y_{i+1}, B = x_i - x_{i+1} \tag{3-2}$$

3.1.1.2　散乱点云

对于散乱点云，点与点之间不存在拓扑关系，必须首先在点与点之间建立拓扑关系。可借助于三角网格模型来建立散乱点云数据的拓扑关系。考虑到误差点具有较高的局部特性和极端特性，可根据以下两个简单的判别法则来识别，即三角面片的纵横比和局部顶点方向曲率。其

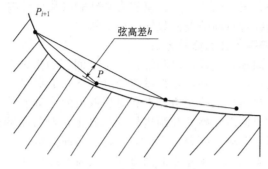

图 3-3　弦高差测量数据

中，三角面片的纵横比定义为最长边和最短边的长度的比值。假定点云所描述的是光顺曲面，方向曲率定义为与该顶点相交的三角面片的单位法矢沿 x、y 方向的投影变化，每个顶点的方向曲率可由三角网格曲面片直接估计得到。把点云中每一点的纵横比和曲率估计与整体点云的平均值相比较，对点云进行判断、筛选，具有极大曲率估计的点和大纵横比的三角面片的顶点即为误差点。一旦找到了误差点，就可以把误差点和与其相连的三角面片从三角网格中去除，当点在曲面中间时，就在三角网格中留下一个孔。这里可以通过对孔洞的修补来保持三角网格的拓扑，以根据其相邻几何特性生成误差点的新位置。

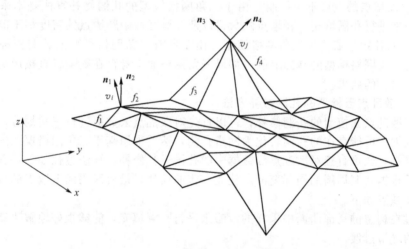

图 3-4　曲率估计剔除坏点

图 3-4 为曲率估计剔除坏点。图中，f_1 和 f_2 为顶点 v_i 附近的两个面片，这两个面片与平行于 **YZ** 平面且通过 v_i 的平面平行。面片 f_1 的单位法向矢量 n_1 和面片 f_2 的单位法向矢量 n_2 的差值为 n_2-n_1，恰为顶点 v_i 附近的法向矢量方向的变化。假定 j 为 y 方向法向矢量，n_2-n_1 在 y 方向的投影 $(n_2-n_1) \cdot j$ 等于顶点 v_i 在 y 方向的曲率估计值。同理，$(n_4-n_3) \cdot j$ 可认为是顶点 v_j 在 y 方向的曲率估计值。很明显，对于外部顶点 v_j，其 $(n_4-n_3) \cdot j \geqslant (n_2-n_1) \cdot j$。

3.1.2　孔洞修补

由于实物拓扑结构以及测量机的限制，通过测量所获得的原始点云数据往往存在数据缺失而形成孔洞。因而在孔洞点云数据的曲面重构中，需要对孔洞进行修补以生成完整的样件模型。孔洞修补技术是曲面重构过程中最重要的数据预处理之一，其确保了模型数据的完整性，为取得较好的曲面重构效果奠定了基础。目前在逆向工程领域内主要存在以三角网格模型为基础的网格曲面的孔洞修补方案和以散乱点云模型为基础的散乱点云数据的孔洞修补方案，这两大类孔洞修补方案，分别针对不同的点云数据的组织结构。

3.1.2.1　三角网格模型的孔洞修补方法

三角网格模型中的孔洞修补过程可以归结为一个空间多边形的三角剖分问题。总体而言，无论是上述何种类型的孔洞，其修补过程都需要经过以下几个步骤。

（1）孔洞边界生成　包括提取孔洞边界点和对提取出的孔洞边界进行修整等预处理工作。

（2）孔洞的填充　在提取出完整的孔洞边界的基础上，对封闭的孔洞边界进行三角剖分；或者是利用孔洞边界点以及邻域点拟合一个曲面，建立曲面方程。

（3）曲面的采样　如果第二步是建立曲面方程，则需要进行这一步。即在曲面上均匀地取点，也就是说将曲面离散成点云，然后将点云三角化成三角曲面填补到三角网格模型的孔洞上。该方法的优缺点如下。

① 孔洞边界的识别简单　由于处理的数据是带有孔洞的三角网格模型，所处理的对象之间已经建立了拓扑结构，已有的拓扑信息使孔洞边界的识别变得简单、易于实现，并且准确率大为提高。

② 新增点与原网格模型连接光滑　利用已有三角网格中的拓扑信息，可以通过新增点的邻接点以及邻接三角片的法矢和曲率等参数调整新增点的位置，使修补的孔洞与原模型光滑连接。

③ 孔洞内新增点的数目不可控制　由于三角网格模型的孔洞修补算法基本采用的是三角片扩张的方法来进行孔洞填充，新增点的数目以及孔洞区域中新增点的密度都不能确定。

④ 孔洞的修补效果依赖于三角网格模型　由于所有三角网格模型的孔洞修补算法都是建立在正确重构三角网格模型的基础上的，如果三角网格面本身存在缺陷将直接影响孔洞边界的识别以及孔洞修补的效果。

3.1.2.2　散乱点云模型的孔洞修补方法

对于基于散乱点云模型的孔洞修补，可以首先对散乱点云数据进行三角划分，产生网格曲面，将点云数据中可能存在的孔洞转化为网格孔洞，然后采用基于三角网格模型的孔洞修补方法进行孔洞修补。也可直接对散乱点云数据中的孔洞进行修补，算法过程如下：首先识别出孔洞边界，然后根据孔洞周围的局部离散点建立一张曲面片，最后采用面上取点的策略来填充孔洞。该方法优缺点如下。

（1）通过在构造的局部曲面中采样的策略来进行孔洞填充，能够很好地解决新增填充点与孔洞边界点的光滑过渡。

（2）新增填充点的个数和密度都可以在采样的过程中进行确定。

（3）散乱点云模型中孔洞边界点的检测与识别是基于散乱点云模型的孔洞修补算法的一个难点，目前基于散乱点云模型的孔洞边界识别算法适应性不强，对阈值比较敏感，鲁棒性不好，很多修补算法采用人工交互的方式来提取孔洞边界点。

3.1.3　数据平滑

经对齐处理得到的完整点云，往往包含数以百万计的点，其中包含大量的噪声点。噪声点是由于测量过程中受到各种人为或随机因素的影响而产生的，它的存在影响后续的模型重建及生成模型质量。为降低和消除这种负面影响，需对点云进行平滑滤波，以得到精确的模型和高质量的特征提取效果。采用平滑处理方法，应力求保持待求参数所能提供的信息不变。考虑无限个节点处型值的平滑问题，平滑后的型值由原型值线性叠加而成，即：

$$\{P_v\}(v=\cdots,-1,0,1,\cdots) \tag{3-3}$$

$$P_n=\sum_{-\infty}^{+\infty}P_vL_{n-v} \tag{3-4}$$

式中，$\{L_v\}$ 是权因子，是偶系列 $L_{-v}=L_v$。

所谓数据 $\{P_n\}$ 比 $\{P_v\}$ "平滑"，直观上就是新数据的 $\{P_n\}$ "波动"不超过原数据的"波动"，这种"波动"可用各阶差分度量。实际应用时，不单要求处理后的数据要较前平滑，同时要求前后两组数据的"偏离"也不能过大。但对同一平滑公式，这两个要求往往是相互矛盾的。

3.1.3.1　平滑处理方法

平滑处理方法有平均法、五点三次平滑法和样条函数法。常用的是平均法，它包括以下 3 类。

（1）简单平均法　简单平均法的计算公式为：

$$P_i = \frac{1}{2N+1}\sum_{n=-N}^{N} h(n)p(i-n) \tag{3-5}$$

式（3-5）又称为 $2N+1$ 点的简单平均。当 $N=1$ 时，为三点简单平均；当 $N=2$ 时，为五点简单平均。如果将式（3-5）看作一个滤波公式，则滤波因子为：

$$\begin{aligned}
h(i) &= [h(-N),\cdots,h(0),\cdots,h(N)] \\
&= \left(\frac{1}{2N+1},\cdots,\frac{1}{2N+1},\cdots,\frac{1}{2N+1}\right) = \frac{1}{2N+1}(1,\cdots,1,\cdots1)
\end{aligned} \tag{3-6}$$

（2）加权平均法　取滤波因子 $h(i)=[h(-N),\cdots,h(0),\cdots,h(N)]$，要求：

$$\sum_{n=-N}^{N} h(n) = 1 \tag{3-7}$$

（3）直线滑动平均法　利用最小二乘法原理对离散数据进行线性平滑的方法，即为直线滑动平均法。其三点滑动平均的计算公式为（$N=1$）：

$$\begin{cases}
P_i = \frac{1}{3}(p_{i-1}+p_i+p_{i+1})(i=1,2,\cdots,m-1) \\
P_n = \frac{1}{6}(5p_0+2p_1-p_2) \\
P_m = \frac{1}{6}(p_{m-2}+2p_{m-1}+5p_m)
\end{cases} \tag{3-8}$$

式中，P_i 的滤波因子为：

$$h(i)=[h(-1),h(0),h(1)]=(0.333,0.333,0.333)$$

3.1.3.2　点云的平滑滤波

点云的平滑滤波主要有以下 3 种方式。

（1）中值滤波法　该方法将相邻的 3 个点取平均值来取代原始点，实现滤波。中值滤波法采样点的值取滤波窗口内各数据点的统计中值，故这种方法在消除数据毛刺方面，效果较好，假设相邻的 3 个点分别为 x_0、x_1 和 x_2，通过中值滤波法平滑得到新点 x_1'，$x_1'=(x_0+x_1+x_2)/3$，如图 3-5 所示，其中虚线所连的点代表激光扫描测得的点，直线所连的点代表平滑后的点。

（2）平均值滤波法　该方法将采样点的值取滤波窗口内各数据点的统计平均值来取代原始点，改变点云的位置，使点云平滑。假设相邻的 3 个点分别为 x_0、x_1 和 x_2，通过中值滤波法平滑得到新点 x_1'，$x_1'=(x_0+x_1+x_2)/3$，如图 3-6 所示，其中虚线所连的点代表激光扫描测得的点，直线所连的点代表平滑后的点。

（3）高斯滤波法　该方法以高斯滤波器在指定域内将高频的噪声滤除。高斯滤波法在指定域内的权重为高斯分布，其平均效果较小，在滤波的同时，能较好地保持原数据的形貌，因而常被使用。如图 3-7 所示。

实际使用时，可根据点云质量和后续建模要求，灵活选择滤波算法。

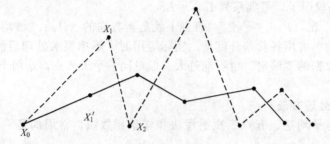

图 3-5 中值滤波法

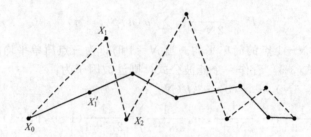

图 3-6 平均值滤波法

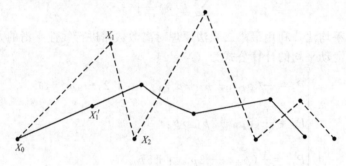

图 3-7 高斯滤波法

3.1.4 数据精简

激光扫描技术在精确、快速地获得数据方面有了很大进展，但是激光扫描测量每分钟会产生成千上万个数据点，如何处理这些庞大的点云数据成为基于激光扫描造型的主要问题。直接对大批量的点云进行造型处理，数据存储和处理便成为不可突破的瓶颈，从数据点生成模型表面要花很长一段时间，整个过程也会变得难以控制。实际上，并不是所有的数据对模型的重建都有用处，因此，有必要在保证一定精度的前提下，对数据进行精简处理。以下介绍两种针对激光扫描测量数据点的精简方法。

3.1.4.1 最大允许偏差精简法

该方法预先设定一个角度误差限 $\Delta\alpha$ 和一个弦高误差限 Δd，同时考虑这两种误差并利用这两个指标来综合处理密集数据，将处在这两个误差限内的点精简掉。$\Delta\alpha$ 要根据逆向精度在 $0°\sim15°$ 来选取，逆向精度越高，取值越小；同时，也可以根据实测点进行校验，从而选用简化效果较好的 $\Delta\alpha$ 值。Δd 的确定则根据前述扫描线上相邻点间距离正态分布的 μ 值，简化前点数量 N_b，预期简化点的数量 N_a 按下式确定：

$$\Delta d = \mu \frac{N_b}{N_a} \sin\Delta\alpha \tag{3-9}$$

算法步骤如下。

（1）给定一个角度误差限 $\Delta\alpha$，并计算弦高误差限 Δd。

（2）从起点开始取相邻的三点 P_0、P_1、P_2，如图 3-8 所示。计算 $P_0P_1P_1P_2$ 的夹角 α，弦高 $d = |P_0P_1|\sin\alpha$。

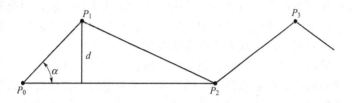

图 3-8　角度和弦高的表示

（3）若 P_3 为空，进行下一扫描线处理。

（4）判断 $d < \Delta d$，是，剔除点 P_1，令 $P_1 = P_2$，$P_2 = P_3$，转至（2）；否则判断 $\alpha < \Delta\alpha$，是，剔除点 P_1，令 $P_1 = P_2$，$P_2 = P_3$，转至（2）；否则保留点 P_1，$P_0 = P_1$，$P_1 = P_2$，$P_2 = P_3$，转至（2）。

（5）判断扫描线是否取完。是，则结束；否，则取下一扫描线，转至（2）。

3.1.4.2　均匀网格法与非均匀网格法

（1）数据点精简的均匀网格法　采用均匀网格法可以去除大量的数据点，其原理是：首先把所得的数据点进行均匀网格划分，然后从每个网格中提取样本点，网格中的其余点将被去掉。网格通常垂直于扫描方向（z 向）构建。由于激光扫描的特点，z 值对误差更加敏感，因此，选择中值滤波用于网格点筛选。数据减小率由网格大小决定，网格尺寸越小，从点云中采集的数据点越多。而网格尺寸通常由用户指定。具体步骤为：先在垂直于扫描方向建立一个包含尺寸大小相同的网格平面，将所有点投影至网格平面上，每个网格与对应的数据点匹配。然后，基于中值滤波方法将网格中的某个点提取出来，见图 3-9。

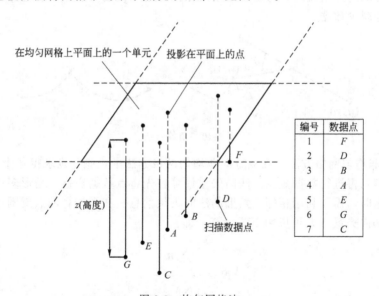

图 3-9　均匀网格法

每个网格中的点按照点到网格平面的距离远近排序，如果某个点位于各个点的中间，那么这个点就被选中保留，这样当网格内有 n 个数据点，并且 n 为奇数时，将有 $(n+1)/2$ 个数据点被选择；而 n 为偶数时，被选择的数据点数为 $n/2$ 或 $(n+2)/2$。通过均匀网格中值滤波方法，可以把那些被认为是噪声的点有效地去除。当被处理的扫描平面垂直于测量方向时，这种方法显示出具有非常良好的操作性。另外，这种方法只是选用其中的某些点，而非改变点的位置，可以很好地保留原始数据。均匀网格法特别适合于简单零件表面瑕点的快速去除。

（2）数据精简的非均匀网格法　当应用均匀网格法的时候，某些表示零件形状的点，如边点，也许由于没有考虑所提供零件的形状而丢失，但它对零件的成形却尤为重要。在逆向工程中精确地重现零件形状至关重要，而均匀网格法在这方面却受到限制，因此需要一种能根据零件形状变化精简数据的方法，这就是非均匀网格法。非均匀网格分为两种：单方向非均匀网格和双方向非均匀网格。应用时，可根据数据特征来选择。

当用激光条纹测量零件时，扫描路径和条纹间隔都由用户自己定义。扫描路径控制着激光头的移动方向，条纹间的距离控制着扫描点的密度。当测量简单曲面时，扫描仪不需要在每个方向上都进行高密度扫描。如果在沿着 V 方向的点多于沿着 U 方向的点时，单方向非均匀网格更适合于捕获零件的外表面。当被测零件是复杂的自由曲面时，点数据在 U 方向和 V 方向的密度都需要增大，在这种情况下，双方向非均匀网格方法比单方向非均匀网格方法更加有效。

① 单方向非均匀网格方法　在单方向非均匀网格方法中，可以采用角偏差法（图 3-10）从零件表面点云数据中获取数据样本。角度可由三个连续点的方向矢量计算得到，如图 3-10 中 (x_1, y_1)、(x_2, y_2)、(x_3, y_3) 三点。角度代表曲率信息，角度小，曲率就小；反之，角度大，曲率也大。根据角度大小，高曲率的点可以被提取出来。沿着 U 方向的网格尺寸是由激光条纹的间隔所确定，这由用户自己决定。在 V 方向上网格尺寸主要由零件外形的几何信息决定。通过角偏差抽取的点代表高曲率区域。为精确地表示零件外形，进行数据减少时，这些点必须保留下来。这样，使用角度偏移法进行点抽取后，沿 V 方向的网格基于抽取点被分割，如图 3-11(a) 所示。分离过程中如果网格尺寸大于最大网格尺寸（它通常由用户提前设置），网格被进一步分割，直到小于最大网格尺寸为止，见图 3-11(b)。当对网格中点应用中值滤波时，和均匀网格法相同，将产生一个代表样点，最后保留点是由每个网格的中值滤波点和由角度偏移提取的点组成的。与均匀网格法相比，这种方法可以在精确地保证零件外形的前提下，更有效地减少数据。

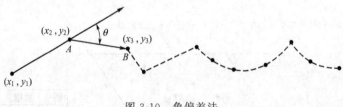

图 3-10　角偏差法

② 双方向非均匀网格方法　在双方向非均匀网格方法中，应分别求得各个点的法向矢量，根据法向矢量信息再进行数据减少。法向矢量计算首先将点数据实行三角形多边化。当计算一个点的法向矢量时，需要利用相邻三角形的法向矢量信息。在需计算的点周围存在 6 个相邻的三角形，点的法向矢量 N，可以由下式计算，即：

$$N = \frac{\sum_{i=1}^{6} \boldsymbol{n}_i}{\left| \sum_{i=1}^{6} \boldsymbol{n}_i \right|} \tag{3-10}$$

所有点的法向矢量都得到后，网格平面就产生了，网格尺寸由用户自己定义，主要取决于所给零件形状的计划数据减少率。如果需要大量地减少数据点，应增大网格。通过投影点在网格平面上，对应于每个网格的数据点被分成组，求出这些点平均法向矢量。选择点法向矢量的标准偏差作为网格细分准则，标准偏差通常根据零件形状和数据减少率提前设定。如果网格的

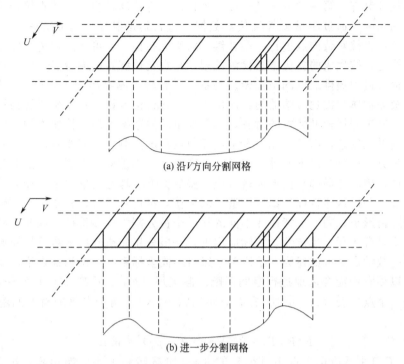

(a) 沿 V 方向分割网格

(b) 进一步分割网格

图 3-11 单方向均匀网格法

偏差大，则暗示被测量件的几何形状是复杂的。为获得更多的采样点，网格就需要进一步细分，将网格分成 4 个子元，这个过程反复进行，直到网格的标准偏差小于给定值，或者网格尺寸达到用户设定的限制值。网格最小尺寸根据零件的复杂程度选定。在网格建立完成之后，用中值滤波选出每个网格代表点。与单方向非均匀网格方法相比，双方向非均匀网格方法可以提取更多的数据点，所得的零件形状也就更加精确，特别是在处理具有变化尺寸的自由形状物体方面更加有效。

3.2 多视数据对齐

在零件表面形状的测量过程中，无论是接触式还是非接触式测量方法，许多因素决定了无法通过一次测量完成对整个零件的测量过程，这些因素包括以下几个：复杂型面往往存在投影编码盲点或视觉死区，无法一次完成全部型面的测量，需要从其他方向进行补测；对于大型零件，受测量系统范围限制，必须分块测量；当被测物体有定位和夹紧要求时，一次测量无法同时获得定位面及夹紧面的测量数据，需引入二次测量。

工程实际中，为完成对整个零件模型的测量，常把零件表面分成多个局部相互重叠的子区域，从多个角度获取零件不同方位的信息。从各个视觉分块测量得到多个独立的点云，称为多视（multi-view）点云。在测量不同的区域时，都是在测量位置对应的局部坐标系下进行的；多次测量所对应的局部坐标系是不一致的，必须把各次测量对应的局部坐标系统一到同一坐标系，并消除两次测量间的重叠部分，以得到被测零件表面的完整数据，此处理过程即为多视数据的对齐。其优点是可以利用图形几何特征（点、线、面等）进行对齐，对齐过程快捷、结果准确，但通常情况下，一个特征往往会被分割在不同的视图中，由于缺乏完整的拓扑和特征信息，局部造型往往十分困难。

有两种方式可用于处理多视对齐：一是通过专用的测量装置实现测量数据的直接对齐；二

是事后的数据处理对齐。第一种方式是设计一个自动工件移动转换台，能直接记录工件测量中的移动量和转动角度，通过测量软件直接对数据点进行运动补偿。对 CMM 等接触式测量方式，通过测量软件直接对数据点进行运动补偿；对激光扫描仪，可将多视传感器安装在可转动的精密伺服机构上，按生成的多传感器检测规划，将视觉传感器的测量姿态准确地调整到预定方位，由精密伺服机构提供准确的坐标转换关系。或者将被测物体固定在精度一般的转台上，转动转台调整被测物体与视觉传感器的相对位置，由转台读数提供初始坐标转换矩阵，并用软件计算和修正。基于测量辅助装置的对齐，不需要事后的数据处理，快速方便，但需要增加精密辅助装置，使系统复杂，而且不能完全满足任何视角的探测，仍需要合适的事后数据对齐处理。事后的处理方法可分为以下两种：一是先拼合点云，再重构出原型；二是对各分块点云构造局部几何形体，最后把局部几何形体拼合成完整的数据。理想的情况下，如果单个点云具有明显的几何特征，利用这些特征局部地构造几何形体，再进行拼合，其速度和准确性都是显而易见的。但实际情形是，同一个特征在不同的视图中被分割为许多特征，因此，利用局部几何特征进行拼合不具有实际可操作性，实际应用中，一般采用先拼合点云再重构原型的方法。

多视对齐的数学定义可描述为，给定两个来自不同坐标系的三维扫描点集，找出两个点集的空间变换，以便它们能合适地进行空间匹配。假定用 $\{p_i \mid p_i \in R^3, i=1,2,\cdots,N\}$ 表示第一个点集，第二个点集表示为 $\{q_i \mid q_i \in R^3, i=1,2,\cdots,N\}$，两个点集的对齐匹配转换为使下列目标函数最小：

$$F(R,T) = \sum (Rp_i + T - p_i')^2 = \min \tag{3-11}$$

这里 R 和 T 分别是应用于点集 $\{p_i\}$ 的 3×3 阶旋转和平移变换矩阵，p_i' 表示在 $\{q_i\}$ 中找到的和 p_i 匹配的对应点。因为式(3-11)的求解是一个高度的非线性问题，点对齐问题的研究也就集中于寻求对式(3-11)的快速有效的求解方法上。

3.2.1 基于三基准点的对齐方法

基于三基准点的对齐方法实现三维数据点集的对齐，首先是建立对应点集距离的最小二乘目标函数，利用四元组法和矩阵的奇异值分解法求取刚体运动的旋转和平移矩阵。测量数据的多视统一可以看作是一种刚体移动，因此可以利用上述数据对齐方法来处理。由于三点可以建立一个坐标关系，如果测量时，在不同视图中建立用于对齐的三个基准点，通过三个基准点的对齐就能实现三维测量数据的多视统一，实际上是将数据对齐转换为坐标变换问题。

3.2.1.1 基准点测量

测量时，在零件上设立基准点，取不同位置的三个点，用记号标记，在进行零件表面数据测量时，如果需要变动零件位置，每次变动必须重复测量基准点，模型要求装配建模的，应分别测量零件状态和装配状态下的基准点。在不同测量坐标下得到的数据，通过将三个基准点移动对齐，就能将数据统一在一个造型坐标下，数据变换问题就归结为基准点的对齐，可以利用几何图形的坐标变换方法来实现。单个零件的多次测量和多个零件的装配测量的数据坐标变换都可以采用上述方法。

3.2.1.2 三点对齐坐标变换方法

在实物表面的数字化过程中，由于物体的移动造成测量坐标的定位变化，相同的位置在不同的测量过程中，数据是不同的，但对同一个点来说，相当于从一个坐标系变换到另一个坐标系，因此可以将问题表述为坐标系的变换问题。

三维图形的坐标变换包括平移、比例、旋转、错切等几何变换，这里测量数据点的对齐问题仅是平移和旋转变换。因为三点可以表示一个完整的坐标，因此多次测量数据变换只需由三个不同的基准点就能实现。

三点几何坐标变换方法为：测量基准点 p_1、p_2 和 p_3。第二次测量时，基准坐标点变为

q_1、q_2 和 q_3，刚体变换可通过三个步骤实现：变换 p_1 到 q_1；变换矢量 $p_2 - p_1$ 到 $q_2 - q_1$（只考虑方向）；变换包含三点 p_1、p_2 和 p_3 的平面到包含 q_1、q_2 和 q_3 的平面。

算法为：

第 1 步，作矢量 $p_2 - p_1$、$p_3 - p_1$、$q_2 - q_1$ 与 $q_3 - q_1$。

第 2 步，令：

$$V_1 = p_2 - p_1,\ W_1 = q_2 - q_1$$

第 3 步，作矢量 V_3 与 W_3：

$$\begin{cases} V_3 = V_1 \times (p_3 - p_1) \\ W_3 = W_1 \times (q_3 - q_1) \end{cases} \tag{3-12}$$

第 4 步，作矢量 V_2 与 W_2：

$$\begin{cases} V_2 = V_3 \times V_1 \\ W_2 = W_3 \times W_1 \end{cases} \tag{3-13}$$

显然，矢量 V_1、V_2 和 V_3 构成右手正交系，矢量 W_1、W_2 和 W_3 同样构成右手正交系。

第 5 步，作单位矢量：

$$v_1 = \frac{V_1}{|V_1|},\ v_2 = \frac{V_2}{|V_2|},\ v_3 = \frac{V_3}{|V_3|}$$

$$w_1 = \frac{W_1}{|W_1|},\ w_2 = \frac{W_2}{|W_2|},\ w_3 = \frac{W_3}{|W_3|} \tag{3-14}$$

第 6 步，把系统 $[v]$ 的任一点只变换到系统 $[w]$，用变换关系式：

$$P_i' = P_i R + T \tag{3-15}$$

第 7 步，因为 $[v]$ 和 $[w]$ 是单位矢量矩阵，所以 $[w] = [v]R$，于是，所求的关于 $[w]$ 的旋转矩阵为：

$$R = [v]^{-1}[w] \tag{3-16}$$

第 8 步，使 $P_1' = q_1$ 和 $p_1 = p_1$，把方程代入，可得到平移矩阵 T：

$$T = q_1 - p_1[v]^{-1}[w] \tag{3-17}$$

第 9 步，将方程改写为：

$$P' = P[v]^{-1}[w] - p_1[v]^{-1}[w] + q_1 \tag{3-18}$$

图 3-12 给出了三点变换坐标变换示意图。

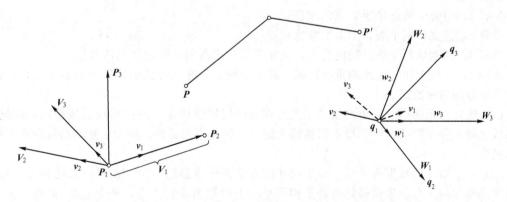

图 3-12　三坐标变换示意图

3.2.1.3　精度分析

由上述数据变换方法可以看出，模型数据的对齐精度取决于三个基准点的测量精度。另外，在相同的测量误差下，基准点的位置选取不同，也会影响模型数据的对齐，但如果误差控制在一定的范围内，这样的数据变换是能够满足造型和装配要求的。对测量设备来说，只要具有寻点及寻边功能的测量机都可以用于三点定位的对齐方法。如果采用接触式 CMM 测量方法，由于进行基准点和轮廓线的测量时，测量探头的触点完全由操作者的视觉决定，难以保证探头中心和被测点中心完全重合，而且探头和被测点标记的半径大小也会影响误差，对在探头接触压力下会产生变形的产品，产品的装夹和固定是重要的。因此，为保证对齐精度，采用三点定位对齐方法时，基准点的选择及测量应遵循下列原则。

(1) 当误差相同时，三点构成的三角形的面积越大，相对误差越小，即基准点的选择距离越远，测量误差对数据对齐的影响越小。

(2) 在测量误差呈正态分布的情况下，三条边的误差趋于相同，为使各个点的影响相同，相对误差趋于相等，即基准点的选取应尽量接近等边三角形。

(3) 基准点的测量位置应尽量选择在探头容易接触和不会产生变形的地方，位置标记记号应尽可能小，这样可以使每次探头的触点落在相同的位置，减小视觉误差。

(4) 同一基准点的测量，探头应尽量在同一方向接触，按相同方式补偿；同时，应反复测量几次，取几次测量的平均值；多次测量应尽量在相同的环境中完成，同时，检查测量机的零位，避免温度误差。

这样，每个基准点的误差可以看作是等权的，重定位可按误差平均分布处理。因此，算法可以改进如下：

步骤 1，计算三个点的均值；

步骤 2，计算三角形的质心；

步骤 3，计算三个点到质心的距离，各点和质心点组成新的三角形，选择误差最小的两个点和质心组成新的三角形；

步骤 4，转步骤 1，将三个测量基准点中的一个改为三角形的质心重合。

3.2.2　多视数据统一

多视数据统一由于进行多次测量，得到的多视数据不可避免地存在重叠区（重叠数据），因此，数据对齐后应对重叠区域进行数据统一，最终建立一个没有冗余数据的统一数据集，以方便 CAD 模型重建和快速原型的切片数据处理。多视数据统一是通过建立数据集的三角网格，对重叠区域进行插值计算，然后获得新的数据点的一种多视数据统一方法。

算法步骤如下：

步骤 1，对每个数据集建立三角网格；

步骤 2，建立切割平面切割多个数据集；

步骤 3，找到切割平面之间的交点，用相等面片距离和间隔建立三角网格；

步骤 4，对两个相邻面片的重叠区域，基于不同交点的线性插值计算新的数据点，组合没有重叠部分的切片数据。

(1) 建立三角网格　三角网格基于两条相邻的扫描线构建，设扫描线是按相同方向进行，扫描线之间不存在交叉，由于每条扫描线上的点一般是不相等的，因此，选择最短距离来建立三角网格。

(2) 基于切片的数据再采样　基于切片的数据再采样是用一个平面对三角网格进行切割，通过搜寻相邻的三角形来获得新的处于相同平面上的数据采样点集，这个过程和 STL 文件的切片相同。采样步骤如下：步骤 1，在切割平面之间建立平面等式和间距；步骤 2，跟踪三角网格的建立次序，以便找到第一个与平面相交的三角形，并找出交点；步骤 3，搜查其他相邻的与平面相交的三角形，并找出交点；步骤 4，继续步骤 3，找出所有与平面相交的网格的交点；步骤 5，重复步骤 2～4，找出与所有平面的交点。

(3) 切片数据统一　用一个平面去切割多个数据集将产生一系列新的位于相同平面上的数

据点，这些再采样的数据点能被组合形成一新的扫描线，面临的问题是如何处理重叠区域的数据统一。一种方法是用比例权因子来计算重叠区内新的点坐标，如图 3-13 所示，虚线内的区域是两个数据集的重叠部分，$P_1 \sim P_4$ 和 $Q_1 \sim Q_4$。属于各自点集的数据点，$Z_1 \sim Z_4$，是由式 (3-19) 获得的新的数据点。

$$Z_i = \frac{(N-i)p_i + iQ_i}{N} \qquad (i = 1, 2, \cdots, N-1) \tag{3-19}$$

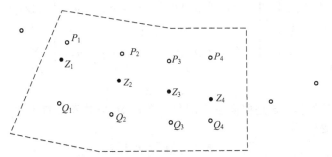

图 3-13　两个切片数据集的重叠区域

采用对原始切片点应用线性比例权值的理由是，当测量靠近扫描线的端点或扫描数据的边界时，激光测量的精度趋于下降，因此，当用式(3-19)来计算对每个数据点集的影响权值时，靠近扫描线中心的点将获得较高的权值，而靠近端点的较低。这使插值在连接处更加光滑和具有更加可靠的精度。这样，三角网格能在两个点集之间被构建，新的点可以通过线性插值来连接两个点集，如图 3-14 所示。

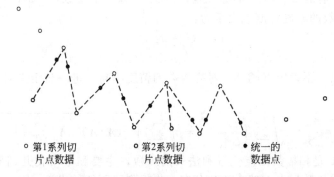

第1系列切　　　　第2系列切　　　　统一的
片点数据　　　　片点数据　　　　数据点

图 3-14　线性插值数据点产生数据统一

3.2.3　多视数据对齐的误差分析

由于测量过程中，不可避免地存在误差，因此有必要研究对齐参数对误差的敏感性，尤其是对激光扫描测量，通常，测量误差、扫描数据的点数和扫描点的位置都会影响对齐结果，如果我们能已知对齐参数的误差特性，将有助于正确估计对齐参数的不确定性的理论公式。

（1）对齐参数的不确定模型　根据多视数据对齐公式，对齐的误差模型可以表示为：

$$\varepsilon_i \approx (\Delta\boldsymbol{R}p_i + \Delta\boldsymbol{T} - p_i)n_i \qquad (i = 1, 2, \cdots, N) \tag{3-20}$$

式中，$\Delta\boldsymbol{R}$ 和 $\Delta\boldsymbol{T}$ 是小的旋转和平移扰动，计算式为：

$$\Delta\boldsymbol{R} = \begin{bmatrix} 1 & -\Delta\gamma & \Delta\beta \\ \Delta\gamma & 1 & -\Delta\alpha \\ -\Delta\beta & \Delta\alpha & 1 \end{bmatrix} \qquad (\alpha \text{、} \beta \text{、} \gamma \text{ 是欧拉角}) \tag{3-21}$$

和

$$\Delta \boldsymbol{T} = \begin{pmatrix} \Delta t_x \\ \Delta t_y \\ \Delta t_z \end{pmatrix} \tag{3-22}$$

将式（3-21）和式（3-22）代入式（3-20），并展开为矩阵形式。

$$\begin{bmatrix} \varepsilon_1 \\ \varepsilon_2 \\ \vdots \\ \varepsilon_N \end{bmatrix} = \begin{bmatrix} -(n_1 \times p_1)^T & n_{x1} & n_{y1} & n_{z1} \\ -(n_2 \times p_2)^T & n_{x2} & n_{y2} & n_{z2} \\ \vdots & \vdots & \vdots & \vdots \\ -(n_N \times p_N)^T & n_{xN} & n_{yN} & n_{zN} \end{bmatrix} \begin{bmatrix} \Delta\alpha \\ \Delta\beta \\ \Delta\gamma \\ \Delta t_x \\ \Delta t_y \\ \Delta t_z \end{bmatrix} \tag{3-23}$$

或者

$$\tilde{\varepsilon} = \boldsymbol{A}\,\Delta \tilde{t} \tag{3-24}$$

式中，$\boldsymbol{A}$ 是敏感矩阵；$\tilde{\varepsilon}$ 是曲面法矢测量误差；$\Delta \tilde{t}$ 是对齐参数误差。因为 $\boldsymbol{A}$ 不是一个平方矩阵，变换式（3-24）为：

$$\Delta\tilde{t} = \left[(\boldsymbol{A}^T\boldsymbol{A})^{-1}\right]\tilde{\varepsilon} \tag{3-25}$$

对 $\Delta\tilde{t}$ 进行一阶展开，得：

$$\Delta t_i = \sum_{j=1}^{N} \frac{\Delta t_i}{\Delta p_j}\varepsilon_i = \left[(\boldsymbol{A}^T\boldsymbol{A})^{-1}\boldsymbol{A}^T\right]_{rowi}\tilde{\varepsilon} \tag{3-26}$$

假定 Δt_i 和 ε_i 是正态分布，得：

$$\sigma_{t_j}^2 = \sum_{j=1}^{N} \left(\frac{\Delta t_i}{\Delta p_j}\right)^2 s^2 \tag{3-27}$$

这里 $\sigma_{t_j}^2$ 和 s^2 分别是 Δt_i 和 ε_i 的标准差，将 $\sigma_{t_j}^2$ 乘以一个常数 c（如 $c=3$，表示有 99.7% 的置信度），对齐参数的不确定度能表示为：

$$U = c\sigma_{t_j} \tag{3-28}$$

$$t_{j,(\text{evaluated})} - c\sigma_{t_j} \leqslant t_{j,(\text{true})} \leqslant t_{j,(\text{evaluated})} + c\sigma_{t_j} \tag{3-29}$$

从上面公式看出，不确定度越小，对齐参数的精度越高。进一步定义对齐参数对误差的敏感度为：

$$s_{t_i} = \frac{\sigma_{t_i}}{S} = \sqrt{\sum_{j=1}^{N}\left(\frac{\Delta t_i}{\Delta p_j}\right)^2} = \sqrt{\sum_{j=1}^{N}\left\|\left[(\boldsymbol{A}^T\boldsymbol{A})^{-1}\boldsymbol{A}^T\right]_{rowi}\right\|^2} \tag{3-30}$$

因为敏感矩阵 $\boldsymbol{A}$ 是扫描数据点位置和法矢的函数，主要和数字化几何对象有关。如果取一个标准球，假定扫描数据点在球上均匀分布，将得到下面的结果：

$$\sigma_{t_i} = \sqrt{\frac{3}{N}} \times s \qquad (i=4,5,6) \tag{3-31}$$

此结果说明，对齐参数对一个圆球的不确定度和扫描误差的标准偏差成正比，反比于扫描数据点数的平方根。推广到任何扫描几何对象，包括自由曲面。

$$\sigma_{t_i} = \frac{K}{\sqrt{N}} \times s \tag{3-32}$$

式中，K 是扫描几何的函数，当扫描几何和区域固定时，它是一个常数。对前面的球体，$K = \sqrt{3}$。但对其他情况，如一个自由曲面，K 是未知的，需要被标定。

（2）确定对齐采样尺寸 从式（3-29）可知，对齐精度由不确定带控制，随扫描采样尺寸的增加，不确定带将减小。这样，认为 σ_{t_i} 是对齐参数 t_i 的精度控制，如果几何常数 K 可能被估计，一个合适的控制参数 t_i 下的采样尺寸定义为：

$$N = \left(\frac{K}{S_{t_i}}\right)^2 = \left(\frac{K}{\sigma_{t_i}/s}\right)^2 \tag{3-33}$$

典型的，在两个扫描数据点集的对齐中，通常数据集中包含大量的数据点，这样的对齐过程是相当耗时的，有可能通过再采样，在仅需要小的采样尺寸下，进行对齐操作。起初须估计几何常数 K，通过采样，能构建敏感矩阵 A，从式（3-30）计算出最大敏感度，这样就能估算出几何常数 K（$K = S_{max} \times \sqrt{N}$）。

3.3 数据分割

逆向工程中，要进行一个重要工作——数据分割。实际产品只由一张曲面构成的情况不多，产品型面往往由多张曲面混合而成。数据分割是根据组成实物外形曲面的子曲面类型，将属于同一子曲面类型的数据成组，将全部数据划分成代表不同曲面类型的数据域，后续的曲面模型重建时，先分别拟合单个曲面片，再通过曲面的过渡、相交、裁减、倒圆等手段，将多个曲面"缝合"成一个整体，获得重建模型。

3.3.1 数据分割方法

数据分割方法可分为基于测量的分割和自动分割两种方式。基于测量的分割是在测量过程中，操作人员根据实物外形特征，将外形曲面划分成不同的子曲面，并对曲面的轮廓、孔、槽、表面脊线等特征进行标记，在此基础上进行测量路径规划。这样，不同的曲面特征数据将保存在不同的文件中，输入软件时可以实现对不同数据类型的分层处理及显示，为造型提供很大的方便。这种方法适合于曲面特征比较明显的实物外形和接触式测量，操作者的水平和经验将对结果产生直接影响。自动分割分为基于边和基于面两种基本方法。

（1）基于边的数据分割　基于边的方法首先从数据点集中，根据组成曲面片的边界轮廓特征、两个曲面片之间的相交、过渡特征以及形状表面曲面片之间存在的棱线或脊线特征确定出相同类型曲面片的边界点。连接点形成边界环，判断点集是处于环内还是环外，实现数据分割。基于边的技术必须考虑寻找边界特征点的问题。寻找边界点，主要是由数据点集计算局部曲面片的法矢或者高阶导数，通过法矢的突然变化和高阶导数的不连续来判断一个点是否为边界点。由于反射光以及边界附近的曲率变化大，靠近尖锐边的测量数据是不可靠的，而且可用于分割的点的数量较少，只有接近边的点是可用的，这意味着判断依据对"假"数据具有高的敏感性。同时找出的具有相切连续或者高阶连续的光滑边也是不可靠的，因为基于噪声点的计算容易产生错误的推理结果，如果对数据进行光滑处理，又会使推理结果失真，丢失特征位置。

（2）基于面的数据分割　基于面的方法是尝试推断出具有相同曲面性质的点，根据微分几何中曲面的某些特征参数的性质，来判断属于相同面的点。基于面的方法的缺点是：特征参数的获取是以曲面光滑连续为前提的，但实际中的物体不可能是完全光滑连续的，从而造成估算特征参数的不准确性。事实上，数据分割和曲面拟合是一对矛盾的统一体。如果知道将要拟合的是哪一种曲面类型，立即能划分属于它的数据点；反之，如果确切地知道属于一种曲面类型的数据点集，根据点集就能拟合出最佳曲面。但由于两个过程不是独立的，大多数场合既不知道曲面类型，也不能划分数据点集，只能在并行过程中反复计算，寻找最符合要求的结果。根据判断准则的确定，基于面的方法可以分为自下而上和自上而下两种。自下而上的方法是首先选定一个种子点，由种子点向外延伸，判断其周围邻域的点是否属于同一个曲面，直到在其邻域不存在连续的点集为止，最后将这些小区域邻域组合在一起。在过程进行中，曲面类型并不是一成不变的。比如开始时，由于点的数量少，判断曲面是平面；随着点的增多，曲面也许改变为圆柱或一个半径比较大的球面。和自下而上的方法相反，自上而下的方法开始于这样的假设，所有数据点都属于一个曲面，然后检验这个假定的有效性。若不符合，则将点集分成两个或更多的子集，再应用曲面假设于这些子集，重复以上过程，直到假设条件满足。

两种方法必须考虑下列问题：在自下而上的方法中，种子点的选取是困难的；同时，开始时如果存在一种以上的符合条件的曲面类型，则需要仔细考虑如何选择。如果有一个坏点被选入，它将使判断依据失真，即这种方法对误差点是敏感的，但又不能让过程碰到这样的点就停止。因此，是否增加一个点到区域中，有时难以决定。而自上而下方法的主要问题是选择在哪里分割和如何分割数据点集；而且经常是用直线作分割边界，它是和曲面片的自然边界不一致的，这导致最后曲面"组合或缝合"时，边界凹凸不光滑。另一个问题是数据点集重新划分后，计算过程又必须从头开始，计算效率较低。

3.3.2　散乱数据的自动分割

散乱数据的自动分割是无规则的 3D 数据点的自动分割方法，该方法也是一种基于边的方法，在分割过程中实现曲面几何特征信息的抽取，具体的分割方法包括 3 个顺序的过程：多域构建、边界识别和网格面片成组。

3.3.2.1　多域构建

利用增长算法，从无序的数据点云中首先构建一个插值于采样点的分片的线性三角网格，对于一个连续的、由多种面片类型组成的曲面，三角网格通过在采样点中建立组合结构来捕捉实物拓扑，并达到对实物几何的一阶逼近，然后计算曲率信息，通过改变三角网格的局部拓扑，使原始曲面和重建的网格曲面之间的曲率导数达到最小，实现对三角网格结构的优化，最终优化的三角网格结构为二阶几何的恢复提供了多种类的域和进行 3D 数据分割所需的导数特性。

3.3.2.2　边界识别

利用前面所建立的拓扑和曲率信息就可进行边界识别，比较每个网格边和相邻顶点在同一方向的方向曲率，根据曲率信息，位于边界或附近的网格边被首先识别为边界，靠近边界曲线附近的边界区域，包括顶点、边和面被抽取，利用识别的边界就可将多域数据分割成不相连的子组。由于测量噪声的影响，为避免位于边界或附近的网格边被误识为边界，精确的边界曲线需通过两相邻曲面的求交来获得。

（1）边界分类　为方便边界识别，根据实物曲面及曲率是否连续，可将实物边界分为 3 类：D^0 边界、D^1 边界和 D^2 边界。对 D^1 边界，物体曲面是连续的，但边界的切矢量不连续；而 D^2 边界，物体曲面和边界切矢量都是连续的，但方向矢量不连续；如果数据没有完全扫描整个曲面，这时会出现位置不连续，称为 D^0 边界，如图 3-15 所示。D^0 边界在多域创建过程中可自动识别。

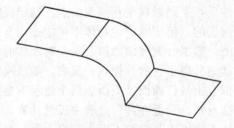

图 3-15　三种类型的边界

图 3-16 给出了不同离散点边界的横截面曲线特性。

（2）边界识别方法　传统的边界识别方法将离散点当作边界元，它是无方向的，结果会受到噪声的干扰，因为每个点是零维实体，不能进行方向识别。一个连续网格域的构建，不仅建

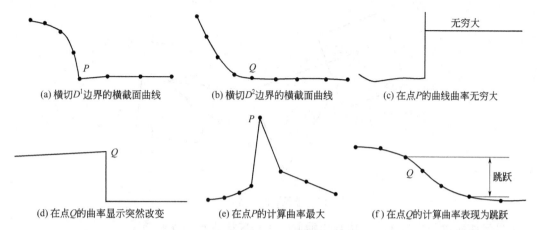

图 3-16　不同离散点边界的横截面曲线特性

立起了采样点之间明确的相邻关系，还因为一维网格边实体的引进，使方向识别成为可能。具体的识别方法又分为两种：面向边的边界识别和基于曲率的边界识别。

① 面向边的边界识别　面向边的边界识别是将边界点或像素当作边界元，然后构建边界曲线。通过边点进行边界线识别会存在一定的困难，因为边点以及相关边界的方向是未知的，识别边点时会产生另外的噪声。此外，从识别的边点进行边界线构造通常是非定常的，需要复杂的图形搜索过程来试探。与面向点的识别不同，当分割用于具有恢复的曲率性质的网格域时，如将网格边作为基本的构造元，可实现边的方向的识别。因为每个边本身就具有方向，无论它是否位于边界线上，都能通过检查垂直于它的方向曲率来决定。边界边被定义为网格边，网格边的两个端点从位于两个特征曲面的边界线上或附近采样得到。

② 基于曲率的边界识别　边界边识别的第二种方法是基于计算的方向曲率的改变来识别，在过程进行之前，首先定义网格边的"邻居"。每个网格边的邻居定义为它的两个邻接面片的两个位置相反的顶点，如图 3-17 所示，边 e 的邻居是顶点 v_3 和 v_4，分别具有切平面 p_3 和 p_4，T_3 和 T_4 分别为 P_3 和 P_4 上与 e 垂直的矢量。这样，根据在两个顶点计算的曲率张量，就能计算出 v_3 在相切方向 T_3 的方向曲率 k_{v3}（T_3）和 v_4 在相切方向 T_4 的方向曲率 k_{v4}（T_4）。

如用 k_e 表示边界 e 的计算曲率，边界可根据下面两个准则识别。

a. 边界 e 是 D^1 边界，如果：

$$\min\{|k_e|-|[k_{v3}(T_3)]|, \ |k_e|-|[k_{v4}(T_4)]|\}>0 \tag{3-34}$$

则：

$$\max\{|k_e|-|[k_{v3}(T_3)]|, \ |k_e|-|[k_{v4}(T_4)]|\}>t_1 \tag{3-35}$$

b. 边界 e 是 D^2 边界，如果：

$$\max[k_{v3}(T_3), k_{v4}(T_4)]>k_e>\min[k_{v3}(T_3), k_{v4}(T_4)] \tag{3-36}$$

则：

$$|k_{v3}(T_3)-k_{v4}(T_4)|>t_2 \tag{3-37}$$

这里 t_1 和 t_2 是指定的阈值。

c. 边界区抽取　要精确地确定边界曲线是困难的，这是因为：采样点并不一定是准确位于边界线上的点；靠近边界的测量点信息是不可靠的；根据带有噪声的点计算的曲率不一定是准确的。因此，"边界区"的概念被提出来，以处理不完整边界的识别问题。边界区由靠近边界曲线的网格单元组成，尽管边界区并没有给出边界线的精确位置，但它能有效地将网格分为不同及不相连的组，这样，特征曲面能根据各自的数据组拟合得到，特征曲面之间的拓扑关系也能根据建立的网格拓扑找出，最终边界线的精确位置则可以通过相邻特征曲面的相交来求

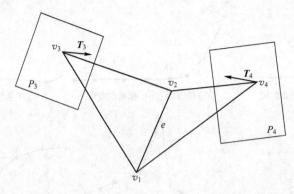

图 3-17　边界 e 的"邻居"定义

出。边界区抽取过程分为 3 步：边界树抽取、边界区构建和分支修剪。

与已经识别的边界边连接的边集称为边界树，在边界树的任何两边之间至少存在一个包含边界边的封闭折线路径。开始时，一个边界树桩初始化为一个任意的边界边，称为种子边，接下来所有与种子相连的边界边被增加到边界树，这些边界边又作为新的种子边，再增加补充，直到没有新的边界边增加，搜寻过程结束。

已经抽取的边界边仅包含网格边，需要扩增相关的面片、顶点来构建边界区，边界树之间也许会由非边界边连接。

由边界树扩增建立的边界区的结构中，也许会存在一些具有"死端点"的分支，在边界区的一条边如果仅有一个端点和边界区有关，就认为这条边具有死端点。对数据分割来说，包含有死端点的分支没有包含有用的信息，需要被剪除。剪除操作可以通过搜寻死端点完成。

3.3.2.3　网格面片成组

抽取出的边界区域将三角面片分割成没有连接的网格面片，每一个网格面片都和一个曲面特征对应。网格面片抽取由面片成组过程完成，它将分离的网格单元集合在一起，整个过程通过网格域的增长算法实现，如图 3-18 所示。

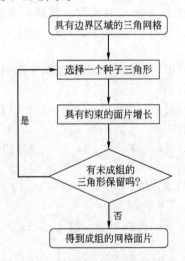

图 3-18　网格面片的成组

每个网格面片从一个初始的种子三角形开始，沿面片边界增长，碰到边界区域的单元时停止。不在边界区域的所有三角形都成组后，面片成组过程停止。

3.3.2.4　多极分割

一条 D^1 边界曲线的法矢和 D^2 边界曲线的曲率大小可以用来表示一条边界曲线的强度，

因为边界周围处于不同的曲面中，因此，由邻域得到的计算曲率是不可靠的，自然地，网格附近强的边界线的计算曲率将受到边界形状的影响。对于具有复杂几何外形的实物，会存在具有不同强度的边界曲线，这样，用单一阈值进行边界识别，不能保证得到最优的结果。如果阈值较高，不能有效地识别"弱"的边界；反之，一条虚假的边界会出现在"强"的边界周围。这时，在边界识别中采用多阈值是一种理想的解决途径。

多级分割即采用多阈值来识别边界线，首先采用较高的阈值将原始网格曲面分成"强"边界区隔离的网格面片。利用抽取的形状信息，靠近"强"边界区的网格单元的曲率信息被再测定，期间，只考虑那些具有相同网格面片的邻域，这样，测定的曲率将会较好地反映这个单一网格面片的局部形状。在再测定曲率的基础上，较低的阈值被用来从抽取面片中识别"弱"的边界线，实现多级分割。

3.4　模型重建技术

在 CAD 中，三维几何模型的基本构成要素是空间的点、线、面和体，有线框、表面和实体三种表示模型。其中，实体模型可以完整地、无歧义地描述三维几何模型，可以用来计算物体的质量特性（如重量、惯性矩、惯性积）、动态特性（如动量、动量矩）或力学特性（应力、应变），是对逆向模型进行改型设计和再分析的基础。在工程应用中，产品模型的几何外形通常可分为两大类：自由曲面和规则曲面。对自由曲面，可以在连续性约束下，构造封闭、有向且各张曲面间有严格拓扑关系的 B 样条曲面；对规则曲面，可用平面、二次曲面、圆环面和规则扫掠曲面等曲面类型来拟合。

3.4.1　特征识别与数据分割

3.4.1.1　特征识别

在机械零件、塑料制品等工业产品的几何外形设计中经常会遇到平面、球面、柱面、锥面、拉伸面、旋转面等特征曲面，逆向工程 CAD 建模的一个重要目标就是根据测量数据重建这些特征曲面。从测量数据中提取出特征曲面的设计参数进行二次设计，再现原始模型的设计意图，可以提高逆向建模的准确性、可靠性和建模精度。逆向工程中通常首先识别二次曲面，然后再识别规则扫掠面，最后提取过渡曲面的参数。

（1）二次曲面参数的识别　二次曲面可以用代数方程或简单直观的几何参数表达，代数方程表达与几何参数表达可以相互转化。二次曲面的参数主要是指二次曲面代数表达式或参数表达式的系数。对于平面和球面可以采用线性最小二乘法进行拟合，不但效率高，而且稳定。对于圆柱面和圆锥面的拟合可采用准最小二乘法、忠实距离拟合最小二乘法等。

（2）规则扫掠面参数的识别　拉伸面的参数主要是拉伸方向，旋转面的参数主要是旋转轴。根据拉伸面的法矢必然垂直于拉伸方向的特性，以拉伸面的法矢与未知拉伸方向之间内积的平方和达到最小为目标，用最小二乘法求解该目标函数，可得到最优的拉伸方向。根据旋转面的所有法矢均与旋转轴相交的特性利用直线几何的理论来确定旋转轴。

（3）过渡曲面特征的识别　常见的过渡方式主要有边过渡和顶点过渡两种，逆向工程研究的过渡曲面参数提取主要是针对边过渡。通常过渡曲面可看作是由一个滚球沿着两曲面相交的位置滚动而形成的裁剪包迹，滚球的中心轨迹称为脊线。若滚球在滚动时半径固定不变，则生成等半径过渡曲面；若滚动时半径发生变化，则生成变半径过渡曲面。

在逆向工程中应用最多的是等半径过渡曲面和线性变半径过渡曲面，过渡曲面的参数主要是脊线和过渡半径。对等半径过渡的参数提取，可采用不同的策略，包括基于曲率估计、脊线生成和局部最大球拟合的方法。通过曲率计算和曲率比较等步骤将过渡区域的点云自动分离出来，然后通过圆柱拟合和追踪算法得到一系列过渡曲面的截面线，进而得到一系列过渡曲面的离散参数。

3.4.1.2 数据分割

数据分割是将测量数据分割成属于不同曲面片的数据子集。在逆向工程中，产品表面往往无法由一张曲面进行完整描述，而是由多张曲面片组成，因而必须将测量数据进行分块，然后对各数据块分别构造曲面模型。

数据分割技术可以分为基于边和基于面两种方法。基于边的数据分割方法，首先在测量数据内部确定边界点，如法矢突变、曲率突变或更高阶微分特性发生突变的数据点，然后将边界点连接为边界曲线，最后利用边界曲线将整个测量数据分割为不同的区域。

基于面的数据分割方法，又可以分为自底向上和自上而下两种方法。自底向上的方法从种子点开始，采用区域生长的方法，用不同类型的曲面拟合区域数据，并依据拟合误差大小确定曲面类型，直到拟合误差达到给定的阈值。该方法最主要的问题是如何正确选择种子点。自上而下的方法首先假定所有的点属于一张曲面，然后依据拟合误差判断假设是否成立，如果不成立，则将数据点分为两个或者多个子集，并对每一个子集重复以上步骤。这种方法应用不常见，主要原因是分割无法确定怎样及在哪里进行分割，曲面边界一般不为直线，以直线进行分割显然不符合曲面边界的自然性。

针对噪声数据会影响和干扰数据分割准确性的问题，不少学者研究并提出了利用神经网络技术的数据分割方法，通过对测量数据进行自主学习，根据不同的噪声数据自动调整各种阈值参与数据分块和曲面类型的搜索，提高数据分块的准确性。另外，由于基于边的方法没有提供曲面信息，而基于面的方法缺少边界信息，对此又出现了同时应用基于边和基于面的数据分块混合技术。

3.4.2 二次曲线曲面的拟合

3.4.2.1 二次曲线拟合

二次曲线的拟合主要采用最小二乘法。对于二次多项式拟合，设拟合公式为：

$$y = f(x) = a_0 + a_1 x + a_2 x^2 \tag{3-38}$$

已知 m 个点的值 (x_1, y_1)，(x_2, y_2)，$\cdots$，(x_m, y_m)，节点偏差的平方和为：

$$\sum_{i=1}^{m} e_i^2 = \sum_{i=1}^{m} [f(x_i) - y_i]^2 \tag{3-39}$$

为使偏差的平方和最小，取 $F(a_0, a_1, a_2)$ 对各自变量的偏导数等于零。

$$\frac{\partial F}{\partial a_j} = 0 \qquad (j = 0, 1, 2)$$

对应的可得方程组：

$$\begin{aligned}
m a_0 + \left(\sum x_i\right) a_1 + \left(\sum x_i^2\right) a_2 &= \sum y_i \\
\left(\sum x_i\right) a_0 + \left(\sum x_i^2\right) a_1 + \left(\sum x_i^3\right) a_2 &= \sum (x_i y_i) \\
\left(\sum x_i^2\right) a_0 + \left(\sum x_i^3\right) a_1 + \left(\sum x_i^4\right) a_2 &= \sum (x_i^2 y_i)
\end{aligned} \tag{3-40}$$

通过求出系数，可得出拟合公式。

3.4.2.2 二次曲面拟合

平面、球面、圆柱面和圆锥面的拟合可以分别由线性与非线性最小二乘法求解。

（1）平面拟合 由平面方程 $ax + by + cz + d = 0$ 可知，平面拟合属于线性最小二乘法，平面方程的系数 $c_7 = a$、$c_8 = b$、$c_9 = c$、$c_{10} = d$ 由数据点 $\{(x_i, y_i, z_i), i = 1, \cdots, n\}$ 来确定。平

面拟合方程组为：

$$\boldsymbol{A}\boldsymbol{x}=0 \tag{3-41}$$

其中：

$$\boldsymbol{A}=\begin{bmatrix} x_1 & y_1 & z_1 & 1 \\ x_2 & y_2 & z_2 & 1 \\ \vdots & \vdots & \vdots & \vdots \\ x_n & y_n & z_n & 1 \end{bmatrix}$$

$$\boldsymbol{x}=(c_7,c_8,c_9,c_{10})^T$$

采用特征矢量估计法进行求解，求得矩阵 $(\boldsymbol{A}^T\boldsymbol{A})$ 的特征值 λ_i 和特征矢量 $\boldsymbol{x}_i$（$i=1,\cdots,4$），对应绝对值最小的特征值 λ_j 的特征矢量 $\boldsymbol{x}_j$ 即是待求平面参数 (a,b,c,d) 的最小二乘解。

假定图 3-19 所示的数据块位于一张平面上（该数据块包含 3391 个点，包围盒大小为 51.8150mm×66.4070mm×1.7814mm），并采用特征矢量估计法进行平面拟合，得到绝对值最小的特征值 $\lambda=0.0021$，相应的特征矢量 $\boldsymbol{x}$ 即为拟合平面参数，将 (a,b,c,d) 表示的平面法矢进行规范化处理后，得到的拟合平面参数为（0.0110，－0.0001，0.9999，35.7499）。计算所有数据点到平面的距离即可得到拟合误差，其中平均误差为 0.0007mm，最大误差为 0.0030mm。

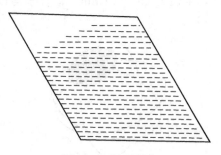

图 3-19　平面拟合

（2）球面拟合　球面方程为：

$$F(x,y,z)=\sqrt{(x-x_0)^2+(y-y_0)^2+(z-z_0)^2}-R=0 \tag{3-42}$$

由球面方程可知，球面拟合属于非线性最小二乘法。但通过参数变换后得到球面方程：

$$F(x,y,z)=x^2+y^2+z^2+c_7x+c_8y+c_9z+c_{10}=0 \tag{3-43}$$

$$\begin{cases} x_0=-\dfrac{c_7}{2} \\ y_0=-\dfrac{c_8}{2} \\ z_0=-\dfrac{c_9}{2} \\ R=\dfrac{\sqrt{c_7^2+c_8^2+c_9^2-4c_{10}}}{2} \end{cases} \tag{3-44}$$

球面拟合又可以采用线性最小二乘法实现。下面分别采用这两种方法求解球面方程的参数。

① 线性最小二乘球面拟合　由于方程（3-42）中包含常数项 $x_i^2+y_i^2+z_i^2$，故可以采用奇异值分解法求解。球面拟合方程组为：

$$\boldsymbol{A}\boldsymbol{x}=\boldsymbol{b} \tag{3-45}$$

其中：

$$A = \begin{bmatrix} x_1 & y_1 & z_1 & 1 \\ x_2 & y_2 & z_2 & 1 \\ \vdots & \vdots & \vdots & \vdots \\ x_n & y_n & z_n & 1 \end{bmatrix}$$

$$x = (c_7, c_8, c_9, c_{10})^T$$

$$b = - \begin{bmatrix} x_1^2 + y_1^2 + z_1^2 \\ x_2^2 + y_2^2 + z_2^2 \\ \vdots \\ x_n^2 + y_n^2 + z_n^2 \end{bmatrix}$$

在求得最小二乘解 x 后，通过坐标转换公式就可得到球面的参数：球心坐标 (x_0, y_0, z_0) 和半径 R。

假定图 3-20 所示的数据块位于一张球面上（该数据块包含 2177 个点，包围盒大小为 49.0325mm×50.3696mm×8.9053mm），采用奇异值分解法进行球面拟合，得到系数矩阵 $x = (-0.0016, 0.0021, -0.0199, -2499.6244)$，坐标转换后，可得拟合球面的中心为 $(0.0008, -0.0011, 0.0099)$，半径为 49.9962mm，拟合平均误差为 0.0062mm，最大误差 为 0.0185mm。

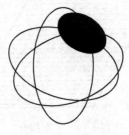

图 3-20 球面拟合

② 非线性最小二乘球面拟合 空间数据点 p_i 到球面（球心为 o，半径为 R）的距离为：

$$d(p_i) = |p_i - o| - R = \sqrt{(p_i - o)(p_i - o)} - R \tag{3-46}$$

通过求解残差平方和 E 的最小值来计算球面参数，则：

$$E = \sum_{i=0}^{n} d(p_i)^2$$

由于以上函数中包含有根式求和的形式，为了简化求导计算，需要对距离函数式(3-46)进行修正。

Vaughan Pratt 提出了一种"准最小二乘"（quasi-least-squares）的方法，并被广泛应用于圆柱面和圆锥面等二次曲面的非线性最小二乘拟合，该方法首先对二次曲面重新进行参数化。球面的重新参数化如图 3-21 所示，其中 ρn 为球面上离原点距离最近的点，ρ 为原点到球面的距离，n 为单位矢量，$1/k$ 表示球面半径。将 n 用球坐标表示，即：

$$n = (\cos\varphi\sin\theta, \sin\varphi\sin\theta, \cos\theta) \tag{3-47}$$

则球面就可参数化为 $S = (\rho, \varphi, \theta, k)$，数据点 p_i 到球面的距离函数为：

$$d(p_i) = \left| p_i - \left(\rho + \frac{1}{k}\right)n \right| - \frac{1}{k} = \sqrt{\left[p_i - \left(\rho + \frac{1}{k}\right)n\right]\left[p_i - \left(\rho + \frac{1}{k}\right)n\right]} - \frac{1}{k} \tag{3-48}$$

然后将距离函数 $d(p_i)$ 用 $\tilde{d}(p_i)$ 来近似，避免对根式的求解以简化计算：

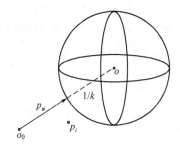

图 3-21　球面参数化

$$d(p_i) = \sqrt{g} - h$$

$$\tilde{d}(p_i) = \frac{g - h^2}{2h} = d + \frac{d^2}{2h}$$

对于球面，距离函数式(3-48) 就可用 $\tilde{d}(p_i)$ 来近似表示：

$$\tilde{d}(p_i) = \frac{k}{2}(|p_i|^2 - 2\rho p_i \cdot n + \rho^2) + \rho - p_i \cdot n$$

对于法方程的求解，应用 Levenberg-Marquardt 迭代法。同时，通过估算数据点局部曲率特性的方法确定迭代法的初值。

同样对图 3-20 的数据块进行非线性最小二乘球面拟合。首先，通过估算数据点局部曲率特性的方法，确定参数 $(\rho, \varphi, \theta, k)$ 的迭代初值 $(0.0000, -1.8770, 0.0851, 0.0197)$。经过 4 次迭代后，迭代前后的残差平方和之差小于 10^{-6}，此时参数 $(\rho, \varphi, \theta, k)$ 的值为 $(-0.0094, -1.8606, 0.0849, 0.0200)$，得到的拟合球面的中心为 $(-0.0003, -0.0009, 0.0111)$，半径为 49.9973mm，拟合平均误差为 0.0062mm，最大误差为 0.0185mm。

(3) 圆柱面拟合　同非线性最小二乘球面拟合一样，首先对圆柱面重新进行参数化，如图 3-22 所示，其中 ρn 为圆柱面上离原点距离最近的点，a 表示圆柱面的轴线方向，a 和 n 均为单位矢量，显然 $a \cdot n = 0$，$1/k$ 表示圆柱面半径。n 可用式(3-47) 表示为球坐标，n 对 φ、θ 的偏导数为：

$$n^\varphi = (-\sin\varphi\sin\theta, \cos\varphi\sin\theta, 0)$$
$$n^\theta = (\cos\varphi\cos\theta, \sin\varphi\cos\theta, -\sin\theta)$$

将 n^φ 标准化：

$$\overline{n}^\varphi = (-\sin\varphi, \cos\varphi, 0) = \frac{\overline{n}^\varphi}{\sin\theta}$$

则 n^θ、$\overline{n}^\varphi$ 和 n 构成一个正交基，矢量 a 就可以参数化为：

$$a = n^\theta\cos\alpha + n^\varphi\sin\alpha$$

这样，圆柱面就可参数化为 $S = (\rho, \varphi, \theta, k, \alpha)$。可见，经过重新参数化后，圆柱面的参数由方程 $F(x, y, z) = \sqrt{[(x-x_0)m - (y-y_0)l]^2 + [(y-y_0)n - (z-z_0)m]^2 + [(z-z_0)l - (x-x_0)n]^2} - R = 0$ 中相互关联的 7 个参数 $(x_0, y_0, z_0, m, n, l, R)$ 转变为相互独立的 5 个参数 $(\rho, \varphi, \theta, k, \alpha)$。然后将数据点 p_i 圆柱面的距离函数 $d(p_i)$ 用 $\tilde{d}(p_i)$ 来近似表示：

$$d(p_i) = \left| p_i - \left(\rho + \frac{1}{k}\right)n \times a \right| - \frac{1}{k} = \sqrt{\left| p_i - \left(\rho + \frac{1}{k}\right)n \right|^2 - \left[p_i - \left(\rho + \frac{1}{k}\right)n \cdot a \right]^2} - \frac{1}{k}$$

$$\tilde{d}(p_i) = \frac{k}{2}[|p_i|^2 - 2\rho p_i \cdot n - (p_i \cdot a) + \rho^2] + \rho - p_i \cdot n$$

在求解过程中，通过估算数据点局部曲率特性，确定 Levenberg-Marquardt 迭代法的初值。

假定图 3-23 所示的数据块位于一张圆柱面上（该数据块包含 1225 个点，包围盒大小为 30.0536mm×40.4804mm×10.0548mm），对其进行圆柱面拟合。首先，通过估算数据点局部曲率特性的方法，确定参数 $(\rho,\varphi,\theta,k,\alpha)$ 的迭代初值为 $(0.0000, 1.5838, 0.3249, 0.0286, -1.5812)$。经过 24 次迭代后，迭代前后的残差平方和之差小于 10^{-6}，此时参数 $(\rho,\varphi,\theta,k,\alpha)$ 的值为 $(0.0015, 1.5820, 0.2152, 0.0287, -1.5824)$，得到的拟合圆柱面的轴线方向为 $(1.0000, -0.0001, 0.0025)$，半径为 34.8992mm，拟合平均误差为 0.0826mm，最大误差为 0.2444mm。

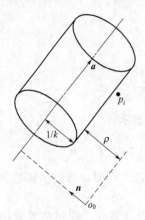

图 3-22　圆柱面参数化

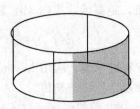

图 3-23　圆柱面拟合

（4）圆锥面拟合　圆锥面的重新参数化与圆柱面类似，如图 3-24 所示，ρn 为圆锥面上离原点距离最近的点，k 表示在点 ρn 处圆锥面的最大曲率，a 表示圆锥面的轴线方向，a 和 n 均为单位矢量，n 仍然用式(3-47) 表示为球坐标，与圆柱面不同，在圆锥面中 a 和 n 并不垂直，因此将 a 也用球坐标表示为：

$$a = (\cos\sigma\sin\tau, \sin\sigma\sin\tau, \cos\tau)$$

这样，圆锥面就可以参数化为 $S=(\rho,\varphi,\theta,k,\sigma,\tau)$。可见，经过重新参数化后，圆锥面的参数方程 $F(x,y,z) = \sqrt{[(x-x_0)m-(y-y_0)l]^2+[(y-y_0)n-(z-z_0)m]^2+[(z-z_0)l-(x-x_0)n]^2} - \sqrt{(x-x_0)^2+(y-y_0)^2+(z-z_0)^2}\sin\theta = 0$ 中相互关联的 7 个参数 $(x_0,y_0,z_0,m,n,l,\theta)$ 转变为相互独立的 6 个参数 $(\rho,\varphi,\theta,k,\sigma,\tau)$。

数据点 p_i 到圆锥面的距离函数为：

$$d(p_i) = |n \times a||(p_i-c) \times a| - |n \cdot a||(p_i-c) \cdot a|$$

$$|n \times a|\sqrt{|p_i-c|^2 - [(p_i-c) \cdot a]^2} - |n \cdot a||(p_i-c) \cdot a|$$

其中，c 表示圆锥面的顶点。

$$c = \left(\rho + \frac{1}{k}\right)n - \frac{a}{k(n \cdot a)}$$

同样，距离函数也可近似表示为：

$$\tilde{d}(p_i) = \frac{|n \times a|^2|p_i-c|^2 - [(p_i-c) \cdot a]^2}{2[(p_i-c) \cdot a](n \cdot a)}$$

求解过程中，同样通过估算数据点局部曲率特性，确定 Levenberg-Marquardt 迭代法的初值。

假定图 3-25 所示的数据块位于一张圆锥面上（该数据块包含 2661 个点，包围盒大小为 87.6363mm×168.7310mm×126.0160mm），对其进行圆锥面拟合。首先，通过估算数据点局部曲率特性的方法，确定参数 $(\rho,\varphi,\theta,k,\sigma,\tau)$ 的迭代初值为 $(0.0000, 0.8752, 1.8914, 0.0576, 0.2298, 0.0655)$。经过 50 次迭代后，迭代前后的残差平方和之差小于 10^{-6}，此时

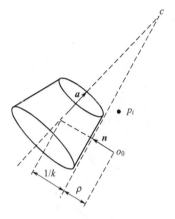

图 3-24 圆锥面参数化

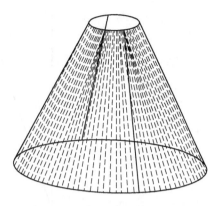

图 3-25 圆锥面拟合

参数 $(\rho, \varphi, \theta, k, \sigma, \tau)$ 的值为 $(-32.1605, 0.7854, 2.0344, 0.0131, -0.2731, 0.0000)$，得到的拟合圆锥面的轴线方向为 $(0.0000, 0.0000, 1.0000)$，顶点坐标为 $(100.0005, 99.9998, 99.9940)$，半顶角为 $26.5654°$，拟合平均误差为 $0.0055\mathrm{mm}$，最大误差为 $0.0275\mathrm{mm}$。

3.4.3 对称平面的识别

对称性包括双侧对称性、平移对称性、旋转对称性、装饰对称性和结晶对称性，它广泛地存在于艺术、有机界和无机界。对称性在美学、物理性质方面的重大意义，使得它在工业产品中也随处可见。在逆向工程中，基于对称面的模型重建可以减少数据量，精确重建对称特征，保证实物的对称性。对于不完整的点云数据，可以选择较好一半的数据，通过对称面镜像，就可以获得整个完整的模型数据。这里只讨论双侧对称性，也称为左右对称性，亦或镜面对称性。

3.4.3.1 算法原理

两个几何体 A 和 B 关于一个平面 M 对称，是指几何体 A 关于 M 的镜像体 A' 与 B 的所有对应点都能重合，即对应点之间满足：

$$\sum_{i=1}^{\infty} \| P_i - Q_i \| = 0, P_i \in A', Q_i \in B$$

点云是表达产品外形的一种离散模型，因而不能精确地表达产品外形原有性质。从具有对称性质的产品上获得的点云数据，仍然保留了一些对称性，但这种对称性是不精确的。因此从严格的数学意义上讲，点云不存在真正的对称面，但在逆向工程中，某种意义上的对称面也能符合造型的需求。下面给出点云双侧对称性的定义，两块点云 A 和 B 关于一个平面 M 对称，是指点云 A 关于 M 的镜像点云 A' 与点云 B 能很好地匹配，即对应点之间满足：

$$\sqrt{\frac{1}{N} \sum_{i=1}^{N} \| P_i - Q_i \|^2} < \varepsilon, P_i \in A', Q_i \in B$$

式中，N 为点云 A 和 B 之间对应点的对数；ε 为允许误差。

为了寻找这样一个对称面 M，首先需要寻找一个初始的对称面 M'，采用人工交互的方法，在点云上选取具有近似对称性质的两个子块，记作点云 A 和点云 B。分别计算 A 和 B 的重心，以它们之间连线的中垂面作为初始对称面 M'。然后进行数据匹配，以初始对称平面为镜像平面，可以得到点云 A 的对称点云 A'。用 A' 与 B 匹配，得到刚性变换后的点云 A''，然后分别计算 A 和 A'' 的重心，两个重心之间连线的中垂面就是所求的对称平面 M（图 3-26）。

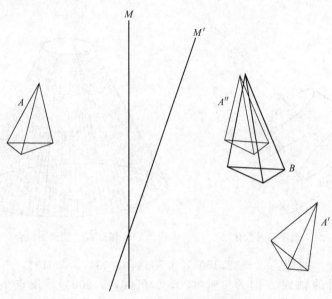

图 3-26 对称面提取示意图

3.4.3.2 算法实现步骤

(1) 初始对称平面计算 把具有近似对称性质的两块点云，分别记作 $A = \{P_i = (x_i, y_i,$ $z_i), i = 1, \cdots, m\}$，$B = \{Q_i = (x_i, y_i, z_i), i = 1, \cdots, n\}$。两块点云的重心分别为 $\mu_A = \dfrac{1}{m} \sum\limits_{i=1}^{m} P_i$ 和 $\mu_B = \dfrac{1}{n} \sum\limits_{i=1}^{n} Q_i$，初始对称平面的法矢为 $\boldsymbol{n}_0 = \dfrac{\mu_B - \mu_A}{||\mu_B - \mu_A||}$，初始平面上的一点为 $c_0 = \dfrac{\mu_A + \mu_B}{2}$。用点法式，可以得到初始对称平面：

$$\{x \mid (x - c_0) \cdot \boldsymbol{n}_0 = 0\}$$

(2) 点与点之间对应关系已知时的数据匹配 在数据匹配中，法矢信息有两方面的作用。首先，法矢信息可以去除潜在的错误点对，以提高算法的稳定性和计算精度。其次，在采用点到平面的误差度量方式时，法矢是决定目标点云中对应点所在平面的基本要素，法矢估算采用 4D Shepard 插值法。

点与点之间对应关系已知时的数据匹配可分为法矢信息已知的点云数据匹配与未知时的匹配两种情况。

对于不含法矢信息的两块点云，分别记作 $S = \{s_i, i = 1, \cdots, N\}$，$D = \{d_i, i = 1, \cdots, N\}$。其中点云 S 中的每个点 s_i 分别对应于点云 D 中的每个点 d_i。两块点云之间的匹配就是寻找一个刚性变换（由旋转矩阵 $\boldsymbol{R}$ 和平移矢量 $\boldsymbol{t}$ 表达），使得 e 最小，则：

$$e = \sum_{i=1}^{N} || d_i - (\boldsymbol{R}s_i + \boldsymbol{t}) ||^2$$

这是一个含有六个变量的非线性最小二乘问题，利用单元四元组表达刚性变换中的旋转部分，可以把原来需要迭代求解的问题转化为一个可直接求解的问题。一个单元四元组是一个四维向量 $\boldsymbol{q}_R = [q_0, q_1, q_2, q_3]^T$，其中 $q_0 \geqslant 0$，且 $q_0^2 + q_1^2 + q_2^2 + q_3^2 = 1$。一个单元四元组向旋转变换矩阵的转化由下式决定：

$$\boldsymbol{R} = \begin{bmatrix} q_0^2 + q_1^2 - q_2^2 - q_3^2 & 2(q_1 q_2 - q_0 q_3) & 2(q_1 q_3 + q_0 q_2) \\ 2(q_1 q_2 + q_0 q_3) & q_0^2 + q_2^2 - q_1^2 - q_3^2 & 2(q_2 q_3 - q_0 q_1) \\ 2(q_1 q_3 - q_0 q_2) & 2(q_2 q_3 + q_0 q_1) & q_0^2 + q_3^2 - q_1^2 - q_2^2 \end{bmatrix}$$

点云 S 和 D 的质心分别由 $\mu_s = \dfrac{1}{N}\sum\limits_{i=1}^{N} s_i$ 和 $\mu_D = \dfrac{1}{N}\sum\limits_{i=1}^{N} d_i$ 给出。由此可以得出点云 S 和 D 的协方差矩阵。

$$\sum_{sd} = \frac{1}{N}\sum_{i=1}^{N}\big[(s_i - \mu_i)(d_i - \mu_D)^T\big] = \frac{1}{N}\sum_{i=1}^{N}\big[s_i d_i^T\big] - \mu_s \mu_D^T \tag{3-49}$$

反对称矩阵为：

$$\boldsymbol{A}_{ij} = \Big(\sum_{sd} - \sum_{sd}^{T}\Big)_{ij}$$

由反对称矩阵可以得到一个列向量 $\boldsymbol{\Delta} = [\boldsymbol{A}_{23}\,\boldsymbol{A}_{31}\,\boldsymbol{A}_{12}]^T$，最后可以组成一个矩阵：

$$\boldsymbol{Q}\Big(\sum_{sd}\Big) = \begin{bmatrix} tr\big(\sum_{sd}\big) & \Delta^T \\ \Delta & \sum_{sd} + \sum_{sd}^{T} - rt\big(\sum_{sd}\big)I_3 \end{bmatrix}$$

计算 $\boldsymbol{Q}\big(\sum_{sd}\big)$ 的特征值，与最大特征值对应的单位特征向量就是描述旋转变换的单元四元组 $\boldsymbol{q}_R = [q_0, q_1, q_2, q_3]^T$，最后平移矢量可由下式得到：

$$\boldsymbol{t} = \mu_D - \boldsymbol{R}\mu_s$$

对于带有法矢信息的两块点云，分别记作 $S = \{s_{pi}, s_{ni}, i = 1, 2, \cdots, N\}$，$D = \{d_{pi}, d_{ni}, i = 1, 2, \cdots, N\}$。

定义其变换矩阵为：

$$\boldsymbol{T} = \begin{bmatrix} \cos\alpha\cos\beta & \cos\alpha\sin\beta\sin\gamma - \sin\alpha\cos\lambda & \cos\alpha\sin\beta\cos\gamma + \sin\alpha\sin\gamma & t_x \\ \sin\alpha\cos\beta & \sin\alpha\sin\beta\sin\gamma + \cos\alpha\cos\lambda & \sin\alpha\sin\beta\cos\gamma - \cos\alpha\sin\gamma & t_y \\ -\sin\beta & \cos\beta\sin\gamma & \cos\beta\cos\gamma & t_z \\ 0 & 0 & 0 & 1 \end{bmatrix}$$

定义点到平面误差度量的目标函数为：

$$e = \sum_{i=1}^{N} dist^2\big[\boldsymbol{T}s_{pi}, plane(d_{pi}, d_{ni})\big] \tag{3-50}$$

两块点云之间的匹配就是寻找当 e 最小化时的 $\boldsymbol{T}$，e 的最小化是一个非线性最小二乘问题，但在旋转角度不大的情况下仍可以转化为线性最小二乘问题求解。

3.4.4　自由曲线拟合

对于自由曲线的拟合，由于多节点样条函数具有良好的局部性，而最小二乘法对数据拟合的全局性较好，因此多节点样条函数最小二乘逼近的稳定性及数值精度都能得到有效的保证。

多节点基本样条函数是通过对等距节点 B 样条基本函数的平移及叠加而构成。记 I 为单位算子，μ 为平均算子。对任意给定的常数 ξ，定义为：

$$\mu^\xi f(t) = \frac{1}{2}\big[f(t+\xi) + f(t-\xi)\big] \tag{3-51}$$

记 $L_k(t) = \sum c_j \mu^{h_j}\Omega_k(t)$ 为 k 次多节点样条基本函数，其中 $c_1, c_2, \cdots, c_{k-1}$ 为待定常数，$\Omega_k(t)$ 为 k 次 B 样条基本函数，则有：

$$\Omega_k(x) = \frac{1}{k!}\sum_{j=0}^{k+1}\binom{k+1}{j}\Big(x + \frac{k+1}{2} - j\Big)_+^k(-1)^j, \quad k = 0, 1, 2, \cdots \tag{3-52}$$

$$(\bullet)_+ = \max\{\bullet, 0\}, \quad h_0 = 0, 0 < h_1 < h_2 < \cdots < h_{k-1} = \frac{k-1}{2}$$

显然，有 $L_0(t) = \Omega_0(t)$，$L_1(t) = \Omega_1(t)$，当 $k > 1$ 时，为了构造 $L_k(t)$，考虑 $L_k(t)$ 的对

称性，令 $L_k(t)$ 满足 $L_k(0)=1$，$L_k(i)=0$，$i=1,2,\cdots,k-1$，于是得到关于 c_1，$c_2,\cdots,c_{k-1}$ 线性方程组，由 $\{\mu^{h_j}\Omega_k(t)\}$ 的线性独立性质，可知这样的方程组的解是唯一的，所求得的 $L_k(t)$ 即为 k 次多节点样条基本函数。特别地，当 $k=2$ 时，取 $h_0=0$，$h_1=1/2$，可求得 2 次多节点样条基本函数为 $L_2(x)=(2I-\mu^{1/2})\Omega_2(x)$；当 $k=3$ 时，取 $h_0=0$，$h_1=1/2$，$h_2=1$，可求得 3 次多节点样条基本函数为：

$$L_3(x)=\left(\frac{10}{3}I-\frac{8}{3}\mu^{1/2}+\frac{1}{3}\mu\right)\Omega_3(x) \tag{3-53}$$

图 3-27 为多节点样条基本函数。

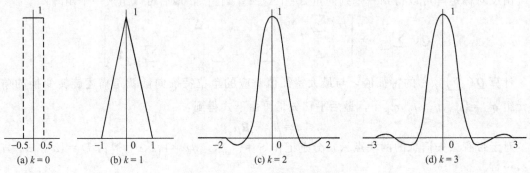

图 3-27 多节点样条基本函数

如果 $y_0,y_1,\cdots,y_N$ 为整数节点 $t_0,t_1,\cdots,t_N$ 上给定的数据，则多节点样条插值函数可写为：

$$f(t)=\sum_i y_i L_k(t-j) \qquad 0\leqslant t\leqslant N \tag{3-54}$$

当给出确定的边界约束条件之后，即可明确给出求和的上下限，对于给定几何造型的型值点 $p_0,p_1,\cdots,p_N$，其参数形式的多节点样条曲线定义为：

$$P(t)=\sum_j p_j L_k(t-j) \qquad 0\leqslant t\leqslant N \tag{3-55}$$

图 3-28 为三次多节点样条空间自由曲线拟合。图 3-28(a) 是带噪声的离散点云数据，图 3-28(b) 是三次多节点样条的拟合曲线，图 3-28(c) 是拟合后曲线的立体形状。

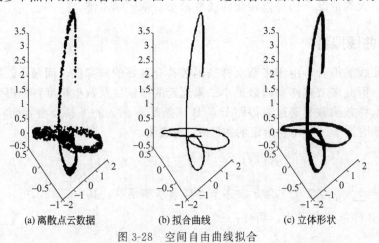

(a) 离散点云数据　　　(b) 拟合曲线　　　(c) 立体形状

图 3-28 空间自由曲线拟合

3.4.5 自由曲面拟合

3.4.5.1 问题描述

假设自由曲面表达的区域为矩形拓扑，拓扑区域受边界约束和跨界切矢约束。其中，边界约束类型有无约束、位置约束和跨界切矢约束三种类型。考虑最复杂的约束情况，即四条边界曲线约束和四条跨界切矢曲线约束，如图 3-29 所示。

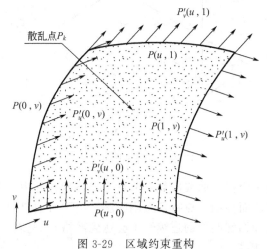

图 3-29　区域约束重构

边界约束的 B 样条曲面逼近问题描述如下。

给定矩形拓扑区域和区域内的散乱数据点集 $P_k(k=0,1,\cdots,l)$，以及四条边界曲线 $P(u,0)$、$P(u,1)$、$P(0,v)$、$P(1,v)$ 和四条跨界切矢曲线 $P'_v(u,0)$、$P'_v(u,1)$，$P'_u(0,v)$、$P'_u(1,v)$ 重构 B 样条曲面为：

$$S^r(u,v)=\sum_{i=0}^{m}\sum_{j=0}^{n}N_{i,3}(u)N_{j,3}(v)V^r_{i,j} \tag{3-56}$$

使其能在逼近散乱数据点集 P_k 的同时，满足四条边界曲线约束和四条跨界切矢曲线约束。

3.4.5.2　B 样条曲面逼近

（1）边界约束预处理　由于边界约束条件是独立给出的，一般不具有相同的控制顶点数目和相同的节点矢量。而为了防止生成的 B 样条曲面控制网格发生扭曲，还需要对跨界切矢曲线在切平面内进行修正。

边界约束曲线归一化的基本原理为：按照给定的控制顶点数和节点矢量对原约束曲线进行二次逼近。具体步骤如下：

步骤 1，根据给定二次逼近曲线控制顶点数和曲线次数（一般为三次曲线）计算曲线离散点数，并在原约束曲线上进行离散；

步骤 2，按照累加弦长法计算新节点矢量 U、V；

步骤 3，将离散点作为新的插值点，按新的节点矢量和原曲线的端切矢，重构二次插值曲线，并逼近于原曲线。预处理后的边界曲线为 $P(u,0)$、$P(u,1)$、$P(0,v)$、$P(1,v)$。

跨界切矢曲线用同样的方法进行归一化处理，不同的是每个离散点处的跨界切矢需要在切平面内进行方向修正。如图 3-30 所示，设 Q_k 点处的跨界切矢为 $\boldsymbol{B}_k=N_k\times T_k$，$k=0$，$1$，$\cdots$，$n$，$N_k$ 为该点处的法矢，T_k 为曲线切矢，π 为 Q_k 处的切平面。首末跨界切矢 $\boldsymbol{B}_0$ 和 $\boldsymbol{B}_n$ 不进行调整，直接用与它相接的另一个方向曲线的端切矢代替得到 $\boldsymbol{B}'_0$ 和 $\boldsymbol{B}'_n$。Q_k 点处的修正方向用 $\boldsymbol{A}$ 表示，且：

$$\boldsymbol{A}=(1-\mu_k)\boldsymbol{B}'_0+\mu_k\boldsymbol{B}'_n$$

其中 μ_k 为 Q_k 点处的节点矢量值，$\boldsymbol{A}$ 在 Q_k 点的切平面投影为 $\boldsymbol{A}'$，$Q_k\boldsymbol{A}'$ 与 $Q_k\boldsymbol{B}_k$ 的夹角为 θ，将 $Q_k\boldsymbol{B}_k$ 旋转 θ 角到 $Q_k\boldsymbol{B}'_k$，即为调整后的切矢。以调整后的切矢作为插值点，按照上述方法进行归一化处理，得到新的跨界切矢曲线 $P'_v(u,0)$、$P'_v(u,1)$、$P'_u(0,v)$ 及 $P'_u(1,v)$。

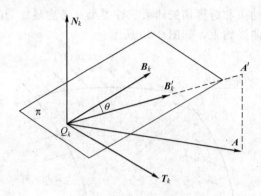

图 3-30　跨界切矢修正

曲线归一化处理没有采用提高曲线次数和节点互插技术，是为了避免归一化曲线内部节点矢量数目大量增加，造成曲面控制顶点数目急剧膨胀。由于对边界曲线与边界约束曲线进行了二次逼近，所以重构曲面和相邻曲面的连续性不会达到严格 G^1 连续，而是逼近 G^1 连续，逼近 G^1 连续仍能满足工程上的要求。

（2）散乱点参数化　散乱数据点的参数化采用基面投影法，是一个不断进行几何迭代优化的过程。其中，最初的投影面称为基面。在完成了边界约束条件的预处理之后，就可以创建一张插值于部分或全部边界条件的基面，基面类型对满足精度要求下曲面逼近的迭代次数有一定影响，基面插值的边界条件越多，几何迭代的次数越少。

对于最为复杂的边界约束类型（四条边界曲线约束和四条跨界切矢曲线约束），可以创建一张插值于四条边界曲线的表达为 B 样条曲面形式的双三次 Coons 曲面。令该曲面为：

$$S^0(u,v) = S_u^0(u,v) + S_v^0(u,v) - S_{corner}^0(u,v) = \sum_{i=0}^{m}\sum_{j=0}^{n} N_{i,3}(u) N_{j,3}(v) V_{i,j}^0$$

运用雅可比转换投影算法，可以得到散乱点样本 $P_k(k=0,1,\cdots,l)$ 向基面 $S^0(u,v)$ 的投影点 $P_k^0(\mu_k^0, v_k^0)$，将投影点参数 (μ_k^0, v_k^0) 作为散乱点 P_k 的初始参数值。

（3）数学模型的建立与求解　为了得到逼近曲面的数学模型，散乱数据点的个数必须大于待求曲面的未知控制顶点数，即 $l > mn$。目标函数表示为：

$$
\begin{cases}
I^r = \alpha \sum_{k=0}^{i} [S^r(\mu_k^{r-1}, v_k^{r-1} - P^k)]^2 + \\
\beta \sum_{k=0}^{l} [S_{uu}^r(\mu_k^{r-1}, v_k^{r-1})^2 + S_{vv}^r(\mu_k^{r-1}, v_k^{r-1})^2 + 2S_{uv}^r(\mu_k^{r-1}, v_k^{r-1})^2] \\
s.t.\ S^r(u,0) = p(u,0); S^r(u,1) = p(u,1); \\
S^r(0,v) = p(0,v); S^r(1,v) = p(1,v); \\
S_v^r(u,0) = p_v(u,0); S_v^r(u,1) = p_v(u,1); \\
S_u^r(0,v) = p_u(0,v); S_u^r(1,v) = p_u(1,v)
\end{cases}
\tag{3-57}
$$

式中，r 为曲面迭代的次数；$S^r(u,v)$ 为经过 r 次几何迭代得到的目标曲面，其 u、v 向节点矢量为 U、V；$S_{uu}^r(u,v)$、$S_{vv}^r(u,v)$ 和 $S_{uv}^r(u,v)$ 分别为曲面 $S^r(u,v)$ 的 u、v 向的二阶导数和混合偏导数；$p_k(k=0,1,\cdots,l)$ 为散乱数据点；(μ_k^{r-1}, v_k^{r-1}) 为散乱数据点 p_k 在 $r-1$ 次迭代曲面上的参数值；$s.t.$ 为边界条件，分别为四条边界曲线约束和四条跨边界切矢曲线约束；α 为逼近权，β 为光顺权，且 $\alpha+\beta=1$。α 取值越大，曲面越逼近数据点；反之，曲面越光顺。

由于约束条件只涉及边界曲线和跨边界切矢曲线，而曲面的边界和跨边界切矢可以由曲面的边界和次边界控制顶点完全确定，因此可以先处理这些约束条件来得到目标曲面的边界和次边界控制点。

对于边界条件 $S^r(u,0)=p(\mu,0)$ 由于 $S^r(u,0)=\sum_{i=0}^{m}N_{i,3}V_{i,0}$，$p(u,0)=\sum_{i=0}^{m}N_{i,3}(u)A_i$，且曲线 $S^r(u,0)$ 和 $p(u,0)$ 定义在同一节点矢量 U 上，所以有 $V_{i,0}=A_i(i=0,1,\cdots,m)$；对于边界切矢条件 $S_v^r(u,0)=p_v(u,0)$，由于 $S_v^r(u,0)=\dfrac{3}{v_4-v_1}\sum_{i=0}^{m}N_{i,3}(u)(V_{i,1}-V_{i,0})$，$p_v(u,0)=\sum_{i=0}^{m}N_{i,3}(u)E_i$，且曲线 $S_v^r(u,0)$ 和 $p_v(u,0)$ 定义在同一节点矢量 U 上，所以有 $\dfrac{3}{v_4-v_1}(V_{i,1}-V_{i,0})=E_i$，即 $V_{i,1}=V_{i,0}+\dfrac{v_4-v_1}{3}E_i=A_i+\dfrac{v_4-v_1}{3}E_i(i=0,1,\cdots,m)$。若令 $b_1=\dfrac{v_4-v_1}{3}$，$b_2=\dfrac{v_{n+3}-v_n}{3}$，$b_3=\dfrac{u_4-u_1}{3}$，$b_4=\dfrac{u_{m+3}-u_m}{3}$，则有：

$$V_{i,0}=A_i \tag{3-58}$$
$$V_{i,1}=A_i+b_1E_i \tag{3-59}$$
$$V_{i,n}=B_i \tag{3-60}$$
$$V_{i,n-1}=B_i-b_2F_i \tag{3-61}$$
$$V_{0,j}=C_j \tag{3-62}$$
$$V_{1,j}=C_j+b_3G_j \tag{3-63}$$
$$V_{m,j}=D_j \tag{3-64}$$
$$V_{m-1,j}=D_j-b_4H_j \tag{3-65}$$

其中，$i=0,1,\cdots,m$；$j=0,1,\cdots,n$。

由四个角点 $V_{0,0}$、$V_{0,m}$、$V_{n,0}$、$V_{m,n}$ 相容性可知，$A_0=C_0=V_{0,0}$，$A_m=D_0=V_{m,0}$，$B_0=C_n=V_{0,n}$，$B_m=D_n=V_{m,n}$。在式（3-59）中，当 $i=1$，可以求得一个 $V_{1,1}=A_1+b_1E_1$，而在式（3-63）中，当 $j=1$，同样可求得一个 $V_{1,1}=C_1+b_3G_1$，这两次计算所得到的角点是相同的。

图 3-31 为次角点位置相容性，图中显示的是曲面在角点 $V_{0,0}$ 处的一个角，$V_{1,1}$ 为次角点。由角点 $V_{0,0}$ 处的扭矢相容性条件可得：

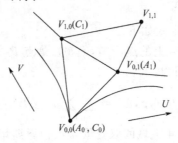

图 3-31　次角点位置相容性

$$p_{vu}(0,0)=p_{uv}(0,0)$$

而：

$$p_{vu}(0,0)=\dfrac{\partial p_v(u,0)}{\partial u}\bigg|_{u=0}=\dfrac{3}{u_4-u_1}(E_1-E_0)=\dfrac{E_1-E_0}{b_3}$$

$$p_{uv}(0,0)=\dfrac{\partial p_u(0,v)}{\partial v}\bigg|_{v=0}=\dfrac{3}{v_4-v_1}(G_1-G_0)=\dfrac{G_1-G_0}{b_1}$$

根据扭矢相容性条件有：

$$\frac{E_1-E_0}{b_3}=\frac{G_1-G_0}{b_1} \tag{3-66}$$

由式(3-58)、式(3-60)可得到：

$$E_0=(C_1-A_0)/b_1 \tag{3-67}$$

$$G_0=(A_1-C_0)/b_3 \tag{3-68}$$

将式(3-67)和式(3-68)代入式(3-66)中整理可得：

$$\frac{E_1}{b_3}-\frac{C_1}{b_1b_3}+\frac{A_0}{b_1b_3}=\frac{G_1}{b_1}-\frac{A_1}{b_1b_3}+\frac{C_0}{b_1b_3}$$

即：

$$A_1+b_1E_1=C_1+b_3C_1 \tag{3-69}$$

式(3-69)即为次角点的位置相容性条件。其他角点处的情况类似可得到证明。

由上可知，位置约束给定了逼近曲面最外一层的控制顶点，而跨界切矢约束给定了逼近曲面最外两层控制顶点。即最外两层控制顶点均可直接得到，变为已知量。因此，逼近曲面的未知控制顶点变为除最外两层以外的所有内部控制顶点。根据优化理论，要使目标函数 I^r 在满足约束的条件下达到最小，则它在每个内顶点处的偏导数值为零，即：

$$\frac{\partial I^r}{\partial V_{p,q}^r}=0(p=2,3,\cdots,m-2;q=2,3,\cdots,n-2) \tag{3-70}$$

整理式(3-70)可得形如 $\boldsymbol{AX}=\boldsymbol{B}$ 线性方程组，系数矩阵 $\boldsymbol{A}$ 为 $(m-3)(n-3)\times(m-3)$ $(n-3)$ 的对称正定矩阵，$\boldsymbol{X}$ 和 $\boldsymbol{B}$ 为 $(m-3)(n-3)\times1$ 的矩阵，其中 $\boldsymbol{X}$ 为未知的曲面内部控制顶点构成的列阵，即 $\boldsymbol{X}=[V_{2,2}^r\cdots V_{2,n-2}^r V_{3,2}^r\cdots,V_{3,n-2}^r\cdots V_{m-2,2}^r\cdots V_{m-2,n-2}^r]^T$。利用 LU 分解法解此矩阵就可以求得曲面的内部控制顶点 $V_{i,j}^r(i=2,3,\cdots,m-2;j=2,3,\cdots,n-2)$ 的唯一值。

3.5　点云的三角网格及三角曲面构造

3.5.1　点云的三角网格构造

Bezier 三角曲面方程的描述形式如下。

设 P 是三角形 $T=\Delta T_1T_2T_3$ 上的点，(u,v,w) 是点 P 关于 T 的重心坐标，则定义在三角形 T 上的 n 次 Bezier 三角曲面为：

$$T^n(P)=T^n(u,v,w)=\sum_{i=0}^{n}\sum_{j=0}^{n-i}b_{i,j,k}B_{i,j,k}^n(u,v,w) \tag{3-71}$$

式中，$B_{i,j,k}^n(u,v,w)$ 为三角上域的双变量 n 次伯恩斯坦基函数；$b_{i,j,k}$ 为 Bezier 控制顶点；$i+j+k=n$，$u+v+w=1$，$0\leqslant u$，v，$w\leqslant1$。

$$B_{i,j,k}^n(u,v,w)=\frac{n!}{i!\ j!\ k!}u^iv^jw^k \tag{3-72}$$

3.5.2　Bezier 三角曲面拟合

3.5.2.1　Bezier 三角曲面之间的几何连续条件

以相邻两张三次三角 Bezier 曲面片为例，设 $q(u,v,w)$ 为连接到 $p(u,v,w)$ 的 $w=0$ 的边界的另一张曲面片，如图 3-32 所示。

两张曲面片的方程表达式分别为：

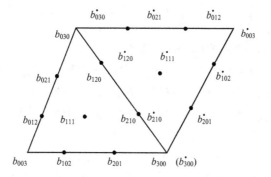

图 3-32　相邻两张三次三角 Bezier 曲面片的控制顶点

$$p(u,v,w)=\sum_{i=0}^{3}\sum_{j=0}^{3-i}b_{i,j,k}B_{i,j,k}^{3}(u,v,w) \tag{3-73}$$

$$q(u,v,w)=\sum_{i=0}^{3}\sum_{j=0}^{3-i}b_{i,j,k}B_{i,j,k}^{3}(u,v,w) \tag{3-74}$$

在曲面片的每个边界，定义两个切矢：跨界切矢及沿界切矢。由于三个参数互相不是独立的，不同于张量积曲面求偏导矢，在这里适合的导矢是方向导矢。设 k 是域三角形内连接两点 $r_0(u_0,v_0,w_0)$ 与 $r_1(u_1,v_1,w_1)$ 的直线 $r(k)$ 的局部参数，有：

$$r(k)=(1-k)r_1+kr_2 \tag{3-75}$$

则可得曲面片式(3-73)关于 k 的如下导矢：

$$\frac{\mathrm{d}p}{\mathrm{d}k}=n\sum_{i=0}^{n-1}\sum_{j=0}^{n-1-i}b_{i,j,k}^{1}B_{i,j,k}^{n-1}[r(k)] \tag{3-76}$$

式中，$b_{i,j,k}^1=\Delta u_0 b_{i+1,j,k}+\Delta v_0 b_{i,j+1,k}+\Delta w_0 b_{i,j,k+1};i+j+k=n-1;i,j,k\geqslant0$。

(1) 公共边界上两张曲面片的跨界切矢 τ_1 和 τ_2 的表达式　考察三角贝齐尔曲面片式(3-73)在 $w=0$ 的边界上沿 $\Delta v=0$ 的方向（即 $k=w$，$\Delta u=-1$，$\Delta w=1$）的方向导矢 $\left.\frac{\mathrm{d}p}{\mathrm{d}k}\right|_{\substack{w=0\\ \Delta v=0}}$，此即边界上关于参数 w 的跨界切矢 $\tau_1=\left.\frac{\mathrm{d}p}{\mathrm{d}u}\right|_{w=0}$，由式(3-76)得：

$$\tau_1=\left.\frac{\mathrm{d}p}{\mathrm{d}u}\right|_{w=0}=3(b_{201}-b_{300})u^2+6(b_{111}-b_{210})uv+3(b_{021}-b_{120})v^2 \tag{3-77}$$

类似的，相邻另一张三角贝齐尔曲面片式(3-74)在该公共边界上关于参数 w 的跨界切矢为：

$$\tau_2=\left.\frac{\mathrm{d}q}{\mathrm{d}u}\right|_{w=0}=3(b_{201}^*-b_{300}^*)u^2+6(b_{111}^*-b_{210}^*)uv+3(b_{021}^*-b_{120}^*)v^2 \tag{3-78}$$

(2) 公共边界上的沿界切矢 t 的表达式　沿边界 $w=0$ 的切矢（记为 t_w），由边界曲线 $p(u,v,0)$ 对 v 求导得：

$$t_w=\left.\frac{\mathrm{d}p}{\mathrm{d}v}\right|_{w=0}=\left.\frac{\mathrm{d}q}{\mathrm{d}v}\right|_{w=0}=3(b_{210}^*-b_{300}^*)u^2+6(b_{120}^*-b_{210}^*)uv+3(b_{030}^*-b_{120}^*)v^2 \tag{3-79}$$

(3) Bezier 三角曲面片的 G^1 光滑拼接　如果在公共边界上任意点的三切矢 t、τ_1、τ_2 共面，则两曲面片 p 和 q 的切平面连续，共面的条件为：

$$[t,\tau_1,\tau_2]=0 \tag{3-80}$$

要满足式(3-80)，则下列条件必须成立：

$$t = \alpha\tau_1 + \beta\tau_2 \tag{3-81}$$

式中，α、β 为常数。

将式(3-77)～式(3-79) 带入式(3-78)，得到：

$$3(b_{201}^* - b_{300}^*)u^2 + 6(b_{120}^* - b_{210}^*)uv + 3(b_{030}^* - b_{120}^*)v^2 =$$
$$\alpha\,[3(b_{201} - b_{300})u^2 + 6(b_{111} - b_{210})uv + 3(b_{021} - b_{120})v^2] + \tag{3-82}$$
$$\beta\,[3(b_{201}^* - b_{300}^*)u^2 + 6(b_{111}^* - b_{210}^*)uv + 3(b_{021}^* - b_{120}^*)v^2]$$

由式(3-82) 可以推导出：

$$b_{210}^* - b_{300}^* = \alpha(b_{201} - b_{300}) + \beta(b_{201}^* - b_{300}^*)$$
$$b_{120}^* - b_{210}^* = \alpha(b_{111} - b_{210}) + \beta(b_{111}^* - b_{210}^*) \tag{3-83}$$
$$b_{030}^* - b_{120}^* = \alpha(b_{021} - b_{120}) + \beta(b_{021}^* - b_{120}^*)$$

Bezier 曲面光滑过渡时控制点的关系如图 3-33 所示。

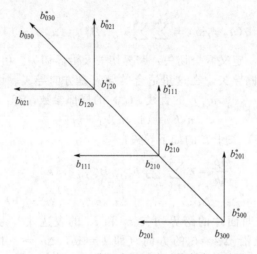

图 3-33　Bezier 曲面光滑过渡时控制点的关系

式(3-83) 表明，当两张三角 Bezier 曲面光滑过渡时，它们与定义该边界的一排顶点及相邻一排顶点相关，当一个三角 Bezier 曲面与周围的三张曲面光滑过渡时，都要对这个三角 Bezier 曲面的内部控制点施加约束。

3.5.2.2　修正曲面的处理方法

由式(3-83) 可知，仅用 Bezier 型的三角域曲面片合成复杂的形状并不容易，为了使曲面之间光滑过渡，可采用两种方法，以增加控制点与其他三角曲面片连接的自由度。

(1) 据式(3-83)，当一个三角 Bezier 曲面与其他周围的三张曲面光滑过渡时，都将对这个三角 Beizer 曲面的一个内部控制点施加约束，过多的约束造成对这个内部控制点的确定十分困难。为了实现三角形 T 与周围三角形 T_1、T_2、T_3 的光滑过渡，点 b_{111} 必须同时满足三方关系。如果将此点一分为三，用三个点 b_{111}^u、b_{111}^w、b_{111}^v 的线性组合来替代，这样，在每条边界上，可以分别用一个内部控制点来满足与相邻面的控制关系，点 b_{111} 的表达式为：

$$b_{111} = [(1-u)vwb_{111}^u + (1-w)uvb_{111}^w + (1-v)uwb_{111}^v]/t \tag{3-84}$$
$$t = (1-u)vw + (1-w)uv + (1-v)uw \tag{3-85}$$

这样，通过分裂内部控制点，使其满足一定的线性关系，不但有效地增加了控制点的自由度，而且各个边界的跨界导矢相互没有依赖关系，因此，可以在边界上构造独立的跨界导矢，从而使曲面的光滑连接变得易于实现。

(2) 通过引入三角形式的切矢修正曲面片用以增加与其他三角曲面片的连接自由度，三角

曲面片 $p(u,v,w)$ 可以认为由基础曲面片 $p^b(u,v,w)$ 和修正曲面片 $p^c(u,v,w)$ 组成：

$$p(u,v,w)=p^b(u,v,w)+p^c(u,v,w) \tag{3-86}$$

式中：

$$p^b(u,v,w)=\sum_{i=0}^{n}\sum_{j=0}^{n-i}b_{i,j,k}B_{i,j,k}^n(u,v,w)$$

$$p^c(u,v,w)=Quvw \tag{3-87}$$

系数 Q 是 u、v、w 的函数，由式(3-88) 给出：

$$Q=\frac{T_1uv+T_2vw+T_3wu}{uv+vw+wu} \tag{3-88}$$

式中，T_i 为在边界 i 上的跨界导矢。

式(3-87) 在边界上为零，但其一阶导矢给出了曲面片各边界的跨界切矢。在边界 $w=0$ 上的跨界导矢为：

$$\tau_w^c=-T_1$$

在边界 $u=0$ 上的跨界导矢为：

$$\tau_u^c=-T_2 \tag{3-89}$$

在边界 $v=0$ 上的跨界导矢为：

$$\tau_v^c=-T_3$$

修正曲面片 $p^c(u,v,w)$ 并不影响曲面边界的形状，但是边界上的导矢分别与 T_1、T_2 或 T_3 相关，组合曲面片在边界上的导矢与 T_1、T_2 或 T_3 相关。在修正曲面片 $p^c(u,v,w)$ 的边界 $w=0$ 的跨界导矢变为：

$$\tau_1=\tau_w^b+\tau_w^c=3(b_{201}-b_{300})u^2+6(b_{111}-b_{210})uv+3(b_{021}-b_{120})v^2-T_1 \tag{3-90}$$

另一个相连的曲面片在同一个边界上的跨界导矢为：

$$\tau_2=3(b_{201}^*-b_{300}^*)u^2+6(b_{111}^*-b_{210}^*)uv+3(b_{021}^*-b_{120}^*)v^2-T_1' \tag{3-91}$$

令 $\alpha=\beta=1$，并且取：

$$T_1=\left[3(b_{201}-b_{300})-\frac{3}{2}(b_{210}-b_{300})\right]u^2+\left[3(b_{021}-b_{120})v^2-\frac{2}{3}(b_{030}-b_{120})\right]v^2 \tag{3-92}$$

$$T_1'=\left[3(b_{201}^*-b_{300}^*)-\frac{3}{2}(b_{210}-b_{300})\right]u^2+\left[3(b_{021}^*-b_{120}^*)v^2-\frac{2}{3}(b_{030}-b_{120})\right]v^2 \tag{3-93}$$

把 T_1、T_1' 代入式(3-78) 得：

$$b_{111}+b_{111}^*=b_{120}+b_{120}^* \tag{3-94}$$

调整点 b_{111}、b_{111}^* 的位置，使其满足式(3-94)，保证两张曲面光滑连接，采用这种技术，可以很容易在三角网上构造整体光滑的三角曲面。

3.6 基于断层图像数据的模型重建方法

3.6.1 图像边界轮廓的提取

零件断层截面轮廓之间只能是相离或包含的关系，因此轮廓跟踪时，尽管由于受噪声影响跟踪会出现分支，但由每条轮廓只能构成一个封闭环。然而，与零件断层截面不同的是，装配体中由于各个零件之间的相互配合关系，相配合的表面相互接触，其断层截面上的轮廓之间并不仅仅是相离或包含关系，通过某个边界轮廓点可能跟踪出多个相互接触的边界轮廓，如图3-34 所示，正确地检出这些相互接触的轮廓边界，是实现装配体各零件几何模型正确重构的必要条件。

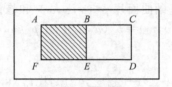

图 3-34　装配体断层界面

定义 1：轮廓段是由一串相互连接的像素所构成的链码段，像素串首尾两个点称为该轮廓段的两个端点。一条轮廓环 E 是由若干条轮廓段顺序连接而成，即 $E = \{A_1 A_2, A_2 A_3, \cdots, A_i A_{i+1}, \cdots, A_n A_1\}$。

定义 2：称轮廓环 E_1 是一个接触环，如果存在一个轮廓环 E_2，满足下列条件：E_1 和 E_2 具有共同的轮廓段；除共同的轮廓段之外，E_1（或 E_2）的轮廓段都在 E_2（或 E_1）之外或之内。且称 E_2 是 E_1 的接触环对。在图 3-34 中，轮廓环 $ABEFA$、$BCDEB$、$ABCDEFA$ 都是接触环。若一个轮廓环不与其他环相接触，则称该轮廓环为非接触环。

定义 3：称接触环 E_1 是一个最小接触环，如果在 E_1 的内部不存在 E_1 的接触环对。在图 3-34 中，轮廓环 $ABEFA$、$BCDEB$ 是最小接触环，轮廓环 $ABCDEFA$ 不是最小接触环。

3.6.1.1　接触环跟踪提取

边界的跟踪与一般的图像边界跟踪方法基本相同，不同之处在于碰到分支时，处理方法不一样。

设 L_c 是当前的跟踪轮廓段，P_s 是 L_c 的起始端点，P_c 是当前跟踪点，搜索 P_c 的后续跟踪点，若 P_c 是个分支点，则当前轮廓段跟踪结束，P_c 是当前轮廓段的终止端点。把分支点 P_c 及它的各个后续点 P_k（$k = 1, 2, \cdots, n$）按顺时针方向依次压入栈 Stack，即 $P_c \to \text{Stack}\{0\}$、$P_k \to \text{Stack}\{1\}$。再从栈 Stack 中取一对点 (P_1, P_2)，即 $\text{Stack}\{0\} \to P_1$、$\text{Stack}\{1\} \to P_2$，以 P_1 作为新的跟踪起点、P_2 作为当前跟踪点继续进行新的轮廓段的跟踪，而且置 P_1 为新的轮廓段的起始端点。若后续点满足下列条件之一，则构成一个新的轮廓环。

（1）后续跟踪点是初始跟踪起点。

（2）后续跟踪点是一个已压入栈 Stack 中的分支点。因这时当前轮廓环的跟踪起点也是一个已跟踪到的分支点，这两个分支点之间一条路径已由本次跟踪得到，而另外一条路径可在已经构成的轮廓环中找到，故当前轮廓环可由这两条路径组合而得，无须继续跟踪。并从 Stack 中删除该分支点。

构成一个新的轮廓环后，判断栈 Stack 是否为空，若为空，则结束跟踪；否则，从栈 Stack 取一对点 (P_1, P_2)，继续进行下一个接触环的跟踪。

对于图 3-35(a) 所示的轮廓，设点 A 是初始跟踪起点，箭头表示跟踪方向。则整个跟踪过程如图 3-35(b) 所示。

最后跟踪得到的 3 个轮廓是 $\{AB, BC, CA\}$、$\{CD, DDt_2 E, EB, BC\}$ 和 $\{EEt_1 D, DDt_2 E\}$，它们都是接触环，但 $\{AB, BC, CA\}$ 和 $\{CD, DDt_2 E, EB, BC\}$ 不是最小接触环。

3.6.1.2　最小接触环的转化

采用上面的跟踪方法，在具有分支点时，能够正确地跟踪出所有的接触环，不多余也不遗漏，但所提取的接触环不一定是最小接触环，这时就需要把它们转化为最小接触环。

把接触环转化为最小接触环的转化方法是，在跟踪得到的接触环中，任意取两个接触环 E_1 和 E_2，检查 E_1 和 E_2 是否有公共的轮廓段，若没有则不做处理；若存在公共的轮廓段，则分别从 E_1 和 E_2 的一条非公共轮廓段上取一个像素点 P_1 和 P_2，判断 P_1 和 P_2 是否位于 E_2 和 E_1 的内部，如果 P_1 和 P_2 均不在 E_2 和 E_1 之内，则不做处理，否则不妨假设 P_2 在 E_1 之内，即

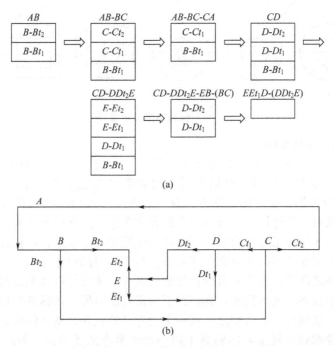

图 3-35　轮廓环的跟踪

在 E_1 之内存在接触环对 E_2、E_1，不是最小接触环，设 AB 是 E_1 和 E_2 的公共轮廓段，在 E_1 中把 AB 循环移位至最后，而在 E_2 中则把 AB 循环移位至最前，即有 $E_1=\{\cdots,AB\}$ 和 $E_2=\{AB,\cdots\}$，从 E_1 中去掉公共的轮廓段 AB，然后在 E_2 中从后往前依次选取轮廓段（公共的轮廓段 AB 除外），改变轮廓段走向后加入 E_1 的尾部，构成一个新的最小接触环 E_1。

对于从图 3-35 中所提取的三个接触环，任意取两个，如 $E_1=\{AB,BC,CA\}$，$E_2=\{CD,DE,EB,BC\}$，E_1 存在接触环对 E_2，公共轮廓段为 BC，把 E_1 和 E_2 进行循环移位，变为 $E_1=\{CA,AB,BC\}$，$E_2=\{BC,CD,DE,EB\}$，把 E_2 中的轮廓段加入 E_1 后，E_1 转化为 $E_1=\{CA,AB,BE,EDt_2D,DC\}$，它是一个最小接触环。经过转换后得到的三个最小接触环是：$E_1=\{CA,AB,BE,EDt_2D,DC\}$，$E_2=\{EB,BC,CD,DEt_1E\}$，$E_3=\{EEt_1D,DDt_2E\}$。

3.6.2　轮廓分割和边界识别

通过分析装配体的断层切片图像，可以发现不同的切片图像会有相同的边界轮廓图形，图 3-36（a）所示是一个圆管和一个圆柱相配合的断层截面图像，图 3-36（b）所示是单个圆管的断层截面图像，图 3-36（a）、（b）的边界轮廓均为图 3-36（c）。但对于图 3-36（a）来说，图 3-36（c）的大圆为外边界，小圆既是内边界又是另一零件的外边界；对于图 3-36（b）来说，图 3-36（c）的大圆为外边界，小圆是内边界。对于图 3-36（d）所示的截面图像，边界轮廓图形为图 3-36（e），经过轮廓跟踪可得到两个最小接触环 $E_1\{ab,be,ef,fa\}$ 和 $E_2\{bc,cd,de,eb\}$ 及一个外环 E_0，显然 $E_2\{bc,cd,de,eb\}$ 不是一个真实的环，而另一个真实的环应该是 $E_3\{ab,bc,cd,de,ef,fa\}$，它是一个内环。

由图 3-36 可知，如果不利用图像信息而仅仅用边界轮廓的信息，无法正确地识别环。利用图像本身的灰度信息是轮廓环识别的重要依据。

假设零件截面图像的灰度值非零，而背景的灰度值为零，有如下的定义。

定义 4：实环是指该环所包围的区域内的平均灰度不为零；空环是指该环所包围的区域内的平均灰度为零。

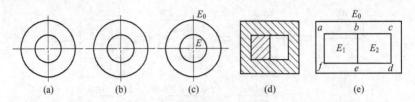

图 3-36　截面图像及轮廓环

3.6.2.1　构造轮廓包含树

任一断层必存在互不包含于其他轮廓的轮廓，而且它们之间互不相交。若将符合这些特征的轮廓视作第一层轮廓的话，断层上剩余的轮廓必将包含于某个位于第一层的轮廓之中，由此可将轮廓分为第二层、第三层等。显然，断层截面的轮廓关系可用一棵树来表示。

若假设断层图像有一个外框，将所有轮廓都包含在内，并将包含关系视作父子关系，则整幅断层中的轮廓便构成以假想外框为根节点、以其他轮廓为子节点、以包含关系为父子关系的一棵树，其中奇数层对应断层的外轮廓，而偶数层对应断层的内轮廓。

通过判断轮廓环之间的包含关系来构造轮廓包含树，轮廓环包含关系的判别采用射线法来完成，但必须对最小接触环进行处理，否则得不到正确的结果。根据最小接触环的定义，可以推知相互接触的最小接触环，若其中之一被一个轮廓环所包含，则其他的最小接触环也应被该轮廓环所包含，在轮廓包含树上，它们属于同一个父节点的子节点。因此在构造轮廓包含树时，对相互接触的最小接触环 $E_i (i=1,2,\cdots,n)$，只选择一个接触环 E_1 参与轮廓包含树的构造。待轮廓包含树构造完后，再把另外的接触环 $E_i (i=2,\cdots,n)$ 作为 E_1 的父节点 E_f 的子节点连接到轮廓包含树上，连接后检查 E_f 的非接触环子节点 E_t 与 E_i 的包含关系，若 E_i 包含 E_t，则改变 E_f 与 E_t 的父子连接关系，置 E_t 的父节点为 E_i。如对于图 3-35、图 3-36(c)、(e)，所构造的轮廓树分别为图 3-37(a)、(b)、(c)。这里，树的根节点是一个虚拟节点，用符号 □ 表示。

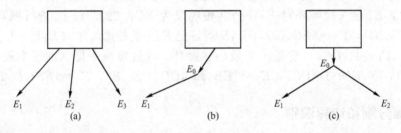

图 3-37　轮廓包含树

3.6.2.2　轮廓包含树的变形

遍历轮廓包含树，检查每个节点 E_i（根节点除外）所对应的轮廓环是实环还是空环。

(1) 如果 E_i 是一个实环，且位于偶数层上（根节点为第 0 层）；E_i 位于偶数层上，说明该环是一个内环，分两种情况考虑。

① 若 E_i 是一个非接触环，即 E_i 仅由一条轮廓段构成，则该环既是一个零件的内环，又是另一零件的外环，如图 3-38(b) 中的节点 E_1。所以对 E_i 进行复制，产生一个与 E_t 完全相同的新环 E_t，使 E_t 成为 E_i 的子节点插入到轮廓树中，并且把 E_i 原来所有的子节点全部改为是 E_t 的子节点。

② 若 E_i 是一个接触环，设 E_f 是 E_i 的父节点，从 E_f 的子节点中找出与 E_i 具有接触关系的所有接触环，并分成实环类 ES 和空环类 EN。其中空环类 EN 中每一个环都不是真实的环，故从轮廓树中删除。对于实环类 ES，从表面上看，它们是内环，但实际上它们都是外环，而真正的内环 E_p 却没有构造出来。内环 E_p 实质上是实环类 ES 和空环类 EN 的包容环，其构造

方法是由 ES 和 EN 通过消除所有的公共轮廓段后，组合而成的一个新轮廓环，组合方法与前面所讨论的最小接触环的转化方法相同。通过 ES 和 EN 组合成新的内环 E_p 后，把 E_p 当作 E_f 的子节点、ES 的父节点插入到轮廓树中。在图 3-38(c) 中，节点 E_1 是一个实环，也是一个接触环，通过 E_1 和 E_2 消除公共轮廓段 be 后构造出新轮廓环 E_3，把 E_3 作为 E_0 的子节点和 E_1 的父节点插入到轮廓树中，并删除空环节点 E_2。

（2）如果 E_i 是一个实环，且位于奇数层上；这时 E_i 是一个外环，不对此节点进行处理。

（3）如果 E_i 是一个空环，且位于奇数层上；E_i 位于奇数层上，说明它是一个外环，但因是一个空环，所以该环并不是一个真实的环，因此把该节点从轮廓树上删除，如图 3-38(a) 中的节点 E_3。

（4）如果 E_i 是一个空环，且位于偶数层上；E_i 位于偶数层上，说明该环是一个内环，分两种情况考虑。

① 若 E_i 是一个非接触环，即 E_i 仅由一条轮廓段构成，这时 E_i 是一个真实的内环，所以不对该节点进行处理。

② 若 E_i 是一个接触环，则处理方法与（1）相同。

对轮廓树进行了上述处理之后，轮廓树完整而准确地表达了装配体断层截面上各轮廓环的内外性质及其包含关系。图 3-38 是图 3-37 处理后的结果。

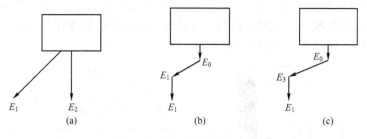

图 3-38　处理后的轮廓包含树

利用上述算法，可以正确地提取装配体断层图像的边界轮廓，通过轮廓包含树的变形处理，可以准确地识别出各内外边界。

3.6.3　切片间切片配准

切片间切片配准的主要任务是在两幅图像之间建立起对应关系。断层间轮廓的正确配准是零件三维重建的基础，不正确的轮廓配准将直接导致后续工作的失败或重建出与原型零件完全不相符的三维模型。仅以轮廓本身的几何信息（如中心、重心、面积等特征参数）难以保证断层间轮廓配准的正确性。通过对机械零件的断层切片的特性分析，断层间轮廓的配准应该是首先进行断层间材料域的配准，然后是两个配准材料域上的轮廓环的配准，最后进行两个配准环的边配准，经过由全局到局部、由粗到精的层次配准过程。

3.6.3.1　材料域的层次编码

（1）有关定义　定义 1：断层上由外环和内环所构成的封闭区域称为材料域。显然同一断层上任意两个材料域要么是相离的，要么是包含的，不可能是相交的。如图 3-39 所示，涂上阴影的 M_1、M_2、M_3 是三个材料域，其中 M_2 包含 M_3。

定义 2：称相邻两个断层上的两个材料域是连续的，如果在原型零件上这两个材料域之间充满着零件材料。

在图 3-39 中，上层切片的材料域 M_1 与下层切片上的材料域 M_3 是连续的。显然两个连续材料域是两个配准材料域，故 M_1 与 M_3 是配准的材料域。

性质 1：两个相邻断层切片之间至少存在一对连续的材料域，不可能找不到一对材料域是

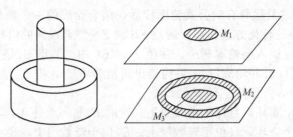

图 3-39　断层截面上的材料域

连续的。

性质 2：两个连续的材料域在图像上虽然有位移，但位移是比较小的。为准确地构造几何模型，就要求两个切片间的距离尽量小，所以这个性质一般是满足的。由这个性质可以推出下面的性质。

性质 3：两个连续的材料域在图像上占据同样的像素位置的个数是比较多的，而两个不连续的材料域在图像上占据同样的像素位置的个数为 0 或者与连续的相比只占很少一部分。

定义 3：设 C_1、C_2 分别是两个连续材料域的轮廓环，若在原型零件的表面上，沿 Z 方向（切片方向）能直接从 C_1 到达 C_2，则 C_1 和 C_2 是连续的，称 C_1 和 C_2 为连续环。

在图 3-40 中，切片层 1 的轮廓 C_{11}、C_{12} 与切片层 2 的轮廓 C_{21}、C_{22} 互为连续环。显然连续环就是我们要找的配准环。从图中我们可以看到，相配准的轮廓环的几何形状并不一定是相同或相似的，它们可以是完全不同的几何图形。

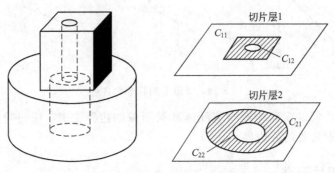

图 3-40　材料域的连续环

（2）轮廓环的层次编码　断层截面上各个轮廓之间的关系可以表示为一棵树形结构的图。在这个树形图上，每个轮廓处在不同的层次上，如第一层、第二层等。由定义 1，我们可以知道，位于奇数层上的轮廓与它的子节点轮廓（位于偶数层）组成的封闭区域就是一个材料域。

为了给轮廓树上的轮廓节点进行层次编码，首先给每个轮廓节点编上流水号码，流水号码的编写规则是：①属于同一个父节点的所有子轮廓节点的流水号码互不相同，处在不同的层或虽处在相同的层但父节点不同的轮廓节点的流水号码可以相同；②所有轮廓节点的流水号码的码长必须相同。流水号码的码长 N 可以固定为某一个长度，如 $N=4$，也可以依断层上轮廓数目来定，但相邻两断层的码长应该相同。

图 3-41 是流水号码的码长取为 2 时轮廓树的一种编码方案。完成轮廓节点的流水编码后，遍历轮廓树，对每个节点进行层次编码。对于第一层的轮廓节点其层次编码就是流水编码本身，其他的子轮廓节点的层次编码是其父节点的层次编码加上本身的流水编码，图 3-42 是图 3-41 的层次编码图。从图中可以看出，每个轮廓节点都有唯一的层次编码值。层次编码值含有丰富的信息，每个轮廓的内外环性质、轮廓的相互关系、材料域的相互关系都可以通过层次编码值直接得到。

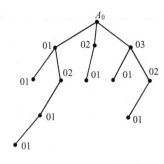

图 3-41　流水编码图

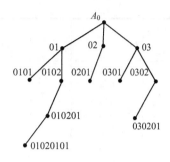

图 3-42　层次编码图

3.6.3.2　材料域的配准

实现材料域配准的原理是利用性质 3，设相邻切片层的两个材料域 M_1 和 M_2 在各自的图像上所占据的像素数为 S_1 和 S_2，占据同一个像素位置的像素数为 S_c，则材料域 M_1 和 M_2 具有同一位置像素数的比率（称为共有比率）P_1 和 P_2 为：

$$P_1 = S_c / S_1, P_2 = S_c / S_2 \tag{3-95}$$

给定一个阈值 ε，若 $P_1 \geqslant \varepsilon$ 或者 $P_2 \geqslant \varepsilon$，则认为 M_1 和 M_2 是配准的；如果 $P_1 < \varepsilon$ 而且 $P_2 < \varepsilon$，则认为 M_1 和 M_2 不能进行配准。

设 T_1 和 T_2 相邻的两个切片层，T_1 上的轮廓个数为 N_1，T_2 上的轮廓个数为 N_2，I_1 和 I_2 分别是 T_1 和 T_2 的二值化图像。对 T_1 和 T_2 上的轮廓进行层次编码，并给 T_1 和 T_2 上的轮廓从 1 开始进行顺序编码，分别为 $1 \sim N_1$ 和 $1 \sim N_2$，建立两个切片上其顺序编号与层次编码的对照表。

对图像 I_1 和 I_2 的每个轮廓环进行颜色填充，填充的颜色值等于该轮廓环的顺序号，这时得到两个所有封闭区域都被某种颜色填充的图像 I_1 和 I_2。

同时遍列图像 I_1 和 I_2 的每一个像素，通过两幅图像像素点的颜色值及颜色值与轮廓层次编码的对应关系计算每个封闭轮廓所占据的像素数和两幅图像间任意两个轮廓所公共占有的像素数目，按式（3-95）计算其相互共有的比率，并构造一个共有比率的二维表，这个共有比率表的每一行代表 T_1 上的每一个轮廓环与 T_2 上所有环的共有比率，每一列代表 T_2 上的每一个轮廓环与 T_1 上所有环的共有比率，表格的每一格有两个数据，分别表示对应两个轮廓环的共有比率。

图 3-44 是图 3-43 的两个假想切片图像，图 3-44（a）有一个材料域，在这个材料域内有 5 个内环，一共有 6 个轮廓环，图 3-44（b）有四个相离的材料域，在每个材料域内有 1 个内环，共有 8 个轮廓环。对于图 3-44 上的两个切片轮廓，获得的共有比率见表 3-2，表格中的数据来源于假设：4 个小正方形大小一样，面积为大正方形面积的 1/9，5 个小圆面积相等，为小正方形面积的 1/5。

图 3-43　零件模型

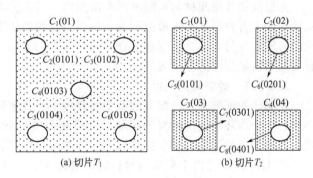

图 3-44　切片图像

表 3-2　共有比率

T_2 \ T_1	01	0101	0102	0103	0104	0105
01	1.0/0.1	0/0	0/0	0/0	0/0	0/0
0101	0/0	1/1	0/0	0/0	0/0	0/0
02	1.0/0.1	0/0	0/0	0/0	0/0	0/0
0201	0/0	0/0	1/1	0/0	0/0	0/0
03	1.0/0.1	0/0	0/0	0/0	0/0	0/0
0301	0/0	0/0	0/0	0/0	1/1	0/0
04	1.0/0.1	0/0	0/0	0/0	0/0	0/0
0401	0/0	0/0	0/0	0/0	0/0	1/1

　　通过共有比率表，可以找到相互配准的材料域。材料域是奇数层上的轮廓与它的子节点轮廓（位于偶数层）组成的封闭区域。设轮廓的流水码长 L，则层次码的码长是 L 的奇数倍的轮廓就是材料域的外轮廓。对于表 3-2，流水码长 $L=2$，所以层次码长是 2、6、10……的轮廓是材料域的外轮廓。搜索共有比率表，若对应行、列轮廓是材料域外轮廓的表格单元的两个数至少有一个大于某个阈值 ε，则其相应的两个材料域是可以配准的材料域。如表 3-2 中切片层 T_1 上的材料域 C_1 与切片层 T_2 上的材料域 C_1，就是配准的材料域。某些情况下，切片层上的某一材料域 M_1 在另一切片层上可找到多个材料域与之相配准，这是考虑这些材料域的相互关系。若它们是相互分离的，则这些材料域与 M_1 都具有配准关系，如表 3-2 中，切片层 T_1 上的材料域 C_1(01) 与切片层 T_2 上的材料域 C_1(01)、C_2(02)、C_3(03)、C_4(04) 都是配准的材料域；若它们之间具有包含关系的材料域，这时分为两种情况，如图 3-45 所示。

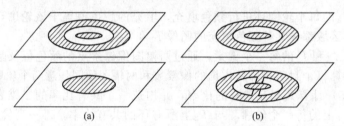

(a)　　　　　　　　　　　(b)

图 3-45　具有包含关系的配准材料域

　　在图 3-45(a)、(b) 的下层切片的材料域在上层切片中都找到两个材料域与之相配准。显然图 3-45(b) 是正确的，而图 3-45(a) 的下层切片材料域应该只与上层切片的外层材料域相配准。由此可知，如果切片层上的材料域 M_1 在另一切片层上可找到最大为 M_t 的多个相互包含的材料域与之相配准，那么若材料域 M_t 的内环几乎或完全被 M_1 覆盖，则 M_1 只与 M_t 配准，否则 M_1 与它们都配准。

　　为提高切片层间材料域配准的配准速度，可以先对材料域做预处理。首先通过材料域外环构造切片上各材料域的矩形包围盒，然后检查两切片上包围盒的相交情况，若一切片上某材料域的包围盒与另一切片上所有的材料域包围盒都不相交，则该材料域不参与材料域的配准，从而提高材料域配准的配准效率。

3.6.3.3　轮廓环的配准

　　轮廓环的配准是在已配准的两个材料域上寻找连续的轮廓环。因为一个材料域是由一个外环和若干个内环所包围的封闭区域，所以相配准的两个材料域的外环一定是一对配准的轮廓环，因此剩下的就是在两个材料域上的内轮廓之间寻找配准关系。

　　设 M_1 和 M_2 是两个配准的材料域，通过 M_1 和 M_2 的层次编码值，搜索共有比率表，找到属于 M_1 和 M_2 的所有内环（其层次编码比 M_1 或 M_2 多一个流水编码）的交叉表格单元，若该单元的两个数据有一个大于阈值，则相对应的内环是配准的内环。在图 3-44 中，5 个小孔是内环，其中 4 个内环可以找到相配准的内环，它们是 T_1：0101→T_2：0101，T_1：0102→T_2：0201，T_1：0104→T_2：0301，T_1：0105→T_2：0401，而 T_1：0103 在 T_2 找不到配准环，这意味着 T_1 上的孔 C_4，在此两切片之间终止。

3.6.4　表面识别

切片层间相配准的边界不一定属于同一个表面，故对边界进行表面类型识别和表面几何参数计算之前，必须再对相配准的边界进行分类。配准边界分类可以利用配准差、配准距离与切片所在高度坐标 Z 的变化关系来实现。首先从配准的边界序列中，选出配准差超过给定值的相继边界序列直接送入表面识别器中进行表面识别，并从配准的边界序列中删除这些边。然后在余下的配准边界序列中，根据各边的配准距离与 Z 坐标的变化规律进行边界分类，并把分类的边界序列送入表面识别器进行表面类型识别和表面的几何参数计算。

3.6.5　STL 模型的重建

STL 模型是通过对断层图像数据模型进行表面三角化离散得到的，相当于用由空间三角形构成的多面体逼近原 CAD 模型。从几何上看，每一个空间小三角形面片用三角形的 3 个顶点及三角形的法向量来描述。其中每个三角形平面片用其 3 个顶点 x、y、z 坐标以及三角形平面片上指向物体外面的单位法矢表示，如三角形 OCD 的 STL 模型使用其顶点 O、C、D 坐标值以及该平面片指向球体外侧的法矢表示。三角形顶点的排列顺序遵循以下规则：沿着三角形平面法矢反方向观察，三个顶点必须按照逆时针顺序排列。

图 3-46 中分别用箭头标示了三角形 OCD 顶点的排列顺序。

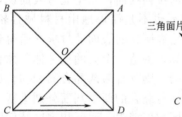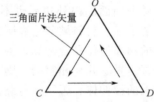

图 3-46　STL 模型内容

STL 文件的存储有 ASCⅡ码和二进制码两种文件格式，为保证模型的合法性、避免数据错误，STL 文件及其几何模型必须遵循一系列规则。

由二维轮廓环构造 STL 模型，就是用一系列相互连接的三角面片将上下相邻的二维轮廓环连接起来，并将上下底面用三角面片进行划分的过程。根据 STL 格式的规定，对于上下相邻的二维轮廓环而言，只有满足下列两个条件的三角面片集合才是合理的。

（1）在上下两相邻轮廓环间，每一个轮廓线线段必须在且只能在一个基本三角形平面中出现。因此，如上下两轮廓环各有 m 个和 n 个轮廓线段，那么，合理的三维表面模型将包含 $m+n$ 个基本的三角面片。

（2）如图 3-47 所示，如果一个跨距在某一基本三角面中为左跨距，则该跨距是且仅是另一个基本三角面片的右跨距，也即一个跨距是且仅是分布于其两侧的两相邻基本三角面片的公共边。

对于相邻两条轮廓环及其上的点列而言，符合上述条件的可接受的形体表面可以有多种不同的组合。若假定优化的目标是两平行平面的轮廓环之间连接生成的表面面积和为最小，其目标路径为最小数值的路径。若假定优化的目标是两平行平面的轮廓环之间连接生成的表面所包

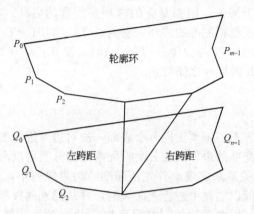

图 3-47　层间填充重构 STL 示意图

围的体积最大，其目标路径为最大数值路径。但基于全局目标法计算量大，速度慢。基于局部计算和决策的启发式方法则与全局目标法不同，尽管也有其追求的目标，如路径最短或体积最大等，但并不要求实现全局最优，而是基于局部计算来决定当前的选择，因而可以在不超过 $m+n$ 步的计算中得出两轮廓环之间用一系列三角面片连接的近似最优解，计算量小，速度快，目前有几种启发式方法，包括最大体积法、相邻轮廓环同步前进法、最小内角最大法等。

3.6.6　实体模型的重建

模型重构的原理如下。由每个切片上的材料域构造一个材料体元，方法是对每个材料域依 Z 轴的正负方向各拉伸 1/2 的截面间距，形成一个拉伸体的材料体元。这个材料拉伸体的内外表面类型不是由相应材料域的轮廓所形成的拉伸柱面，而是通过表面识别后的该轮廓所在的表面。材料拉伸体的上下两个端面的内外边界也不是简单地由材料域各轮廓的上下平移复制而得，而是上下端面所在的平面与材料域各轮廓所在的表面通过求交而得到的封闭环。把配准的两个材料拉伸体在接触的端面处作黏合运算，构造一个大的拉伸体。黏合操作时，若相黏合的两个拉伸体黏合面的轮廓边界是几何相容的，则黏合后两黏合面和黏合边完全消失，两个小的拉伸体形成一个光滑的大的拉伸体；否则，对黏合的两个端面分别进行表面划分，形成相容和不相容区域面，再进行黏合。黏合后相容区域面消失，而不相容区域面则形成重建出的几何实体的一个表面。

通过逐层对切片上各材料域进行拉伸，形成拉伸体元，对黏合端面进行区域分割，并进行黏合运算和边界重整，最终可重构出光滑的、正确的零件几何实体模型。

3.6.6.1　实体模型的构造

实体模型的构造包括体元构造、体元端面分割和体元黏合、边界重整几个步骤。

（1）体元构造　定义：若轮廓 E_1 和 E_2 的组成边的数目、连接顺序和对应边位于同一个表面，则称轮廓 E_1 和 E_2 是几何相容的；否则是非几何相容的。

由切片层上的各材料域构造体元。首先构造体元两个端面的边界轮廓，该边界轮廓是由两个平面与该材料域各环的组成边所在的表面求交后所得的交线环。这两个平面平行于切片平面，其 Z 坐标是该切片平面的 Z 坐标加上或减去一个 1/2 的截面间距。

通过两个平面与该材料域各环的组成边所在的表面求交后所得的交线环，由拉伸运算构造材料域的体元。

（2）体元端面分割和体元黏合　对配准材料域的体元进行黏合时，若两体元的黏合端面的轮廓为非几何相容，则需要对两端面进行端面分割运算，使两端面分割成相容区域和不相容区域。

设 A、B 是相黏合的两个端面，对端面 A 进行端面分割的实质是根据端面 B 的实心域把 A 的实心域分成若干个子区域，这些子区域的一部分落在端面 B 的实心域的内部，而另一部分则落在端面 B 的实心域的外部。端面分割运算可以分为轮廓线交点求取和轮廓线重组两大步骤。

完成体元黏合端面的分割后，对两个体元相互接触端面上的相容区域面进行黏合，黏合后这两个相对的相容区域面在模型中消失。若相黏合的两条边所在的表面是同一个面，则这两条边将不在模型中存在；否则，模型中只保留了一条边。黏合后两个黏合面上的不相容区域面构成了模型中的一个平面。

（3）几何模型平面删除和边界重整　两个体元黏合后，两个黏合端面上的不相容区域以一个平面的形式在模型中保留下来，在某些情况下是正确的。而在某些情况下，却是一个错误的结果。图 3-48 为黏合后构造出的平面，其中图 3-48(c) 所示为图 3-48(a) 和 (b) 的相邻两切片上的材料域，图 3-48(d) 所示为图 3-48(c) 所构造的三个体元，图 3-48(e) 所示为图 3-48(c) 所示三个体元黏合后的结果。图 3-48(a) 和 (b) 的切片图形均构造出两个平面 F_1 和 F_2，显然对于图 3-48(b)，面 F_1 和 F_2 是正确的；而对于图 3-48(a) 构造出的面 F_1 和 F_2 是不正确的，是不合法的两个平面。

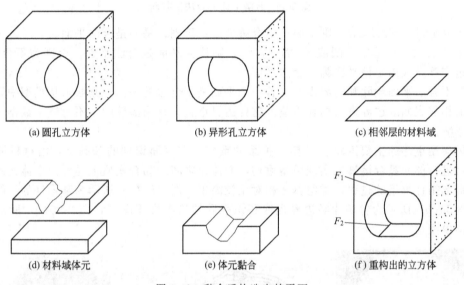

（a）圆孔立方体　　　（b）异形孔立方体　　　（c）相邻层的材料域

（d）材料域体元　　　（e）体元黏合　　　（f）重构出的立方体

图 3-48　黏合后构造出的平面

从图 3-48 可知，体元黏合后构造出的平面并不一定是原型零件中存在的真实面。因此为重构出正确的几何模型，需要判断体元黏合后所构造出来的平面是否是一个合法的平面。若不是合法的平面，则需要从模型中删除该平面，并进行边界重整。

3.6.6.2　合法平面和不合法平面

（1）平面合法性判断　把体元黏合后构造出的平面分为 A 和 B 两类：A 类平面为黏合端面不相容区域所构造的平面；B 类平面为非 A 类平面的平面。如图 3-48(f) 所示的面 F_1 和 F_2 是 A 类平面，显然 B 类平面出现在体元的非黏合端面上。

① A 类平面的合法性判断　A 类平面位于其中一个体元的端面上，其内外环由该体元的边（称为原边）和另一个体元的边的复制边（称为分割边）构成。显然，在这个平面上的边界中至少存在一条分割边。

设平面位于第 k 层切片的材料域所构成的体元上，若平面在该体元的上端面，则构造方程为 $Z - Z_{k-1} = 0$ 的平面 $\varGamma$（Z_{k-1} 为 $k-1$ 层切片的 Z 坐标）；否则，平面 $\varGamma$ 的方程为 $Z - Z_{k+1} = 0$（Z_{k+1} 为 $k+1$ 层切片的 Z 坐标）。搜索与该平面的公共边为分割边的相邻面 F，若平面 $\varGamma$ 与面 F 存在交线，则该平面为合法面；否则，该平面为不合法面。

② B 类平面的合法性判断　B 类平面就是体元的非黏合端面，体元上下两个端面的边界几何相似，如图 3-49 所示，设该平面的面积为 S_1，另一黏合端面的面积为 S_2，若 $S_1 \geqslant S_2$，则平面是合法平面；否则，$X = \dfrac{S_1}{S_2 - S_1} \times \dfrac{d}{2}$，$d$ 表示切片之间的距离。

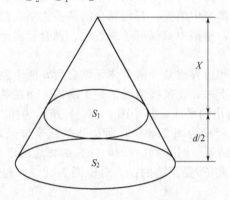

图 3-49　B 类平面的合法性判断

如果 d 较小，若 $X \leqslant d$，则平面是不合法平面；否则，平面是合法平面。

如果 d 较大，可给定一阈值 ε。若 $S_1 > \varepsilon$，则认为平面是合法平面；否则为不合法平面；或者通过交互方式指定该平面为不合法平面。

（2）不合法平面删除和边界重整　若一个平面是不合法的平面，则必须从模型中删除，并对该面的相邻表面的边界进行拓扑重整。这种边界重整只是局部性的，不对整个数据结构产生较大的影响。

实体模型重建的主要困难在于拓扑关系的重构。在表面识别的基础上，由材料域构造体元，然后进行体元黏合运算来实现模型重构，而体元之间的黏合实质上是对两个体元的拓扑结构进行局部拓扑重组的过程，重组算法相对比较简单。图 3-50(a) 所示为某零件的一幅切片图像，图 3-50(b) 所示为各切片经边界提取和识别后的轮廓堆积图形，图 3-50(c) 所示为重构出的实体模型。

(a) 切片图像　　　　　　　　(b) 切片轮廓堆积图形　　　　　　　　(c) 重构的实体模型

图 3-50　实体模型重构

3.7　模型光顺性检查方法

曲线、曲面的光顺问题涉及几何外形的美观性、实用性、易加工等特点。为达到对曲线、曲面进行光顺的目的，必须先对曲线、曲面的光顺状况进行分析。光顺处理的方法通常是指通过曲线、曲面数据点的移动以使生成的曲线或曲面的光顺状况得到改善的方法。而光顺分析是对曲线、曲面的光顺状况进行评价判断的过程。

3.7.1　基于曲率的方法

基于曲率的方法可以方便地观察曲面曲率的分布情况。曲率颜色映射、等曲率线能够识别出曲面上的波动、凹凸区域等，找出曲面上最大曲率值和判断相邻曲面间的 C^1 和 C^2 连续性。这种方法对曲面形状的微小变化很敏感。曲率是曲面几何属性中的重要内容，而且曲面的曲率与曲面的机械加工制造密切相关，所以曲率分析是曲面光顺分析的重要组成部分，利用曲率进行曲面的光顺分析有以下几种。

（1）曲率的颜色映射曲率云图　该曲率云图把曲面的每一点处的曲率值用可区别的颜色和亮度直观地表示出来，并提供不同颜色所对应的曲率值线性柱状对照表。可以根据曲率云图的颜色信息较直观地看出曲面的曲率分布情况，进而得到曲面的总体信息。一般可提供云图的曲率主要有反映曲面在某一点的最小法曲率和最大法曲率，即依据主曲率而派生的平均曲率、高斯曲率以及绝对曲率等几种。

（2）绘制出等曲率线　把曲面上具有相同曲率如高斯曲率的点连接成的线称为等曲率线，它同样可以反映出曲面的总体上曲率的分布信息。

（3）绘制反映曲面每一点处曲率的矢量刷图　在曲面的每一点处，以曲面的法矢为方向、以该点曲面的曲率如高斯曲率半径为长度绘制出可反映曲面曲率变化情况的矢量刷图。

3.7.2　基于光照模型的方法

如今某些工业产品对外形的光顺质量的要求都十分高，但由于计算机的屏幕和分辨率的限制，很难对其光顺性进行正确的判断。特别是一些如汽车、船舶、飞机等产品的外覆盖件，尺寸大、要求高，仅仅利用曲率云图或等曲率线等方法已难以满足曲面分析的要求。而基于曲面的光照模型的分析方法正好克服了曲率云图或等曲率线的缺陷，而且是一种比较直观、与工程人员的利用平行光束来分析曲面光顺状况的习惯做法相接近的方法。

基于曲面的光照模型的方法主要有以下几种方式。

（1）绘制等照度线　照度是平行光源的单位方向与曲面某一点处的法矢两向量的内积。将曲面上具有相等的照度的点连接而成的线称为等照度线。可以根据等照度线的走向和分布来分析曲面的光顺性。

（2）绘制反射线图　通过在确定一视点的基础上，以曲面上的某一点为始点，以该点与视点所成的入射光的方向为方向的射线如果可与一直线型光源相交，则说明直线型光源发出的一条光线能照射在曲面的该点上，而且可以反射到视点，设计者就把曲面上具有这样性质的点称为光源在曲面上的反射点。由曲面上所有反射点连接而成的线称为光源在该曲面上的反射线。可利用这些反射线的分布是否均匀、分布的有无规则来分析曲面的光顺质量。

（3）绘制高光线图　高光线模型是一种用来评价曲面光顺质量的好方法，是由 Beier 等首先提出的。

高光线模型也是一种简单的反射模型，对曲面法向量变化反映很敏感，而且检测效果不随视点变化而变化。将一理想化为无限长的光源置于曲面上方，令曲面上某一点的法矢与光源的垂直距离为 d，把曲面上由使 $d=0$ 的点连接而成的线称为光源在该曲面上的高光线。如果给定一半径 r，在曲面上满足 $d \leqslant r$ 的点的集合称为高光线条纹。

另外，曲面的不连续性在高光线上被扩大 1 阶，即如果两曲面是 C^0 连续的，则高光线在两曲面的共同边界不连续；如果两曲面是 C^1 连续的，则高光线在两曲面的共同边界只达到 C^0 连续。

由于高光线具有这些良好的性质，比较适用于用实时交互式系统评价曲面的光顺性。因此，可以通过观察高光线来分析曲面的光顺质量。

（4）绘制真实感图形　利用图形学技术，通过光源设置、灰度调节、材质性能、透明处理和背景搭配等技巧渲染出十分逼真悦目的真实感图形，并根据这种图形进行曲面的光顺性分析。但这种方法往往需要较高的硬件配置和较长的计算时间。

3.7.3　等高线法

通过评价等高线的光顺性、疏密变化是否均匀等来分析曲面的光顺。

上述方法各有其特点，基于曲率的方法可以让设计者获取有关曲面总体或局部的曲率信息，可以识别出来导致曲面出现波动或凹凸的区域，找到曲面的曲率的极大或极小值的分布、曲面与相邻曲面的连续性等信息。

基于光照模型的方法主要反映了曲面的法矢的变化情况，而且可以克服计算机的一些缺陷，可以从总体上把握曲面的光顺美感、造型风格等信息。在实际生产实践中，往往将几种方法结合起来综合考虑。

曲线、曲面的光顺处理是提高产品档次的重要手段。工程实践中如何造型并设计出实用又有美感的产品的关键是需要综合应用多种方法和不断联系新兴技术，才能构造出光顺的曲线、曲面。但在这方面还有很多的问题有待设计者去解决。如何能方便地检测并自动修改不正常的曲率分布，而不改变曲线、曲面的光滑性和整体形状的技术，已成为一个重要的研究课题。

第 4 章
逆向设计常用软件及应用

逆向设计是以实物原型为基础，通过测量、测绘、扫描等手段得到实物的相关数据，再运用软件的 CAD 功能，从而对产品进行复制或创新设计。反求工程软件能直接接收来自测量设备的产品数据，通过必要的编辑和功能处理，生成复杂的三维曲线或曲面原型，匹配上标准数据格式后，将这些曲线、曲面数据传输到合适的 CAD/CAM 系统中，经过反复修改完成最终的产品造型。

从复杂的曲面造型功能上讲，目前流行的反求工程软件尚难与主流 CAD/CAM 系统软件（如 CATIA、UG、Pro/Engineer 和 SolidWorks 等）抗衡。但作为重要的曲线、曲面造型的数据管道，越来越多的反求工程软件被选作这些 CAD/CAM 系统的第三方软件。

4.1 逆向设计常用软件

4.1.1 逆向设计软件的分类

根据曲面重构方法的不同，逆向设计软件可分为 3 大类。

（1）对测量"点云"进行处理后，直接生成质量很高的原型曲面，但生成的曲面需转换到其他的 CAD/CAM 系统中。

例如，ImageWare、ICEM Surf 等软件分别为 UG 及 Pro/Engineer 系列软件中独立完成反求工程的"点云"数据读入与处理功能的模块，在逆向设计软件中属于外挂的第三方软件。

（2）对测量"点云"进行处理后直接生成曲面，生成的曲面可采用无缝连接的方式被集成到 CAD/CAM 系统中做后续处理。DELCAM 公司的 CopyCAD，可将三维实体测量中产生的数字模型直接嵌入到 CAD/CAM 模块中，实现了数据的无缝集成，从而便捷生成复杂曲面和产品零件原型。

（3）按特征构建的方式生成产品几何原型。主流的 CATIA、UG、Pro/E 和 SolidWorks 等 CAD/CAM 软件，均可直接按特征构建的方式生成几何原型。

4.1.2 逆向设计常用软件

（1）Imageware 软件　美国 EDS 公司出品，为 UG 的第三方软件，主要应用于航空航天和汽车工业。

（2）Geomagic Studio 软件　美国 Geomagic 公司出品，可轻易从点云数据创建出完美的多边形模型和网络，并可自动转换为 NURBS 曲面。Geomagic 公司现已被 3D Systems 公司收购，3D Systems 公司提供多款逆向软件，包括 Design X、快速 3D 扫描、Design Direct、生产制造和工程分析等。

（3）Copy CAD 软件　英国 DELCAM 公司出品，可快速编辑数字化模型，产生具有高质量的复杂曲面，同时可跟踪机床和激光扫描器。

（4）Rapid Form 软件　韩国 INUS 公司出品，提供了运算模式，可实时将点云数据运算出无缝的多边形曲面，成为 3D Scan 后处理的最佳接口。

（5）Pro/SCAN-TOOLS 模块　为 Pro/E 的一个模块，可通过测量数据获得光滑的曲线和曲面。

（6）Geomagic Design Direct 软件　美国 3D Systems 公司开发的一款正逆向直接建模工具，兼有逆向建模软件的采集原始扫描数据并进行预处理的功能和正向建模软件的正向设计功能。

4.2　基于 Imageware 的逆向设计实例

4.2.1　Imageware 概述

4.2.1.1　Imageware 简介

Imageware 由美国 EDS 公司出品，后被德国 Siemens PLM Software 公司所收购，现在并入旗下的 NX 产品线，是最著名的逆向工程软件，Imageware 因其强大的点云处理能力、曲面编辑能力和 A 级曲面的构建能力而被广泛应用于汽车、航空航天、消费家电、模具、计算机零部件等设计与制造领域。该软件拥有广大的用户群，国外有 BMW、Boeing、GM、Chrysler、Ford、Raytheon、Toyota 等著名国际大公司，国内则有上海大众、上海交通大学、上海 DELPHI、成都飞机制造公司等大企业。

以前该软件主要被应用于航空航天和汽车工业，因为这两个领域对空气动力学性能要求很高，在产品开发的开始阶段就要认真考虑空气动力性能。常规的设计流程首先根据工业造型需要设计出结构，制作出油泥模型之后将其送到风洞实验室去测量空气动力学性能，然后再根据实验结果对模型进行反复修改，直到获得满意结果为止，如此所得到的最终油泥模型才是符合需要的模型。如何将油泥模型的外形精确地输入计算机成为电子模型，这就需要采用逆向工程软件。首先利用三坐标测量仪器测出模型表面点阵数据，然后利用逆向工程软件（如 Imageware Surfacer）进行处理即可获得 Class A 曲面。

随着科学技术的进步和消费水平的不断提高，其他许多行业也纷纷开始采用逆向工程软件进行产品设计。以微软公司生产的鼠标为例，就其功能而言，只需要有三个按键就可以满足使用需要，但是，怎样才能让鼠标的手感最好，而且经过长时间使用也不易产生疲劳感，却是生产厂商需要认真考虑的问题。微软公司首先根据人体工程学制作了几个模型并交给使用者评估，然后根据评估意见对模型直接进行修改，直至修到大家都满意为止，最后再将模型数据利用逆向工程软件 Imageware 生成 CAD 数据。当产品推向市场后，由于外观新颖、曲线流畅，再加上手感也很好，符合人体工程学原理，因而迅速获得用户的广泛认可，产品的市场占有率大幅度上升。

Imageware 采用 NURBS 技术，软件功能强大，易于应用，而且它对硬件要求不高，可运行于各种平台，UNIX 工作站、PC 机均可，操作系统可以是 UNIX、NT、Windows95 及其他平台。Imageware 产品提供了独特、综合的自由曲面构造及检测工具，这样的三维工具应用范围从早期的概念开发直到制造及产品的检测。产品将向模块化发展并专注四项关键的核心竞争力：三维检测、高级曲面、多边形造型及逆向工程。因此，Imageware 特别适用于以下情况。

（1）对现有零件工装等建立数字化图库。

（2）企业只能拿出真实零件而没有图纸，又要求对此零件进行修改、复制及改型。

（3）在汽车、家电等行业要分析油泥模型，对油泥模型进行修改，得到满意结果后将此模型的外形在计算机中建立电子样机。

（4）在模具行业，往往需要用手工修模，修改后的模具型腔数据必须要及时地反映到相应的 CAD 设计之中，这样才能最终制造出符合要求的模具。

（5）在计算机辅助检验中的应用。

Imageware 由于在逆向工程方面具有技术先进性，一经推出就占领了很大市场份额，软件收益正以 47％的年速率快速增长。

Imageware 逆向工程软件的主要产品有 Surfacer（逆向工程工具和 Class A 曲面生成工具）、Verdict（对测量数据和 CAD 数据进行对比评估）、Build it（提供实时测量能力，验证产品的制造性）、RPM（生成快速成形数据）、View（功能与 Verdict 相似，主要用于提供三维报告）。

4.2.1.2　Imageware 的主要模块

Imageware 的主要模块包括基础模块、点处理模块、曲线建模模块、曲面建模模块、多边形造型模块、检验模块、评估模块、混合建模。

（1）基础模块　包括文件存取、显示控制及图层控制等。

（2）点处理模块　包括由扫描仪获得点云数据的工具。Imageware 可对由三坐标测量仪或非接触式扫描仪读取的点云数据进行点云剖面，点云的全方位模型（粗糙转换）处理，增加点云处理，切割/修剪点云处理等。Imageware 优化的处理方法可以非常好地处理大数据量带来的相关问题。用户可以方便地对点云数据进行清理、稀疏及检查工作。Imageware 在点处理领域具有十几年的经验，用强大的功能证明了产品的成熟性。这些功能都经过特殊优化以实现真正的设计捕捉并处理大量的数据。

（3）曲线建模模块　新的增强命令提供了一套更加完整的曲线创建功能。用于开发基于曲线的曲面。对于高质量和 A 级曲面处理任务而言，这极为重要。这些新的增强命令减少了创建曲线簇通常需要的重复，同时无限构造线和平面功能增加了创建几何图形的准确性。无限构造元素可以用于剪切和交叉操作的辅助工具。另外，新添加的无限工作面等工具可以方便通用建模的操作。该工作面能够作为一个简图面，或者用于使用面和曲线相交。

（4）曲面建模模块　提供完整的曲线与曲面建立和修改的工具，包括扫掠、放样及局部操作用到的圆角、翻边及偏置等曲面建立命令。Imageware 曲面模块提供了功能强大的曲面匹配能力，可以对临近的曲面片在边界线或内部点上进行曲面位置、相切及曲率连续的处理；同时提供了丰富的匹配选项以进行精确的控制。自由形状产品设计、快速曲面、高质量曲面、逆向工程、计算机辅助校验、多边形建模、快速原型等功能使用户能够在很短的时间内精确地设计建立和全面检验高质量的自由形状模型。

（5）多边形造型模块　作为单独运行的模块，它提供了处理任何大小的多边形模型的能力。可以对 STL 数据、有限元数据、VRML 数据等进行处理。具有对密集的点云建立多边形、修补多边形网格、偏置多边形用于包装、切割多边形数据剖面、通过布尔操作增加或减少多边形数据、快速加工应用、多边形雕刻及编辑、多边形可视化、快速物理样机准备及实验等功能。

（6）检验模块　提供点云数据与 CAD 模型之间的精度检测功能。模型及点云数据导入 Imageware 后，由于测量点云数据属于测量坐标系，而 CAD 模型属于模型坐标系，两者的坐标系不归一，所以在进行检测之前，需要将两者的坐标系进行归一化处理，这一过程称为配准。配准后的点云数据与 CAD 模型进行比较，从而可显示出两者之间定性及数量上的差别。

（7）评估模块　包含定性和定量地评定模型总体质量的工具。定量评估可提供关于实物与模型精度的数据反馈，包括对相邻曲线和曲面位置、相切及曲率连续的检查工具，还有偏差检查工具，以检查不同实物之间的精确差别。定性评估可以评价部件模型的美学质量。软件中包含了大量预先输入的环境样本，用这种方法可以在模拟的实际环境中观察模型，以取代昂贵的物理模型。除了环境映像外，还可以预先显示整个模型的光顺情况。这种方法同样可以有助于发现曲面构造中细微的误差。

（8）混合建模模块　通过混合建模的方法，能够采用更加先进的自由建模功能来捕捉复杂的形状，如果只有实体建模，则通常不能对这些复杂的形状进行建模。该集成环境的优势就是灵活性和设计自由，几乎可以对能想到的任何形状进行建模。

4.2.1.3　Imageware 的优点

（1）为整个创建过程制定流程　当众多的公司采用 3D 设计技术时，设计师们都认识到了从 2D 到 3D 转换的重要性和便捷性。快速地将概念阶段的思想变成准确的曲面模型的能力是产品设计成功的关键。

多年以来，当 2D 方法在产品开发方面已经被成功应用时，全新的、生产力更高的 3D 方法能够更好地保持和准确地描述设计意图，3D 方法成为现有 2D 设计过程的有益补充。通过这些 3D 的方法和实践，许多公司正在为缩短设计周期而建立新的标准，以此来提高产品质量、降低成本。

无论进行全新的设计，还是利用物理模型或对已有零件进行再设计，Imageware 都提供了一个很好的手段来扩展创建流程，同时还可以利用熟悉的造型工具。

（2）有效地加强产品沟通　利用 3D 获取产品定义将对设计意图提供更好的沟通，这种沟通不仅体现在设计师和造型师之间，而且还贯穿于整个工程和制造环境中，包括在扩展的企业和供应链之间。

有了 Imageware，不仅可以在屏幕上动态地研究不同的设计，以达到立即显现设计中所蕴涵的美学和工程信息的目的，同时还可以制定出一个设计方案。并且能够在设计过程的早期就关键设计问题进行沟通，将使对实际物理样机的时间需求大大减少。通过实时更新的全彩色 3D 诊断和云图，可使得对设计模型进行操作时的设计变化和修改进行沟通变得更加容易。

产品开发速度的进一步提高依赖于可视化工具的扩展和报表能力的提高。可以使用用户化的环境贴图对设计的美学性进行评估，或者如果有检测的需要，也可以对比较结果进行评估并输出详细的分析结果。

（3）基于约束的造型　在 Imageware 中通过使用基于约束的造型方法可以很容易地简化复杂的设计工作，这种方法允许设计师在一种交互的环境中工作，同时在产品开发的早期阶段就制定关键的设计决策。

Imageware 的 3D 约束引擎允许相关造型，这样就能戏剧般地改变创建 Class A 和高质量曲面的方法。这个工具已经是现成的，用户可以决定何时、何地以及约束条件需要保持多长时间，而这些都不会改变模型的大小或降低性能。

若工作时使用了约束，所有的设计变更将实时地得到反映，这将有助于不同设计方案的评估，而不需要像那些不基于约束的系统在造型的最初阶段制订过多的计划，或是做一些乏味的重复工作。

不同的颜色将区别曲线之间关系的主和次，这种主次关系可以快速而简单地进行转化。当约束产生时，约束符号就会显示在曲线上以表示当前连续性的类型。

除了约束之外，内在的相关性能够在多次几何创建中继续保持，这样的相关性保证了在进行数据修改和编辑时继续保持几何相应的特征。具有相关性属性的特征有放样、扫掠、倒角、翻边、曲线偏置和拉伸等。

（4）扩展了基于曲线的造型　软件中加入的全新的、增强的命令为基于曲线的曲面开发提供了一套完善的曲线创建功能，这对于高质量曲面和 Class A 曲面显得尤为重要。

新功能减少了重复工作，这些重复工作经常是为创建一系列曲线而产生的，同时直线和平面的无限构造能力将有助于新几何体的精确创建。无限构造体素功能主要是为裁剪和相交这些操作做辅助。

其他的工具，如无限工作平面有益于一般的造型操作，这个工作平面可以用于草绘平面或曲面和曲线的相交。

（5）模型的动态编辑　曲率和曲面的评估工具提供实时反馈，允许用户从一开始就创建更好的曲线和曲面，并在更短的时间内最终产生出更高质量的曲面。

将这些工具的详细反馈与 Imageware 的众多修改工具相结合，可以根据当前视图非常容易地评估和动态地编辑模型并修改有问题的区域。

（6）保持数据的兼容性　Imageware 提供了一个无缝的、界于领先的 CAD 系统和 Imageware 内部文件格式之间的中性 CAD 数据交换，它使数字设计能被一直保存下来，而且贯穿于整个产品生命周期。

通过提供协调的、直接的数据交换，Imageware 的这些接口避免了由于那些标准文件格式互相传输而导致的许多潜在的错误。设计师和工程师可以将精力集中在最重要的事情上，即如何完成好他们的工作，而无须担心潜在的数据丢失。

4.2.2　Imageware 工作流程

Imageware 可以应用于许多不同的 CAD 应用程序，如自由成形、高品质和 A 级曲面的构造、逆向工程等。当 Imageware 应用于三维 CAD 环境中时，其目的通常是将曲线和/或曲面返回到 CAD 系统中。例如，产品设计师可以创作一个实物模型，然后将它的扫描数据输入进一个有效的逆向工程设计中，这通常会比直接在 CAD 系统中进行产品的造型要简单得多。

产品设计师通常会很关心最终的数据模型是否有高的精确度，因为只有高精确度的数据模型才能被正确地加工出来。同样，曲面必须是精确和光顺的，才能被加工。

4.2.2.1　一般的设计流程

Imageware 一般的设计流程如下。

（1）首先导入扫描点数据，并用"文件"→"打开"命令从 CAD 系统中将其他必要的曲线或曲面输入 Imageware。

（2）用"显示（D）"命令将输入的数据在视图中以适当的方式显示出来。

（3）根据对目的曲面的分析，用"修改（M）"→"延伸（E）"→"圆—点选择"命令将点云分割成易处理的截面（点云）。

（4）从点云截面中构造新的点云，以便构造曲线。这一步通常是由"构建（O）"→"剖面截取点云（R）"中的一个指令完成；或是创建一条曲线后，用"构建（O）"→"点（P）"→"曲线投影到点云（R）"命令将曲线投影到点云；或是用"构建（O）"→"点"中的命令从已有的点云中手工拾取点（新的点云在使用之前，需要先去除杂点）。

（5）从上一步中创建的点云中构造曲线。用"创建（C）"→"3D 曲线"或者"构建（O）"→"由点云构建曲线（L）"中的命令构造新曲线。

（6）用"测量（R）"→"曲线（C）"→"点云偏差（C）"评估曲线的品质。如果曲线不能达到用户需求的精度，则在利用曲线构造曲面之前，还要用"修改（M）"中的命令将其修正。

（7）由曲线和点云构造出曲面，并从起点处建立与邻近元素的连续性。

（8）利用"评估（A）"和"修改（M）"中的命令工具评估曲面的品质。如果曲面不能达到用户需求的精度，用"修改（M）"中的命令将其修正。

（9）通过 IGES、VDA-FS、DXF 或 STL 格式，将最终的曲面和构造的实体输出至 CAD 系统。

4.2.2.2　高品质和 A 级曲面构造

高品质和 A 级曲面构造的一般流程有些不同，具体如下。

（1）输入扫描数据点和其他必需的曲线或曲面数据至 Imageware。

（2）在视图中以适当的方式显示输入的数据。

（3）根据对目的曲面的分析，将点云分割成易于处理的截面（点云）。

（4）从点云中构造曲面，并和前面的邻近元素建立连续性。

（5）利用曲面显示和误差测量工具对曲面进行检测，如有必要，对误差外的区域进行修正。

（6）通过 IGES、VDA-FS、DXF 或 STL 格式，输出最终的曲面和构造的实体至 CAD 系统。

4.2.2.3　快速构造曲面

并非所有的设计任务都需要高精度的曲面，如包装研究或其他立体分析等，这时 Imageware 就可用于快速构造曲面。

可以用 Imageware 中的"修改"→"点云整体变形"等命令，来操作低品质的曲面。这些命令，使用户可以直接把 NURBS 曲面模型作为一个连续的 skin 来编辑，而同时保持在曲面间已有的连续性。用户对模型的修改结果，几乎是同时显示出来的。

4.2.3　Imageware 逆向设计实例

本节将通过无人机螺旋桨叶片实例，演示使用 Imageware12.0 软件进行逆向造型的一般设计流程以及一些基本常用的曲线曲面构造方法，如构建平面、利用点云拟合均匀曲面、曲线扫掠得到曲面、分析原始点云与构造曲面的误差等，并且着重介绍分割点云和创建放样曲面的方法。

4.2.3.1　产品分析

打开点云文件 wurenjiluoxuanjiang.imw，如图 4-1 所示。

图 4-1　螺旋桨点云文件

4.2.3.2　点云处理

点云的预处理包括修改点云的数据量、显示模式、点云可视化和去除噪点等步骤。

（1）信息查询与数据量修改

① 首先选择【评估】→【信息】→【对象】（快捷键是"Ctrl＋I"），打开点云信息对话框，如图 4-2 所示。从中可知，可用的数据点有 217256 个，数据太过冗余，结果可能导致在后面的曲线曲面构造中软件处理时间太长，并产生死机现象，所以要进一步对点云数据做简化处理。

② 关闭点云信息，选择【修改】→【数据简化】→【距离采样】，距离公差输入"0.5"，单击"应用"得到如图 4-3 所示的对话框。

③ 这里目标是将距离在误差范围（0.5）以内的点去掉，所以设置距离公差为 0.5，点云显示结果如图 4-4 所示，可以看到点数减少了 65%。

图 4-2　螺旋桨点云文件

图 4-3　距离采样对话框

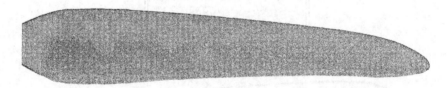

图 4-4　距离采样的结果

（2）显示模式修改

① 一般情况下，还需要改变点云的显示模式。选择【显示】→【点】→【显示】（快捷键是"Ctrl＋D"），得到如图 4-5 所示的对话框。

② 这里要调整的是颜色和采样点间隔，但本例中是可以不用修改采样点间隔的，设置"颜色"，单击"应用"。

③ 对点云进行可视化处理，即将点云多边形显示，以便查看点云成形后的效果。选择【构造】→【三角网格化】→【点云三角网格化】，得到如图 4-6 所示的对话框。

④ 选择"点云"，在"相邻尺寸"一栏中输入 2（多边形的间隔距离，代表 2mm），单击"应用"，结果如图 4-7 所示。

（3）点云修正

① 通过多边形显示，很多时候也要有原物对比，来观察点云周围是否有多余的噪点，如

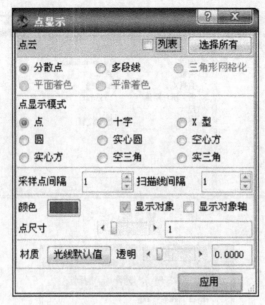

图 4-5　点显示对话框

图 4-6　点云三角网格化对话框

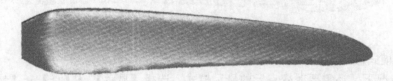

图 4-7　点云三角网格化效果（间隔距离为 5mm）

果存在噪点，则要选择【修改】→【扫描线】→【拾取删除点】命令（快捷键是"Ctrl+Shift+P"），得到如图 4-8 所示的对话框。

　　② 逐个点选需要删除的点，将其消除。若点太多且分布集中，也可以选择【修改】→【抽取】→【圈选点】，先将一部分整体删除掉。本例中的数据基本不存在噪点，所以此步骤不做示范。

　　③ 选择【文件】→【保存】，将文件另存为 wurenjiluoxuanjiang2. imw。

4.2.3.3　曲面拟合

无人机螺旋桨叶片是个曲面复杂的工程，这里主要讲解的是如何将螺旋桨的一半曲面叶片做出来，其他的桥接、倒角和镜像等无须点云拟合的部分，将在曲面叶片完成以后导出到UG/CATIA 等三维建模软件中完成，由于篇幅有限，本节内容将不对其进行操作讲解。

（1）首先选择【构造】→【剖面截取点云】→【平行点云截面】（快捷键是 "Ctrl＋B"），得到如图 4-9 所示的对话框。

图 4-8 拾取删除点对话框

图 4-9 平行点云截面对话框

（2）点选 "点云"，方向选择 "其他"，可以自己选择截取点云的起点和方向，设定截面数量和间隔。理论上截面数量越多，则点云与生成放样曲面的拟合性就越好，但光顺性就越差。这里将拟合性优先示范，截面选择 46，间隔选择 7.5（读者也可以尝试其他的截面个数和间隔的选择），结果如图 4-10 所示。

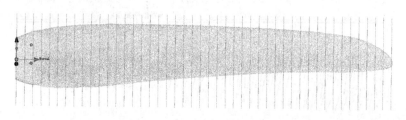

图 4-10 设定截面数量和间隔显示图

（3）单击 "应用"，生成点云截面，取消点云可视，结果如图 4-11 所示。

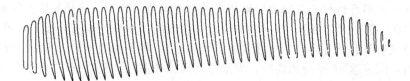

图 4-11 点云截面

（4）选择【修改】→【光顺处理】→【光顺点云】，在 "类型" 一栏中选择 "均匀"，设定尺寸为 3，如图 4-12 所示，单击 "应用" 确认。

（5）选择【构造】→【由点云构建曲线】→【公差曲线】，得到如图 4-13 所示的对话框。

（6）选择之前生成的平行截面点云，点选 "封闭曲线" 复选框，将 "偏差模式" 设定为 "最大误差"，单击 "应用"，然后将截面点云取消可视，结果如图 4-14 所示，得到 46 条封闭曲线。

（7）单击底栏上的显示控制点，如图 4-15 所示。观察这些封闭曲线的控制点特征。

图 4-12 光顺点云对话框

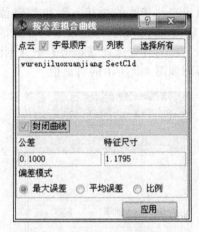

图 4-13 按公差拟合曲线对话框

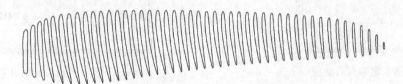

图 4-14 由截面点云构建的封闭曲线

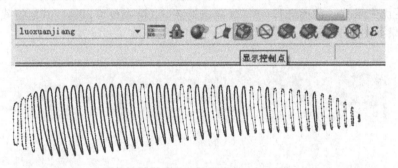

图 4-15 封闭曲线控制点

（8）由图 4-15 可以看到，曲线控制点非常散乱且冗余，这样的话将来构建出的放样曲面会很畸形，并且光顺性也很差，所以要将曲线的节点调节一致，以达到光顺的效果。选择【创建】→【简单曲线】→【直线】，作一条贯穿所有曲线的直线作为参考脊线，如图 4-16 所示。

（9）选择【修改】→【方向】→【改变曲线起点】，得到如图 4-17 所示的对话框，在"命令曲线"一栏，圈选这 46 条封闭曲线，点选"使用样条曲线"复选框，"脊线"一栏选择刚刚创建的直线，单击"应用"，则这 46 条曲线的起点都设为这条脊线投影在曲线上的点。

（10）通过图层管理器删除刚才作为参考脊线的直线，过程如图 4-18 所示。

（11）下面要将这 46 条曲线的控制点适当地减少，以便将来能够快速地构造出光顺的曲面。选择【修改】→【参数控制】→【重新建参数化】，得到如图 4-19 所示的对话框。选择最里面的一条封闭曲线，点选"指定"，将跨度数量设置为 16，单击"应用"。

（12）再圈选其余封闭曲线，点选"基于曲线"，得到如图 4-20 所示的对话框。

（13）在曲线一栏选中刚才重新设定跨度的曲线，单击"应用"，则曲线节点被调节平整，结果如图 4-21 所示。

（14）选择【构造】→【曲面】→【放样】，得到如图 4-22 所示的对话框。

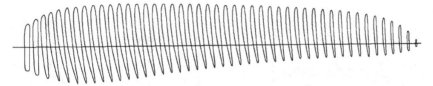

图 4-16　创建参考脊线

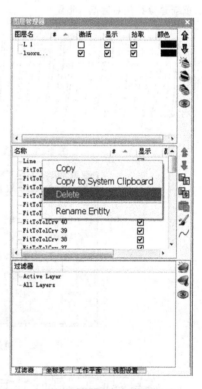

图 4-17　改变曲线起点对话框

图 4-18　删除直线过程

（15）依次选择"命令曲线"（一定要依次选择，否则曲面畸形，可以将视角调整至有序排列的情况下圈选），阶数设定为 4～8（大多数情况下用 4 就可以），若阶数过高会造成曲面不光顺，单击"应用"，显示结果如图 4-23 所示，曲面以线条的方式显示出来。然后选择【显示】→【曲面】→【着色】，则放样的曲面完全着色显示出来。通过快捷键"Shift＋L"只显示选择，选择刚构造的曲面"LoftSrf"，操作过程如图 4-24 所示。曲面显示结果如图 4-25 所示。如果曲面的正反面颠倒，再进行曲面法向反转操作即可，即选择【修改】→【方向】→【反转曲面法向】，对话框如图 4-26 所示。

4.2.3.4　误差分析和光顺性检查

光顺性和误差分析是逆向工程中至关重要的一步，可以说逆向工程最终效果取决于它的光

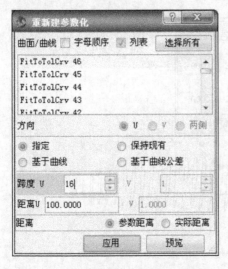

图 4-19　重新建参数化对话框（指定）

图 4-20　重新建参数化对话框（基于曲线）

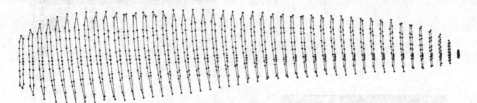

图 4-21　调节平整后的曲线节点

图 4-22　通过放样曲线对话框

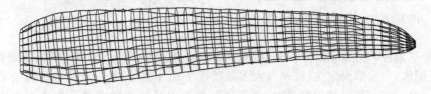

图 4-23　曲面线条显示结果

顺性和误差分析结果。首先进行误差分析。

（1）选择【测量】→【曲面到点云偏差】（快捷键是"Shift＋Q"），得到如图 4-27 所示的对话框。

（2）"曲面"一栏单击刚才构造的曲面"LoftSrf"，点选点云"wurenjiluoxuanjiang"，选择"梳状图"和"彩色矢量图"，选择"应用"，结果如图 4-28 所示。

图 4-24 只显示选择对话框

图 4-25 多角度显示构造曲面结果

图 4-26 反转曲面法向对话框

图 4-27 曲面到点云偏差对话框

（3）还可以评估曲面到点云的具体偏差数值，具体操作如下，选择【评估】→【偏差】→【到曲面】，得到如图 4-29 所示的对话框。

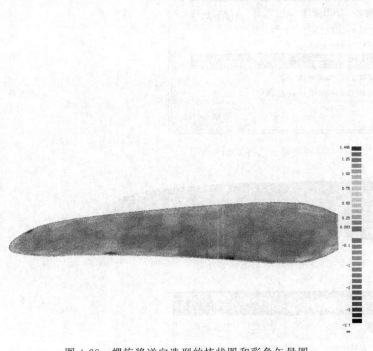 

图 4-28　螺旋桨逆向造型的梳状图和彩色矢量图　　　　图 4-29　曲面距离对话框

（4）这里采样点设为"100"，梳状图比例设为"1.0000"，单击"应用"，得到如图 4-30 所示的曲面到点云的偏差数值。

图 4-30　曲面到点云的偏差数值

（5）由图 4-28、图 4-30 可以看到，曲面与点云的误差在大部分螺旋桨叶片区域都比较小，只是在叶片边界部分出现了个别大的偏差。该逆向造型的效果是否符合预期，取决于使用者具体的造型目的。

下面进行光顺性检查。

（1）选择【评估】→【曲面流线分析】→【反射线】（快捷键是"Ctrl＋E"），得到如图 4-31 所示的对话框。

（2）选择"曲面"一栏，单击"选择所有"，选择"色彩图示"和"分布图"，单击"应用"，则可以直接观察曲面的光顺情况，如图 4-32 所示。

（3）由图 4-32 可知，曲面尾部的光顺性较差，这是因为尾部的曲面曲率变化较大，构建时选择的曲线较多，而且点云相对稀疏，对该地方的光顺性产生不利影响。曲面曲率分布图的查看过程如下，选择【评估】→【曲率】→【曲面曲率分布图】，得到如图 4-33 所示的对话框。

（4）单击"应用"，得到曲面曲率分布图，如图 4-34 所示，由图可知，尾部的曲面曲率变化较大。

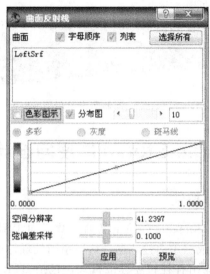

图 4-31　曲面反射线对话框

图 4-32　螺旋桨叶片逆向造型效果的色彩图示和分布图

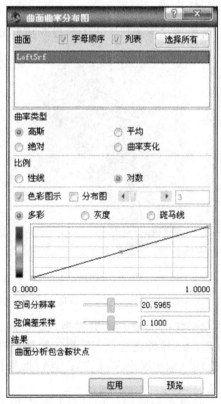

图 4-33　曲面曲率分布图对话框

图 4-34　曲面曲率分布图

4.3　基于 Geomagic Studio 的逆向设计实例

4.3.1　Geomagic Studio 概述

Geomagic Studio 是美国 Geomagic 公司出品的一款逆向工程软件，可根据任何实物零部件将扫描采集得到的点云数据或三角面片数据进行一系列处理，生成精确的 NURBS 曲面，最终转换成 CAD 模型，并可以输出各种行业标准格式，包括 STL、IGES、STEP 和 CAD 等众多文件格式，为用户已经拥有的 CAD、CAE 和 CAM 工具提供完美补充。

4.3.1.1　主要功能

（1）自动将点云数据转换为多边形（Polygons）。

（2）快速减少多边形数目（Decimate）。

（3）把多边形转换为 NURBS 曲面。

（4）曲面分析（公差分析等）。

（5）输出与 CAD/CAM/CAE 匹配的档案格式（IGS、STL、DXF 等）。

4.3.1.2　数据处理三大阶段

Geomagic Studio 软件进行数据处理时主要有点云、多边形、曲面三大阶段（图 4-35）。逆向造型过程中，一个阶段一个阶段地往下进行，不同阶段对应的元素为下一阶段作准备。

(a) 点云阶段　　　　　　　　　　(b) 多边形阶段　　　　　　　　　　(c) 曲面阶段

图 4-35　Geomagic Studio 软件数据处理三大阶段

（1）点云阶段　通过扫描仪采集的大量点数据称为点云。将点云（ASCⅡ、TXT、IGES 等各种格式）导入 Geomagoc Studio 软件进行点云阶段的数据处理。主要功能有：处理不连贯跟偏远的点（体外孤点）；点处理（减少噪声和过滤）；点数据采样；注册合并多次扫描数据；点云封装成多边形对象。

（2）多边形阶段（STL）　经过点云阶段处理且封装的多边形对象进入多边形处理阶段。多边形阶段数据主要以三角面片的形式体现。该阶段数据处理的主要功能有：多边形分析；清除、删除钉状物和减少噪声；补孔；简化多边形；抽壳、偏置、合并、平均多边形对象；平面截面、曲线截面；网格医生；松弛、砂纸和去除特征；锐化向导；雕刻；优化和增强网格；边界线功能；曲线功能；布尔操作。

（3）曲面阶段　经过多边形阶段处理的数据可以根据实际情况转换成参数化 CAD 曲面或精确的 NURBS 曲面。参数化曲面适用于具有平面、圆柱、圆锥、球等结构的工件。一旦将工件上各个面根据设计意图分类后，被选曲面类型被拟合到区域，并且以圆角、尖角或自由曲面结合连接。拟合曲面可作为 CAD 曲面输出。

精确的 NURBS 曲面适用于具有不规则曲面形状的工件。以四边曲面片的方法近似布局，精确呈现工件外形。NURBS 曲面能作为 IGES/STP 格式输出，并输入到任何 CAD/CAM 或可视化系统中。

4.3.2　Geomagic Studio 工作流程

Geomagic Studio 的工作流程如图 4-36 所示。

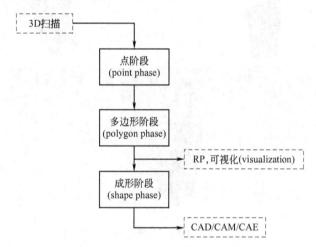

图 4-36　Geomagic Studio 的工作流程

4.3.2.1　点阶段数据处理

图 4-37 所示为通过两个角度扫描零件得到的原始点云（无序点），需要把两个单独的扫描数据合并成一个单独的点对象，处理点云数据，然后封装成一个多边形对象。

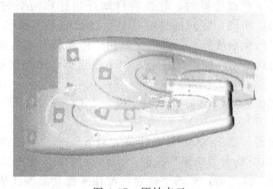

图 4-37　原始点云

（1）STEP1：打开导入数据文件。单击"开始"引导卡，然后在"任务"列表中单击"打开"。按住 Ctrl＋鼠标左键选择两个点云数据，单击"确定"来打开同一个文件夹里的多个文件。在打开/导入文件后两个点对象将自动被激活，在"模型管理器"中用 Ctrl＋鼠标左键来同时选择激活它们。

（2）STEP2：在右侧工具栏单击"合适视图"图标。

（3）STEP3：按住 Ctrl 选中点云 1 和点云 2，在 Ribbon 界面中选择"对齐"→"扫描拼接"→"手动注册"，弹出手动拼接对话框。

（4）STEP4：在定义集合里，固定选 1，浮动选 2。系统默认是 1 点注册。在"定义集合"里面的"固定"列表中选择 Scan01，在"定义集合"里面的"浮动"列表中选择 Scan02。被选中的"固定"和"浮动"的点对象将出现在"固定"和"浮动"视窗中。旋转固定和浮动点对象到如图 4-38 所示方位。

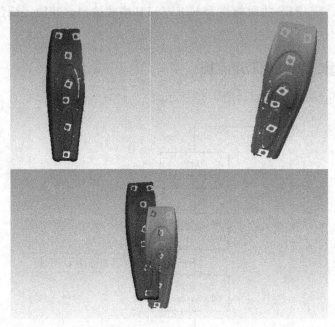

图 4-38　手动注册

（5）STEP5：选择多点注册复选框。

（6）STEP6：在"固定"和"浮动"视窗中分别选择共同几个点，如图 4-39 所示。手动注册对齐时，关键是选择的点是在零件高曲率区域的相同点。如果不小心选择了错误的点，使用 Ctrl＋Z 组合快捷键来撤销最后一次选择。

（7）STEP7：当第二个点被选择时，软件将自动开始计算两个扫描数据进行对齐。如果两个点云相似且所选择的点相同，在底部视窗将显示注册结果，如图 4-40 所示。如果两个扫描数据对齐得不是很好但已经很接近了，可以尝试用"注册器"来精确对齐。如果它们离得很远，很有可能是所选择的点不对，应再试一遍。如果是这样，单击"取消注册"，然后再开始这次流程。

（8）STEP8：当对此次注册满意后，单击"确定"按钮。这样就是接受当前注册并把这两个扫描数据加入到一个组。

（9）STEP9：全局注册。在 Ribbon 界面选择"对齐"→"扫描拼接"→"注册"→"全局注册"。在打开的对话框中单击"应用"按钮。当两者的集合被找到或者是最大迭代次数运算完成时，注册命令终止。检查后，单击"确定"按钮来接受此次注册并退出对话框。

（10）STEP10：联合点对象。在注册后，扫描数据虽然对齐了，但仍然是单独的。需要把它们合并成单一的数据对象。在 Ribbon 界面选择"点"→"合并"→"合并点对象"。在打开的"合并点对象"对话框的"名称"文本框中输入"合并"作为新的名称。同意"合并点对象"对话框的默认设置，单击"应用"按钮，然后单击"确定"按钮退出对话框。合并结果

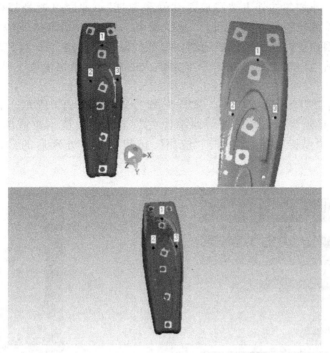

图 4-39　选择共同点

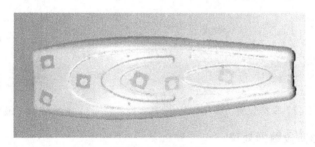

图 4-40　注册结果

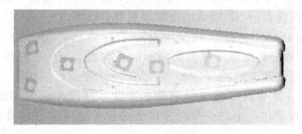

图 4-41　合并结果

如图 4-41 所示。

　　（11）STEP11：删除体外孤点。首先，必须删除零件外部的离群点，这些离群点称为体外孤点。它们通常容易辨别，因为这些点远离主点云，干扰真实的几何形状。通常出现体外孤点是因为数字转换器，如激光扫描仪，不小心扫描到背景物体，如桌面、墙、支撑结构等。选择这些体外孤点并删除。如果不小心选择了不想删除的点，按住 Ctrl 键并拖动套索工具来取消选中。

　　（12）STEP12：减少噪声。在扫描或数字化过程中，噪声点经常地被引入到数据中。在曲面模型上粗糙的、非均匀的外表被看成是"噪声数据"，原因可能是扫描设备的轻微震动、扫描仪测量直径误差或较差的实物表面。"减少噪声"（reduce noise）命令有助于使扫描中噪声点减少到最少，因而更好地表现真实的物体形状。但在使用这个命令时要根据实际情况进行合理的设置。使用适当时这个命令是一个非常强大的命令，如果使用不恰当将导致扫描数据变形。

（13）STEP13：采样。选择"统一采样"指令，如图 4-42 所示。在"绝对"下"间距"文本框中输入间距为 0.2，设置"曲率优先"下面的数值，数值越大，高曲率区域点的密度越大。勾选"保持边界"，单击"应用"按钮即可。处理后的最终点数据如图 4-43 所示。

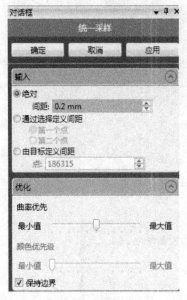

图 4-42　采样设置

图 4-43　最终处理结果

4.3.2.2　多边形阶段数据处理

多边形对象或者网格是三角形的一个集合，三角形的顶点相互连接，这些顶点和原始点对象是一样的。在 Geomagic 中，如果多边形结构变化，原始点云的结果也会随着变化。高质量的多边形对于 CAD 曲面或者是 NURBS 曲面都是非常重要的。

（1）STEP1：删除钉状物。钉状物是像金字塔一样具有顶点的小的三角形组合，如图 4-44 所示。删除钉状物就是把顶点移动到周围的平均曲面上。平滑级别滑块可以控制移动的幅度。在 Ribbon 界面选择"多边形"→"平滑"→"删除钉状物"。接受默认平滑级别为 50，单击"应用"按钮。注意观察多边形对象的变化。移动平滑级别滑块到 35，然后单击"应用"按钮。同样观察变化，小的平滑级别设置将保护边界和圆角部分。删除后的效果如图 4-45 所示。

图 4-44　钉状物

图 4-45　删除钉状物后

（2）STEP2：手动编辑。手动选择和删除一些不好的多边形对后续的修复很有帮助。在右侧工具栏选择"背面模式"来关掉它，使得在选择多边形时不会选到背面。单击选择工具，在多边形对象上选择多余的部分然后删除。

（3）STEP3：浮动三角形。没有与主体网格相连的三角形被称为非流线型三角形，这些三角形可以使用"开流形"功能来删除。运行这个功能自动删除了浮动三角形。

（4）STEP4：网格医生。"网格医生"能够探测到多边形的多种问题，并且提供各种方法来修复，但不能修复所有的错误。使用该指令时要注意对边缘地方的保护。

（5）STEP5：填充孔。该软件有两种填充孔的方法：全部填充和单个填充孔。全部填充就是填充所有的边界部分孔。填充单个孔则可以单独填充一个孔。可以在填充单个孔的时候改变填充类型和填充方法。

填充类型有曲率填充、切线填充和平面填充三种：曲率填充是指开始和结束都按照网格的曲率连接；切线填充是指开始和结束都和网格相切连接；平面填充是指按照平面填充。

填充方法有内部孔、边界孔和搭桥三种：内部孔是指填充一个封闭的边界；边界孔是指填充所选两点包含的边界部分；搭桥是指从三角形的边缘到另一个三角形的边缘。

（6）STEP6：填充内部孔。选择"单个孔"指令，激活"曲率填充"及"内部孔"。填充单个孔如图 4-46 所示。把光标放置在边界附近，边界将变成红色。单击边界，这个孔将被填充上。用同样的方法填充其他内部孔。

（7）STEP7：填充边界孔。选择"单个孔"指令，激活"曲率填充"及"边界孔"。填充边界孔如图 4-47 所示。单击分别定义边界第一个点和第二个点，然后在红色边界区域里面单击填充这个区域。

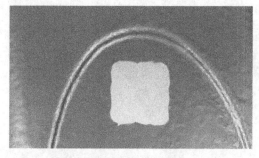

图 4-46　填充单个孔

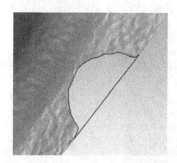

图 4-47　填充边界孔

用同样的方法填充工件上其他的边界孔。注意在填充之前应手动将杂散的多边形删除。全部填充后的效果如图 4-48 所示。

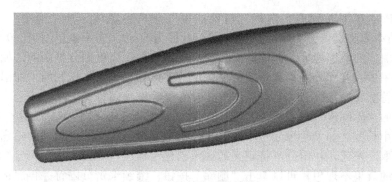

图 4-48　填充后的效果

（8）STEP8：检查网格。在修复操作完成以后，需要运行"网格医生"来检查网格。这样可以确保网格能够确实可行地应用于后面的步骤。选择"网格医生"指令，在弹出的"网格医生"对话框中,单击"应用"按钮来处理任何被发现的错误,单击"确定"按钮退出"网格医生"对话框。

4.3.2.3 曲面阶段数据处理

曲面分为参数化曲面和精确曲面两种。参数化曲面是具有类似 CAD 的曲面和边界。多边形的区域可能是平的或不平的,或圆柱的,参数化平面应用到此区域,变成纯粹的平面或圆柱。通过分类区域分为平面、圆锥、圆柱、球、放样、拉伸、自由曲面和扫掠,体现设计意图。一旦被分类后,备选曲面类型被拟合到区域,并且以圆角、尖角或自由曲面结合连接。通过将曲面缝合到一起或通过参数交换器,拟合曲面可作为 CAD 曲面输出。

精确曲面是较小的四边曲面片的集合体。要做成精确曲面的多边形对象,可以是开放的或封闭的对象。用一种近似的布局方法来分布四边曲面片,以呈现外形。多个分辨率网格的结构被放在每个曲面片上,并且每个曲面片被拟合成 NURBS 曲面。UV 参数化可以保证相邻的曲面片是全局连接的和 G1 连续的。所有曲面片边界和角(使用指定的除外)是相切连续的。NURBS 曲面能作为 IGES 128 文件输出,并输入到任何 CAD/CAM 或可视化系统中。

在创建满意的 NURBS 对象时,最重要的是得到一个好的曲面片结构。理想的结构是规则的、合适的形状,并且是有效的。规则的是指每个曲面片近似是带四个角的矩形;合适的形状是指每个曲面片不能有特别明显的或多处曲率变化(肿块);有效的是指模型包含了与前两个要求一致的最少量的曲面片。

曲面化流程如图 4-49 所示。

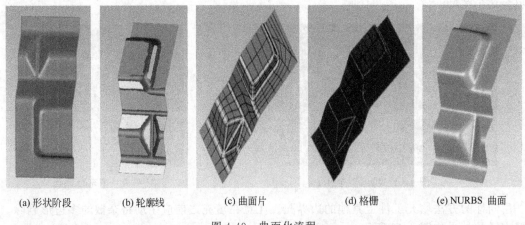

(a) 形状阶段　　(b) 轮廓线　　(c) 曲面片　　(d) 格栅　　(e) NURBS 曲面

图 4-49　曲面化流程

(1) STEP1:探测轮廓线。选择"精确曲面"→"轮廓线"→"探测"→"探测轮廓线"。默认的曲率敏感度值为 70.0,分隔符敏感度值为 60.0。曲率敏感度(0.000~100.0)的值控制软件对曲率的敏感程度。低值定义较少的区域数量,高值划分更多的区域。可根据自己的需要改变曲率敏感度和分隔符敏感度的值。单击"计算"按钮,探测结果如图 4-50 所示。

在已探测轮廓线的基础上,还可以根据实际需要编辑分隔符。

在对话框的"轮廓线"中,更改"最小长度"为 25.0mm(图 4-51)。这个值控制了被抽取轮廓线的最小长度。如果轮廓线短于此值,此线被收缩,或合并到相邻的轮廓线上。

单击"抽取"按钮,在由分隔符定义的区域创建轮廓线,如图 4-52 所示。

如果抽取的效果不理想,可以单击"删除"按钮;继续编辑分隔符并再次抽取轮廓线。确定得到理想的轮廓线后,单击"确定"按钮,退出对话框。

(2) STEP2:编辑轮廓线。选择"精确曲面"→"轮廓线"→"编辑"→"编辑轮廓线",打开"编辑轮廓线"对话框。改变"段长度"为 15.0mm,单击"细分"按钮。结果如

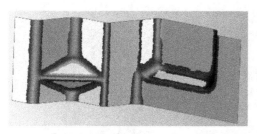

图 4-50　轮廓探测结果

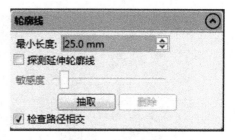

图 4-51　抽取轮廓线

图 4-53 所示。细分指令中，段长度设置使用更大的值会把线拉直些。段长度控制了细分点的数量。较少的点可以简化编辑过程，并且后面当使用构造曲面片自动评估，创建的曲面片数量也随之减少。

图 4-52　抽取的轮廓线

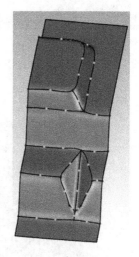

图 4-53　细分轮廓线

下面将使用绘制和收缩功能（图 4-54）编辑轮廓线。

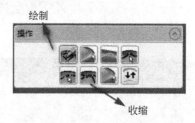

图 4-54　绘制和收缩功能的图标

　　单击"收缩"图标，激活收缩功能。当图标的背景是橘黄色时，说明此功能被激活了。收缩操作删除了被选轮廓线段，合并两端的红色控制点，如图 4-55 所示。

　　继续使用收缩功能来删除轮廓线网络中的任何其他短的线段。完成收缩后的轮廓线网络如图 4-56 所示。

　　编辑轮廓线的"绘制"功能有多种操作，主要的功能是创建和编辑轮廓线和轮廓线标记。为了移动轮廓线标记（黄色或红色），放置光标在标记上，出现方框，表明捕捉到标记点了。在轮廓线标记上单击并拖拉至新的位置（图 4-57）。使用同样的方法编辑其他轮廓线，使线段直些和/或重新布置标记位置。完成后，控制网格近似于图 4-58。

　　在完成轮廓线网格的编辑后，检查问题。单击"排查"下的"检查问题"按钮。如果出现

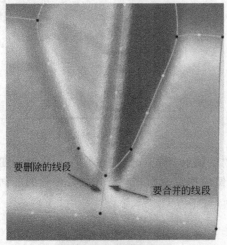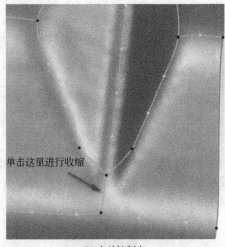

(a) 需要删除或合并的线段   (b) 合并控制点

图 4-55 绘制和收缩效果

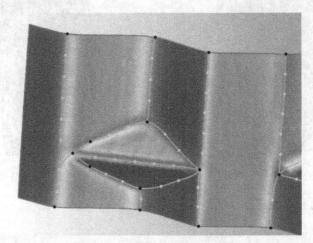

图 4-56 完成收缩后的轮廓线网络

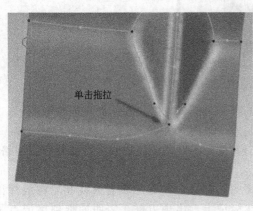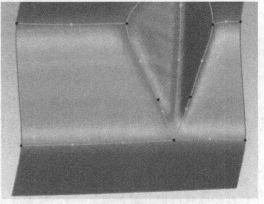

(a) 单击拖拉   (b) 拖拉至合适位置

图 4-57 移动轮廓线标记

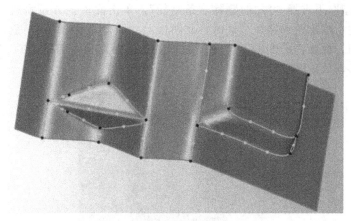

图 4-58　完成"绘制"后的网格

问题，问题标记将出现在图形区的轮廓线网格上，并且在对话框的"检查"里统计数量。使用"检查"下的"向前"/"向后"按钮，将前进或退回到问题列表中的问题。到分析每个问题时，在图像区，软件将自动指向问题所在的位置。

典型的轮廓线问题包括重叠、相交、小区域、度数 1 或度数 2、无效。解决问题后，再次单击"检查问题"，若无问题发现，单击"确定"按钮，退出"编辑轮廓线"对话框。

（3）STEP3：构造曲面片。选择"精确曲面"→"曲面片"→"构造曲面片"。打开"构造曲面片"对话框，在"曲面片计数"选项下，设置目标曲面片计数为 110。曲面片计数也可以默认选项"自动估计"，此设置适合多数案例。不过，自行设置目标曲面片计数值有助于创建更好的曲面片网络。单击"应用"按钮，曲面片网络被创建，如图 4-59 所示。单击"确定"按钮，退出对话框。

（4）STEP4：移动面板。每个以轮廓线（包括紫色边界）为边界的区域称为面板。移动面板意味着重新组织面板结构。如图 4-59 所示圈选的面板，在面板的左边这条边有 2 条路径，在面板的右边这条边有 3 条路径。移动的目的是均衡面板间的曲面片路径的数量。

选择"精确曲面"→"曲面片"→"移动"→"移动面板"，打开"移动面板"对话框，在"操作/类型"下选择"定义"，再单击图 4-59 所示圈选的面板，曲面片网络将变成白色，表明它已被选中，如图 4-60 所示。

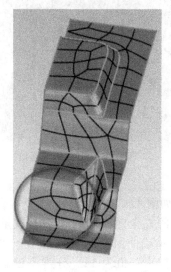

图 4-59　创建曲面片网络

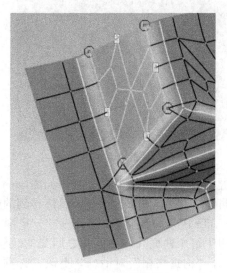

图 4-60　定义面板

在"操作/类型"下选择"添加/删除 2 条路径",单击面板上方显示数字 2 的边,此操作将在面板上方的边上增加两条路径。这时,此面板上、下边数字均为 4,左、右边数字均为 4。单击"执行"按钮,面板内的曲面片将重新组织成指定的路径,如图 4-61 所示。单击"下一个"按钮,接受移动后的面板。

图 4-61 重新填充面板

单击"下一个"按钮后,操作自动切换到"定义"选项,等待指定另一个面板进行移动。单击相邻的面板(图 4-62),在"类型"下选择"格栅"选项。面板将被认为是格栅,角点将改变,并且路径数量将随之改变,反映新的曲面片类型。

选中面板上的绿色圆圈,表明当前角点位置,选中后变成红色。红色表明圆圈被锁住。光标旁有个数字,当选择了角点后,数字会改变。当数字变成 4,说明已经定义了四边面板的全部 4 个角点,如图 4-63 所示。

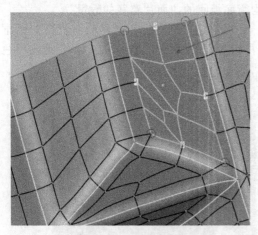

图 4-62 指定相邻面板

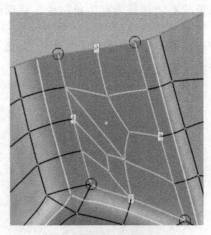

图 4-63 定义相邻面板

单击"执行"按钮,移动面板,如图 4-64 所示。

用同样的方法填充其他面板,最终得到的曲面片网络如图 4-65 所示。

(5)STEP5:构造格栅。格栅是 U/V 网络,从底层的三角网格面定义细节数量。格栅定义应用于每个曲面片,曲面片之间是 G2 连续。选择"精确曲面"→"格栅"→"构造格栅",打开"构造格栅"对话框,更改"选项"下的"分辨率"值为 14。分辨率控制了格栅线的数量($n \times n$),被应用到每个曲面片。较高的数值,为曲面拟合细节操作,获取更多的

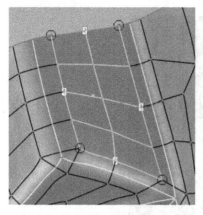
图 4-64 填充相邻面板

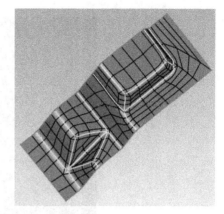
图 4-65 完成"移动面板"后的曲面片网络

细节。这将创建更加精确的曲面。勾中"修复相交区域",将尽量修复由底层曲面片布局或三角网格面引起的相交问题。单击"应用"按钮,在曲面片网络内生成格栅网络,如图 4-66 所示。

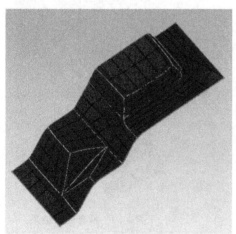
(a) 曲面片网络

(b) 由曲面片网络生成的格栅网络

图 4-66 构造格栅后的曲面片

　　应用格栅网络后,扭曲或自相交的格栅将变成红色。如果有红色格栅,必要时,单击"取消",并修复曲面片布局,排除尖角(较小的曲面片角度),然后重新构造格栅。

　　单击"确定"按钮,退出"构造格栅"对话框。

　　必要时,可对格栅网络进行松弛。选择"精确曲面"→"格栅"→"修补"→"松弛格栅",打开"松弛格栅"对话框,在"操作"下选择"松弛"选项,在"类型"下选择"在曲面上",单击"应用"按钮,格栅网络将被松弛,如图 4-67 所示。

　　(6) STEP6:拟合曲面。使用"拟合曲面"指令可以在面板/曲面片/格栅网络上创建精确曲面(NURBS 曲面),有两种曲面拟合方式:适应性拟合和常数拟合。适应性拟合使用基于几何曲率的可变控制点(格栅顶点)数量,来拟合曲面。适应性拟合输出时能生成更小的文件,因为它尽可能使用最少的控制点数量。这一选项比较适用于 CAM 系统。常数拟合对每个曲面片使用固定的控制点。这样会得到基于底层格栅网络的紧密的拟合曲面,并增大曲面尺寸。这一选项比较适用于 CAD 系统。

　　根据图 4-68 所示对参数进行设置。单击"应用"按钮,拟合曲面,如图 4-69 所示。

　　在"统计"下查看偏差信息,注意"最大偏差"超出了"设置"下指定的公差值。更改下

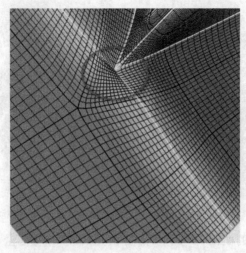

图 4-67　松弛格栅

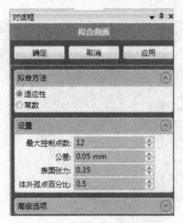

图 4-68　拟合曲面参数设置

图 4-69　拟合曲面结果

列值将获得更好的拟合效果："公差值"、"最大控制点数"，或增加底层网格网络的密度，或使用常数拟合方式。

在"拟合方法"下选择"常数"选项。设置"最大控制点数"为 12，"表面张力"为 0.35，单击"应用"按钮。常数拟合方式将使用所有格栅顶点来拟合 NURBS 曲面。

（7）STEP7：拟合曲面。曲面片能被合并成更大区域，简化曲面数据，导出到其他 CAE 软件中。为了合并曲面，两个条件必须满足：曲面必须使用常数拟合方法拟合；仅有四边曲面片布局能被合并。选择"精确曲面"→"曲面"→"合并曲面"→"自动的"指令，单击"应用"按钮，形成四边布局的曲面片将自动合并成单个曲面。可以看到，该零件合并曲面片后，曲面片的数量从 120 个减少至 23 个。

（8）STEP8：偏差分析。为了执行已拟合曲面的偏差分析，选择"精确曲面"→"分析"→"偏差"指令。在"色谱"下，设置"最大/最小临界值"为 0.1mm/−0.1mm，设置"最大/最小名义值"为 0.05mm/−0.05mm。单击"应用"按钮，生成偏差色谱分析图，如图 4-70 所示。

（9）STEP9：输出 NURBS 曲面。一旦在模型上做了 NURBS 曲面，就可以导出曲面数据到三维 CAD 软件中。在"模型管理器"的曲面对象上右击，在弹出的快捷菜单中选择"另存为 IGES 文件"就可以导出到其他三维 CAD 软件了。

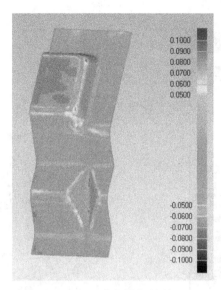

图 4-70　偏差分析结果

4.3.3　Geomagic Studio 逆向设计实例

现以玩具小鸭子为例说明基于 Geomagic Studio 2013 版本的逆向设计过程。

4.3.3.1　点阶段数据处理

图 4-71 为玩具小鸭子的实物模型。图 4-72 为小鸭子的点云数据模型。

图 4-71　玩具小鸭子的实物模型

图 4-72　小鸭子的点云数据模型

（1）STEP1：导入数据文件。单击"开始"引导卡，然后在"任务"列表中单击"打开" 。可以按住 Ctrl＋鼠标左键选择两个点云数据，单击"确定"来打开同一个文件夹里的多个文件。在打开/导入文件后点对象将自动被激活。

（2）STEP2：删除体外孤点。单击工具条中的体外孤点按钮 ，选择这些体外孤点并删除。如果不小心选择了不想删除的点，按住 Ctrl 键并拖动套索工具来取消选中。

（3）STEP3：减少噪声。单击"减少噪声"命令 ，弹出"减少噪声"对话框，如图 4-73 所示，勾选棱柱形，平滑度水平选择默认，迭代文本框输入 3，意思是迭代计算求解 3次，偏差限制默认即可，最后设置完后单击"应用"按钮即可。处理后的最终点数据如图 4-74 所示。

"减少噪声"命令使用适当时这个命令是一个非常强大的命令，如果使用不恰当将导致扫描数据变形。

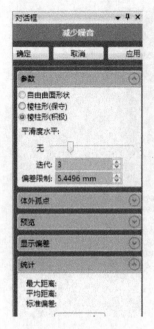

图 4-73　减少噪声

图 4-74　减少噪声后的效果

（4）STEP4：采样。单击"统一采样"指令，弹出"统一采样"对话框，如图 4-75 所示。在"由目标定义间距"下"点"文本框中输入点数目为 70000，设置"曲率优先"下面的数值，数值越大，高曲率区域点的密度越大。勾选"保持边界"，单击"应用"按钮即可。处理后的最终点数据如图 4-76 所示。

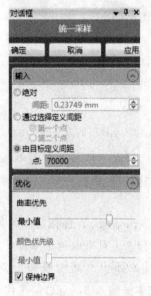

图 4-75　采样设置

图 4-76　最终处理结果

（5）STEP5：封装。单击封装命令，弹出"封装"对话框，如图 4-77 所示，保持各选项默认，单击"确定"后的多边形模型如图 4-78 所示。

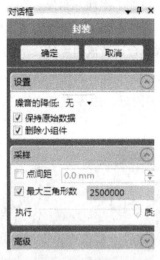

图 4-77　封装

图 4-78　封装后的多边形模型

4.3.3.2　多阶段数据处理

由于扫描数据并不是十分理想，数据还需经过进一步的处理才能进入到曲面阶段。可根据实际情况，选用"删除钉状物"、"网格医生"、"填充孔"、"减少噪声"、"去除特征"、"砂纸"、"简化"等命令来处理数据，将小鸭子的三角面片数据处理成理想状态，方便后续的造型。

（1）STEP1：手动编辑。手动选择并删除一些不好的多边形，这样可以大量减少后续的工作，加速模型的修复。图 4-79 所示是手动编辑的一个工作示例。

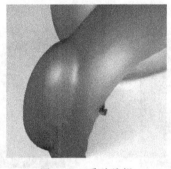

图 4-79　手动编辑

（2）STEP2：删除钉状物。单击"删除钉状物"按钮 ，默认平滑级别为 50，单击"应用"按钮，注意观察多边形的变化。移动平滑级别滑块到 40，然后单击"应用"按钮，经过观察选择平滑级别为 40 较好。图 4-80 和图 4-81 所示是删除前和删除后的对比。

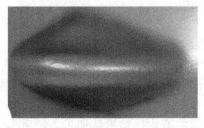

图 4-80　删除前

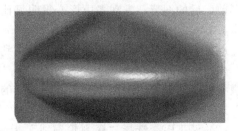

图 4-81　删除后

（3）STEP3：创建流形。为了删除模型上一些非流形的三角形，先对多边形阶段的模型创建流形。单击"流形"按钮，选择开流形，这样就自动删除了浮动三角形。

（4）STEP4：网格医生。单击"网格医生" 按钮，可以很好地探测到多边形的多种问题并解决，使用的时候注意观察模型边缘地方，以免参数不合适造成边缘的变形。

（5）STEP5：填充孔。单击"填充单个孔" 按钮，填充类型选择平面填充，填充方法选择内部孔，旋转视图如图 4-82 所示，把光标放置在边界附近，边界将变成红色。单击边界即可填充掉这个孔，填充完后如图 4-83 所示。

图 4-82　填充前　　　　　　　　　　　　图 4-83　填充后

（6）STEP6：去除特征。选中要去除的区域，然后选择"去除特征"指令（删除选择的三角形并填充产生的孔）。去除前和去除后的效果对比如图 4-84 和图 4-85 所示。用同样的方法把其他几处需要处理的地方都处理掉即可。

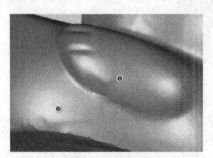 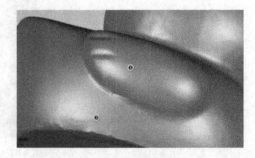

图 4-84　去除特征前　　　　　　　　　　图 4-85　去除特征后

（7）STEP7：简化多边形。选择"简化"指令，在弹出的对话框中选择基于"三角形计数"的模式，选中"固定边界"的单选框，设置"减少到百分比"为 60％，单击"应用"按钮，可以看到主窗口左下角显示的三角形的数量会有所减少。图 4-86、图 4-87 分别为简化多边形前、后的图形，发现多边形变得明显比简化之前稀疏。

4.3.3.3　曲面阶段数据处理

此处选择精确曲面来处理模型，以得到较高拟合程度的 NURBS 曲面。

（1）STEP1：在 Ribbon 界面中选择"精确曲面"选项卡，然后选择"精确曲面"指令，使模型处于曲面处理阶段环境，方便后续的一系列操作，同时后续的系列操作都是在"精确曲面"选项卡中操作的。

（2）STEP2：选择"探测轮廓线"指令。各选项框的值均保持默认即可，然后单击"计算"按钮。在已探测轮廓线的基础上，根据实际情况增加或删减分隔符，最终效果如图 4-88 所示。

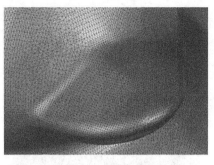

图 4-86　简化前

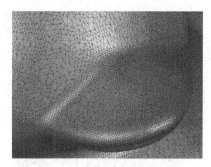

图 4-87　简化后

单击"抽取"按钮，在分隔符区域创建轮廓线，由于轮廓线大致跟实际想要的差不多，此处就不做修改了，单击"确定"按钮，退出对话框，抽取的轮廓线如图 4-89 所示。

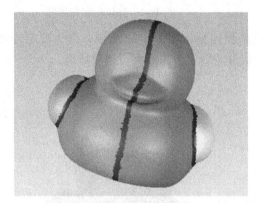

图 4-88　探测轮廓线

图 4-89　抽取轮廓线

（3）STEP3：编辑轮廓线。选择"编辑轮廓线"按钮，出现了"编辑轮廓线"对话框，同时轮廓线也被多个点细分，如果想删除某个细分点，按住 Ctrl 然后左键单击该点即可删除，如果想在某一个曲线段内增加细分点，鼠标单击该位置即可增加细分点。如果想移动细分点，可以放置光标在细分点处，出现方框，说明捕捉到了细分点，然后在轮廓线上单击并拖拉至新的位置，同理使用上述方法操作其他的轮廓线直到轮廓线达到理想状态。

在完成轮廓线网格的编辑后，单击"检查问题"按钮来检查所抽取的轮廓线有没有问题，如果有问题可以很直观地看到，此处没有检查到问题，单击"确定"按钮，退出对话框。

（4）STEP4：构造曲面片。选择"构造曲面片"指令，打开"构造曲面片"对话框，曲面片计数以默认选项"自动估计"，单击"应用"按钮，曲面片网络被创建，如图 4-90 所示。单击"确定"按钮，退出对话框。因为经过构造曲面片指令后系统又自动增加了几条并非我们想要的轮廓线，这个时候需要我们给这几条不想要的轮廓线降级。

（5）STEP5：降级轮廓线。选择"升级/约束"指令 ，弹出"升级/约束"对话框，此时鼠标单击某一条曲面线条即可把这条曲面线条升级为轮廓线，按住 Ctrl 然后再单击某一条轮廓线，即可把该条轮廓线降级为普通的曲面线，降级前和降级后分别如图 4-91 和图 4-92 所示。

（6）STEP6：移动面板。选择"移动面板"指令，打开"移动面板"对话框，在"操作/类型"下选择"定义"，然后再击某一部分轮廓线包围起来的区域，曲面片网络变为白色表明被选中，然后对其进行调整，直至面板间曲面片路径的数量一致。

（7）STEP7：构造格栅。选择"构造格栅"指令，打开"构造格栅"对话框，选项默认

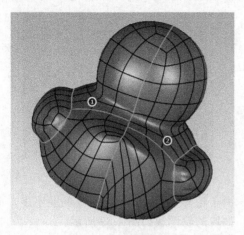

图 4-90　构造曲面片

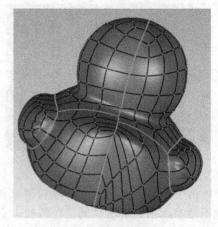

图 4-91　降级轮廓线之前

即可，单击"应用"按钮，在曲面片网络内生成格栅网格，如图 4-93 所示，因为没有发现红色格栅，证明格栅不存在扭曲或自相交的问题，单击"确定"按钮，退出对话框。

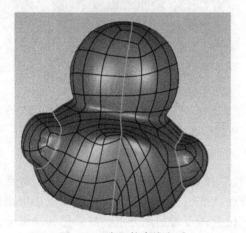

图 4-92　降级轮廓线之后

图 4-93　构造格栅

（8）STEP8：拟合曲面。选择"拟合曲面"指令，出现"拟合曲面"对话框，根据图 4-94 所示对参数进行设置，单击"应用"按钮，即可完成曲面的拟合，如图 4-95 所示。单击"确定"按钮，退出对话框。

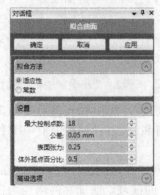

图 4-94　拟合曲面参数设置

图 4-95　拟合曲面

（9）STEP9：偏差分析。为了查看已拟合曲面的精度，选择"偏差"指令。在"色谱"

下设置"最大/最小临界值"为 0.1mm/−0.1mm，设置"最大/最小名义值"为 0.05mm/−0.05mm。单击"应用"按钮，生成偏差色谱分析图，如图 4-96 所示。

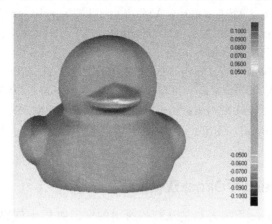

图 4-96　偏差分析

（10）STEP10：输出 NURBS 曲面。在"模型管理器"对话框中选中生成的 NURBS 曲面，然后右击，在弹出的右键菜单中单击"保存"出现了"另存为"对话框，在保存类型下拉框中选择 IGES 文件，然后单击"保存"，在"导出选项"对话框下，选中"NURBS 曲面"复选框，单击"确定"按钮完成操作。

4.4　基于 Geomagic Design Direct 的逆向设计实例

4.4.1　Geomagic Design Direct 软件介绍

Geomagic Design Direct 与其他逆向设计软件不同，该软件可以从网格对象直接建模和抽取几何形状创建 CAD 面和实体，具有实时三维扫描、三维点云和三角网格编辑功能以及全面CAD 造型设计、装配建模、二维工程图等功能。

Geomagic Design Direct 的主要优点如下。

（1）更快捷的建模。用户可以直接将点云扫描数据导入至应用程序，然后使用动态推/拉工具集快速地创建和编辑实体模型。无须复杂的历史树，用户同样可以自由地快速修改设计，无约束地更改参数。

（2）更容易学习。Geomagic Design Direct 的直观控件和常规的正向造型思路使得设计人员可富有成效地实现 CAD 建模。

（3）高度兼容性。Geomagic Design Direct 可通过第三方插件的组合进行定制，而且它很容易与主要的外部 CAD 软件包进行集成。

（4）更高的工作效率。Geomagic Design Direct 有友好的界面和直观的直接建模工具，使得各种行业的工程人员无须成为 CAD 专家即可进行全面装配、设计和修改。

（5）显著节约时间。利用 Geomagic Design Direct 进行设计的公司能够更快速地解决工程设计问题，并缩短设计开发时间。

（6）丰富的标准模型库。通过免费的 TraceParts 库可访问超过 1 亿个一流零部件制造商的标准 CAD 模型。

Geomagic Design Direct 将 CAD 功能与三维扫描结合，引领了一种全新的设计范式，它能够更好地精简产品开发窗口、提高设计效率、加快产品上市。

Geomagic Design Direct 可支持多种格式的点云数据、三角网格和 CAD 格式的文件。支持主流的三维扫描仪的 XYZ/ASCⅡ格式，可处理有序或无序点云数据，包括：3PI-Shape-Grabber、AC-Steinbichler、ASC-generic ASCⅡ、BTX-Surphaser、GPD-Geomagic、PTX-Leica、SCN-Laser Design、SCN-Next Engine、STB-Scantech、XYZ-Opton、XZYZ-Cognitens、ZFS-Zoller & Frohlich。

支持三角网格格式文件的导入/导出，如 3DS、OBJ、PLY、STL 等。

支持三维 CAD 导入/导出格式，可导入 ACIS、Acrobat、DXF、DWG、IDF、IGES、Rhino、SketchUp、STEP、STL、Bitmaps、Videos，可导出 ACIS、Acrobat、DXF、DWG、IGES、KeyShot、Powerpoint、Rhino、SketchUp、STEP、STL、VRML、OBJ、XAML、XPS、Bitmaps、Videos。

4.4.2　Geomagic Design Direct 建模流程

Geomagic Design Direct 可以轻易地从扫描所得的点云数据中创建完美的多边形网格并提取几何形状创建 CAD 面和实体，对逆向工程各阶段提供了易于掌握的工具。

Geomagic Design Direct 逆向设计的原理是用许多细小空间一角网格来逼近还原 CAD 实体模型。其曲面、实体重建流程最重要的阶段是捕获阶段和设计阶段，捕获阶段共享了 Geomagic Studio 中的点处理和多边形处理功能，而设计阶段则在多边形网格上进一步抽取出曲线、曲面和实体，最终建成 CAD 模型。其建模流程如图 4-97 所示。

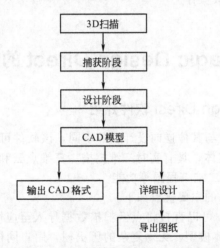

图 4-97　Geomagic Design Direct 建模流程

4.4.3　Geomagic Design Direct 模块功能

Geomagic Design Direct 主要包含以下 6 个模块：捕获模块、设计模块、详细模块、显示模块、测量模块、修复模块。

4.4.3.1　捕获模块

此模块的主要作用是通过对点云或者多边形网格曲面数据模型进行预处理，将数据模型表面进行光顺和优化处理，以提高后续曲面或实体重建的质量。其界面如图 4-98 所示。

捕获模块包含的主要功能有以下几个。

（1）通过点或对应特征集将两个或更多的对象相互对齐并优化。

（2）计算点云的法线以提供着色。

（3）通过采样减少对象点的数目。

图 4-98　捕获模块

（4）通过降噪以弥补扫描仪误差，使点的排列更加平滑。

（5）将点转换为网格对象。

（6）诊断和修复选定网格对象上的问题。

（7）减少网格中的三角形数目，但不影响表面细节。

（8）检测并拉平网格上的单点尖峰。

（9）使用曲线、切线或者平面填充法填充网格孔。

（10）创建对象平面。

（11）对网格重新划分三角形生成更加一致的剖分曲面。

（12）对曲面进行平滑处理，改善网格的外观。

（13）删除非流形三角形或网格中孤立无连接的小三角形。

4.4.3.2　设计模块

此模块的主要作用是二维和三维的草绘与编辑。通过设计工具，可以在二维模式中绘制草图，在三维模式中生成和编辑实体，以及提取实体的特征并拟合成自由曲面或规则特征、处理实体的装配体等。设计模块的界面如图 4-99 所示。

图 4-99　设计模块

设计模块包含的主要功能有以下几个。

（1）绘制线条、矩形、圆、样条曲线等草图，并进行圆角、倒角、剪裁、延伸、镜像、移动等草图编辑。

（2）偏置、拉伸、旋转、扫掠、拔模和过渡表面，以及将边角转化为圆角、倒直角或拉伸边。

（3）移动任何单个的表面、曲面、实体或部件。

（4）利用周围的曲面或实体填充所选区域。

（5）将设计中的实体或曲面与其他实体或曲面进行合并和分割，也可以将实体或曲面与其他实体和曲面进行合并和分割，使用一个表面分割实体，以及使用另一个表面来分割表面，还可以投影表面的边到设计中的其他实体和曲面。

（6）插入部件、图像、平面、轴和参考轴系，以及在设计中的实体和曲面之间创建关系。

（7）提取实体的特征，拟合自由曲面、平面、圆柱面、圆锥面、球面、挤压面、旋转面、扫掠面。

（8）对部件进行操作时，可以指定它们彼此对齐的方式，对齐两个不同部件中对象的所选表面，对齐两个不同部件中对象的所选轴等。

4.4.3.3　详细模块

该模块可以为设计添加注释、创建图纸以及查看设计更改。可通过自定义设计细节来创建自定义样式。详细模块的界面如图 4-100 所示。

该模块的主要功能有以下几种。

（1）通过调整字体特征来设定注释文本格式。

（2）使用文本、尺寸、几何公差、表格、表面光洁度符号、基准符号、中心标记、中心线

图 4-100　详细模块

和螺纹在设计中创建注释。

（3）向图纸添加视图。

（4）设定图纸格式。

（5）创建标记幻灯片以展示设计的更改。

4.4.3.4　显示模块

该模块的主要作用是可以通过修改显示选定对象、实体和边中显示的样式以及设计中显示的实体颜色，来自定义当前的设计。可以通过创建图层以保存不同的自定义操作和显示特性，通过创建窗口或分割窗口自定义工作区以显示设计的多个视图。还可以显示或隐藏工作区工具。此外，也可以配置所有工作区窗口的停放/分离位置。其界面如图 4-101 所示。

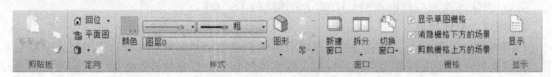

图 4-101　显示模块

显示模块包含的主要功能有以下几个。

（1）确定设计中实体的显示方式。

（2）新建设计窗口、分割窗口以及在窗口之间快速切换。

（3）确定栅格之上或之下的草图栅格和几何图形的显示方式。

（4）显示或隐藏设计窗口中的工具。

4.4.3.5　测量模块

此模块的主要作用是通过用数据、图像对 CAD 模型特征进行描述，评估所构建的 CAD 模型的质量。其界面如图 4-102 所示。

图 4-102　测量模块

该模块包含的主要功能有以下几种。

（1）单击一个实体或曲面以显示其属性。

（2）测量对象，如面积、周长。

（3）检查几何体的常见问题。

（4）检索装配中零件之间的小间隙。

（5）显示相交的边和体积。

（6）显示表面或曲面的法线、栅格、曲率、偏差、发射条纹的阵列、拔模角度。

（7）单击一条边显示这条边上相交的表面之间的两面角。

4.4.3.6　修复模块

此模块的主要作用是通过计算机自动检测并修复模型的质量问题。其界面如图 4-103 所示。

修复模块包含的主要功能有以下几个。

图 4-103　修复模块

（1）将曲面拼接成一个实体。

（2）检测并修复曲面体间的间距。

（3）检测并修复曲面体上缺失的表面。

（4）检测并修复未标记新表面边界的重合边。

（5）检测并删除不需要的边以定义模型形状。

（6）检测并修复重复表面、曲线之间的间隙。

（7）检测并删除重复曲线。

（8）检测并删除小型曲线，弥补它们留下的间隙。

（9）将所选曲线替换为直线、弧或样条曲线进行改进。

（10）将两个或更多的表面替换成单个表面。

（11）检测靠近切线的表面并使它们变形，直到它们相切。

（12）检测并删除模型中的小型表面或狭长表面。

（13）将面和曲线简化成平面、圆锥、圆柱、直线等。

4.4.4　Geomagic Design Direct 逆向设计实例

此设计实例为一种无人机螺旋桨上、下两个叶片翼型面的逆向设计。

4.4.4.1　点云数据的处理

分别打开上、下两个半翼型面的点云数据文件＊.asc，如图 4-104 和图 4-105 所示。

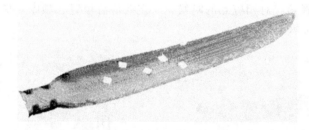

图 4-104　上半翼点云图

图 4-105　下半翼点云图

对点云数据进行"采样"，以减少点的数目，可多次进行"采样"处理，通过观察点云数据的疏密程度，直到有合适的点云数目。

选择菜单栏中"点"→"降噪"命令，对点云进行降噪处理。

接下来将两个文档合并成一个，并进行数据的对齐。

打开上半翼点云对象文件 shang.asc，会出现一个文件选项，如图 4-106 所示。根据需要选择合适的单位和采样比率，在此选择单位为"毫米"，采样比率为"100％"，单击"确定"。

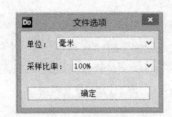

图 4-106　文件选项

单击页面上的"文件插入"图标，插入第二片点云 xia. asc，同样选择单位为"毫米"，采样比率为"100％"，单击"确定"。插入后的两片点云及相应结构图如图 4-107 所示。

图 4-107　两片点云及相应结构图

导入两片点云后，接下来要对这两片点云进行对齐。通过观察两片点云的形状，然后在两片点云上建立对应的三个以上的点，使其一一对应进行拼接。单击"对齐对象"图标，在页面的左边会出现"拾取固定对象"图标，在两片点云中选取一片为固定对象；然后下方出现"拾取浮动对象"图标，单击此图标，并选择另一片点云为浮动对象。确定好两个对象后，两片点云的颜色也随之有区别，可根据颜色区分固定对象和浮动对象。

单击"旋转浮动扫描"图标，将浮动对象旋转至与固定对象正确放置的合适角度。然后单击"拾取点对"图标，在固定对象上拾取三个点，软件会自动编号为 1、2、3；在浮动对象上同样一次选择三个点，并自动编号为 1、2、3；由于在对齐的时候，两片点云是一一对应到相应的位置，所以在选择第二对相应点的时候，一定要注意位置和顺序对应正确，以免产生错误的对齐，如图 4-108 所示。

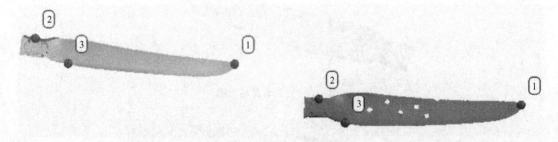

图 4-108　两片点云选点对齐

单击"完成"图标，两片点云自动对齐，同时，在右下角会出现对齐的提示信息。在对齐完成后，可以用优化对齐功能对模型进一步优化，单击"优化对齐"图标，选择一片点云，按 Ctrl 键增选另一片点云。单击"完成"按钮，随后在右下方出现对齐后的效果信息。

在对齐对象的过程有"选项"对话框，在对话框中有自动分开对象和优化对齐两个可选择的对象，一般情况下软件是默认已经选择两个功能。如果对齐效果不好，可分开后再次进行对齐。对齐后的效果如图 4-109 所示。

将对齐后的文件进行保存，保存为"叶片 . scdoc"。

单击"封装"图标，选择合并后的两片点云数据，单击"完成"图标，实现对点云数据的

图 4-109　两片点云对齐

封装，封装后工件的表面成为三角面片格式（STL 文件格式）。对多边形网格对象还要进行进一步的处理，首先对合并后得到的网格数据进行修复处理，以修复网格面中错误表达的网格面片；接着进行简化处理，在不影响几何形状和细节特征表达的前提下，简化三角形数量，以减少计算机的计算量；删除尖峰，检验并平滑处理网格面上的尖峰网格面片；填充，补充缺失的表面数据，使多边形对象更加完整；平滑，使多边形网格面变得平滑；分离三角形，删除主网格面以外的孤立网格面片。图 4-110 为封装并处理后的表面。

图 4-110　封装并处理后的表面

4.4.4.2　规则实体的创建

对于逆向零件中出现的规则几何实体，例如圆柱体、长方体等，可以通过拉动方式得到。

单击"拟合平面"图标，选择如图 4-111 所示的平面区域，单击"完成"按钮，拟合出一个小平面，如图 4-112 所示。

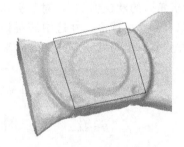

图 4-111　拟合平面操作示意图　　　　　　　　图 4-112　拟合后得到的平面

单击"剖面模式"图标，选择创建的小平面，单击绘图区下方的"移动栅格"图标，拉动垂直方向的箭头，调整栅格截面至合适的位置，直到显示清晰完整的"圆"轮廓为止，如图 4-113 所示。单击"草绘模式"图标，并单击绘图区下方的"平面图"图标，以正视于草绘平面。注意在绘制截面草图时，右下角弹出"曲线拟合器选项"，可根据情况选择"拟合曲线"以及"自动合并"选项。单击草图区的"三点圆"图标，捕捉绘图截面上的截面圆曲线，绘制一个规则的圆。单击"拉动"按钮，选择要拉动的圆域，单击"直到"按钮，分别选择该圆柱的上、下两个参照表面，拉伸出圆柱体，如图 4-114 所示。

采用同样的方法，拉伸出规则的下实体部分，如图 4-115 所示。

单击插入图标中的"轴"按钮，选择图中的小圆柱体，建立圆柱体的中心轴线；选择该中心轴线，按"Ctrl"组合键以添加选择实体部分的侧平面，单击插入图标中的"平面"按钮，建立一个通过中心轴线并与侧面垂直的基准平面，如图 4-116 所示。

图 4-113 拖动垂直方向的箭头图

图 4-114 拉伸出圆柱体

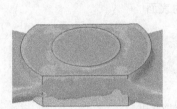

图 4-115 拉伸出下实体部分

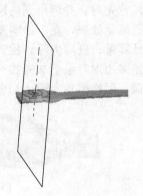

图 4-116 建立基准轴与基准平面

4.4.4.3 自由曲面部分的创建

对于零件中的自由曲面部分，采用创建横截面得到截面线的方式，由截面线创建曲面。

单击网络工具图标中的"横截面"图标，选择建立的基准平面作为平面参考，选择合适的截面数量和间距，在左下角弹出的"曲线选项"对话框中，点选"作为样条拟合"选项，保持"折角"的默认值 75°，对于折角的选择，低折角将创建许多条曲线，而高折角将使一条曲线拟合到整个截面。并选中该对话框中的"闭合曲线"，如图 4-117 所示。采用同样的方法，通过建立一个与叶片方向一致的基准平面，创建纵向截面线，图 4-118 为建立的纵横向截面线。

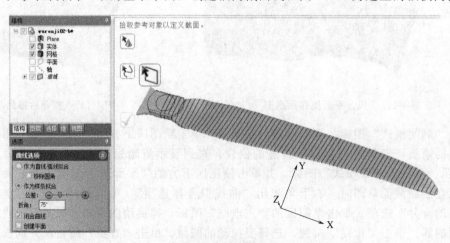

图 4-117 创建横截面

单击编辑图标中的"拉动"图标，依次选择横向网格线（图 4-119）。在拉动过程中，如果发现某一截面线存在较大的偏差，还可以对其进行编辑。

对某一截面线进行编辑的方法是：选择该截面线，单击模式图标中的"草图模式"图标，选择该截面线，在该曲线上出现了可以编辑的夹点标志及控制点标志，如图 4-120 所示，可以

图 4-118　建立的纵横向截面线

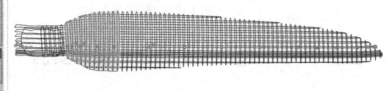

图 4-119　拉动横向网格线

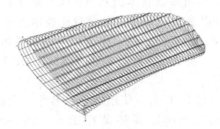

图 4-120　曲线的编辑

通过拖动夹点或控制点对曲线进行编辑。

　　通过依次选择横向截面线，可以得到完整的叶片几何型面。单击编辑图标中的"填充"图标，分别选择两端封闭的截面线，将两端截面线区域转成面域后，整个叶片将转变成实体结构，如图 4-121 所示。

图 4-121　叶片实体结构

　　对于规则实体与翼型曲面之间的连接过渡部分，可以建立间距较小的"横截面"截面线（图 4-122），然后通过"拉动"的方式创建该部分的实体结构。

　　另外，可以选择相关的边，通过"拉动"的方式对边进行倒圆角。对螺旋桨半边建模完成后，选择镜像的方式创建另一半。单击插入图标中的"镜像"按钮，选择中心对称平面作为镜像平面，然后单击半翼实体，单击"完成"按钮，完成整个螺旋桨实体结构的建模，如图 4-123所示。

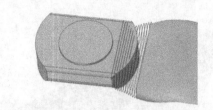

图 4-122　过渡区域的截面线

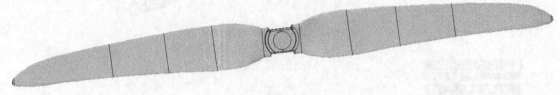

图 4-123　螺旋桨实体模型

4.5　基于 Pro/Engineer 的逆向设计实例

4.5.1　Pro/Engineer 软件介绍

Pro/Engineer 操作软件是美国参数技术公司（PTC）旗下的 CAD/CAM/CAE 一体化的三维软件。Pro/Engineer 软件以参数化著称，是参数化技术的最早应用者，在目前的三维造型软件领域中占有着重要地位。Pro/Engineer 作为当今世界机械 CAD/CAE/CAM 领域的新标准而得到业界的认可和推广，是现今主流的 CAD/CAM/CAE 软件之一，特别是在国内产品设计领域占据重要位置。

Pro/Engineer 和 WildFire 是 PTC 官方使用的软件名称，但在中国用户所使用的名称中，并存着多个说法，比如 ProE、Pro/E 等都是指 Pro/Engineer 软件，Proe3.0、Proe4.0、Proe5.0、Creo1.0、Creo2.0、Creo3.0 等都是指软件的版本。

Pro/E 第一个提出了参数化设计的概念，并且采用了单一数据库来解决特征的相关性问题。另外，它采用模块化方式，用户可以根据自身的需要进行选择，而不必安装所有模块。Pro/E 的基于特征方式，能够将设计至生产全过程集成到一起，实现并行工程设计。它不但可以应用于工作站，而且也可以应用到单机上。

Pro/E 采用了模块方式，可以分别进行草图绘制、零件制作、装配设计、钣金设计、加工处理等，保证用户可以按照自己的需要进行选择使用。

（1）参数化设计　相对于产品而言，可以把它看成几何模型，而无论多么复杂的几何模型，都可以分解成有限数量的构成特征，而每一种构成特征，都可以用有限的参数完全约束，这就是参数化的基本概念。但是无法在零件模块下隐藏实体特征。

（2）基于特征建模　Pro/E 是基于特征的实体模型化系统，工程设计人员采用具有智能特性的基于特征的功能去生成模型，如腔、壳、倒角及圆角，可以随意勾画草图，轻易改变模型。这一功能特性给工程设计者提供了在设计上从未有过的简易和灵活。

（3）单一数据库（全相关）　Pro/Engineer 是建立在统一基层上的数据库上，不像一些传统的 CAD/CAM 系统建立在多个数据库上。所谓单一数据库，就是工程中的资料全部来自一个库，使得每一个独立用户在为一件产品造型而工作，不管他是哪一个部门的。换言之，在整个设计过程的任何一处发生改动，相关环节随之改动。例如，一旦工程详图有改变，NC（数控）工具路径也会自动更新；组装工程图如有任何变动，也完全同样反映在整个三维模型上。

这种独特的数据结构与工程设计的完整结合，使得一件产品的设计结合起来。这一优点，使得设计更优化，成品质量更高，产品能更好地推向市场。

4.5.2 Pro/Engineer 软件主要模块

Pro/E 软件包括 Engineer、ASSEMBLY、CABLING、CAT、CDT、COMPOSITE、DEVELOP、DESIGN、DETAIL 等多个模块，每个模块适合于完成不同的功能。其中进行机械零部件设计常用的模块包括以下几种。

4.5.2.1 Engineer 模块

Pro/Engineer 是一个功能定义系统，即造型是通过各种不同的设计专用功能来实现，其中包括筋（ribs）、槽（slots）、倒角（chamfers）和抽壳（shells）等，采用这种手段来建立形体，对于工程师来说是更自然且更直观，无须采用复杂的几何设计方式。Pro/Engineer 还可输出三维和二维图形给予其他应用软件，诸如有限元分析及后置处理等，这都是通过标准数据交换格式来实现，用户更可配上 Pro/Engineer 软件的其他模块或自行利用 C 语言编程，以增强软件的功能。它在单用户环境下（没有任何附加模块）具有大部分的设计能力、组装能力（运动分析、人机工程分析）和工程制图能力（不包括 ANSI、ISO、DIN 或 JIS 标准），并且支持符合工业标准的绘图仪（HP、HPGL）和黑白及彩色打印机的二维和三维图形输出。Pro/Engineer 功能如下。

（1）特征驱动（例如凸台、槽、倒角、腔、壳等）。

（2）参数化（参数包括尺寸、图样中的特征、载荷、边界条件等）。

（3）通过零件的特征值之间、载荷/边界条件与特征参数之间（如表面积等）的关系来进行设计。

（4）支持大型、复杂组合件的设计（规则排列的系列组件，交替排列，Pro/Program 的各种能用零件设计的程序化方法等）。

（5）贯穿所有应用的完全相关性（任何一个地方的变动都将引起与之有关的每个地方变动）。其他辅助模块将进一步提高扩展 Pro/Engineer 的基本功能。

4.5.2.2 ASSEMBLY 模块

Pro/ASSEMBLY 是一个参数化组装管理系统，能提供用户自定义手段去生成一组组装系列及可自动地更换零件。Pro/ASSEMBLY 是 Pro/ADSSEMBLY 的一个扩展选项模块，只能在 Pro/Engineer 环境下运行，它具有如下功能。

（1）在组合件内自动替换零件（交替式）。

（2）规则排列的组合（支持组合件子集）。

（3）组装模式下的零件生成（考虑组件内已存在的零件来产生一个新的零件）。

（4）Pro/ASSEMBLY 里有一个 Pro/Program 模块，它提供一个开发工具。使用户能自行编写参数化零件及组装的自动化程序，这种程序可使不是技术性用户也可产生自定义设计，只需要输入一些简单的参数即可。

（5）组件特征（给零件与组件附加特征值，例如在两种零件之间附加一个焊接特征等）。

4.5.3 Pro/Engineer 软件逆向设计功能

基于 Pro/E 软件的逆向设计可以通过两种方式实现：一种是利用小平面特征和重新造型工具；另一种是利用曲线扫描工具。

4.5.3.1 利用 Face Feature（小平面特征）和 Repeat Style（重新造型）

小平面特征是 Pro/E 新增的建模工具，可以输入实物模型扫描点云数据或采用三坐标测量机所测得的数据，纠正设备误差引起的点云数据错误，也可以点云去噪、点云精简、平滑滤波、点云数据点的修补、三角网格划分和三角平面处理。小平面特征建模的工作流程分为 3 步：点处理、包络处理和小平面处理。小平面特征不是曲面模型，要进行曲面重构，需要以小平面特征为基础，创建曲线并完成曲面造型。

重新造型是一种逆向工程环境，可用来在多面体数据的顶部重构曲面的 CAD 模型，属于直接建模环境。重新造型环境允许用户直接输入多面几何数据或由小平面特征转换的点集数据进行模型创建。在重新造型环境中，系统提供了多种工具用来创造和修改曲线，并使用多面几何数据创建并编辑解析曲面、自由形式的多项式曲面、拉伸曲面和旋转曲面等，通过曲面管理设置曲面间的连接约束等，使用户可专注于多面几何模型的特定区域，从而获得期望的曲面形式和属性。需要注意的是，重新造型特征内创建的曲线和曲面之间无父子关系，但会保持曲面之间、曲面和曲线之间的几何关系。如曲线改变，曲面随之改变。重新造型环境中有其独立的模型树，但无父子关系。

利用 Face Feature（小平面特征）和 Repeat Style（重新造型）进行逆向设计的步骤如下。

（1）新建/∗.prt，新建一个建模文档。

（2）插入/小平面特征/读取点云文件（∗.igs 等）。

Creo Parametri 支持测量机提供的不同类型的数据格式，如 pts、ibl、vtx、acs、igs、vda、stl、wrl、asc、obj 等。一些类型的数据只是包括点的三维坐标，如 pts、ibl 等，但一些数据，如 acs、stl 等，可能已经包含小平面的信息，这样可以直接跳过包络阶段和小平面阶段而直接进入曲面阶段。

打开点云文件后，界面出现点云处理模块对话框，进行去除错误点、降低噪声等；对于远离主要数据区的点，可以通过自动选择来删除。对于产生的噪声点，可以通过降噪方法来处理，降噪处理也可以在后续小平面阶段进行。对于缺少数据的部分，可以通过填充孔功能处理，可以处理封闭区域，也可以处理非封闭区域的缺少部分。对于数据量比较大，或者数据在各个方向上密度不一致的情况，需要用点云数据过滤的方法来处理，过滤分为指定间距过滤、根据曲率过滤和随即过滤。在系统处理速度允许的情况下，尽量保留更多的点，有利于后续的处理。

（3）单击"包络"图标，选取小平面，进行小平面处理。

进入小平面处理过程，对小平面进行添加和删减，使处理后的小平面类似有零件的特征。包络阶段是将点云数据转换成连接各相邻数据点的小三角面片。有两种方法处理包络，即"包络"和"小平面"，包络擅长处理非均布的数据，而小平面处理方式速度快，并占用更小的内存。一般推荐使用小平面处理方式，仅当处理结果不理想时再使用包络方式处理，有更多的处理手段，如按长度选择三角面、压浅、穿透、压深、移除幅板、精调等功能。

注意，如果选择"包络"处理，当扫描的数据不精确时，在后步"重新造型"时，容易出现"小平面出现非多特征"的错误提示，致使不能向下进行。

（4）插入/重新造型或直接输出∗.stl 文件。

选择"插入/重新造型"，进入重新造型环境；首先选择"插入/基准平面"，视精度要求，可插入多个平行的基准平面；单击重新造型工具条上的"求交线"图标，进行若干条交线的求取；分别连接所求的交线，即将其连接成为一条交线。单击"造面"图标，使同一方向的若干条线扫描成面，扫描过程中按 Ctrl 键添加曲线。以同样的方法建立其他曲面特征，并且合并成封闭曲面。

4.5.3.2　利用 Pro/SCAN-TOOLs（曲线扫描工具，又称为独立几何）

"独立几何"是 Pro/E 系列版本中的一个很实用的特征，"独立几何"特征也称为型特征，型特征是一个复合特征。在型特征内部，曲线称为型曲线，曲面称为型曲面。在所有输入的型特征中创建的几何特征都成为型特征的一部分。型特征内部对象和外部特征及型特征相互之间没有父子从属关系，使后期曲面操作时，不用考虑型特征对象之间及与模型其余部分之间的参照或父子关系。

采用该方法进行逆向设计的步骤如下。

（1）新建 ＊.prt 文件。

（2）选择菜单中"插入/独立几何"。

（3）读取点云文件。

（4）对生成的示例曲线进行修改。

（5）创建型曲线。

（6）插入型特征并建立型曲面。

值得注意的是，在利用这种方法进行逆向设计时，扫描的数据要整齐、规律，数据文件不能太大。

4.5.4　Pro/Engineer 软件逆向设计实例

此实例为电熨斗的逆向设计，采用的是 PTC Creo Parametric 3.0 版本，采用的逆向设计方法为 Face Feature（小平面特征）和 Repeat Style（重新造型）方法。

4.5.4.1　小平面特征处理

（1）打开 Creo Parametric 3.0 软件　新建一个零件文档，即文件/新建/＊.prt。

（2）单击"模型"界面下的"获取数据"/"导入"　系统弹出如图 4-124 所示的对话框，在"源"图框中找到需要打开的数据文件，在"导入类型"下选择"小平面"，单击"确定"按钮。导入电熨斗点云数据，如图 4-125 所示。

图 4-124　导入文件

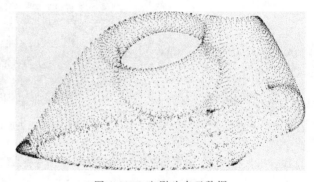

图 4-125　电熨斗点云数据

（3）点处理　单击"点处理"图标中的"降低噪声"等按钮，对数据点进行"降低噪声"、"删除离群值"、"示例"等处理，如图 4-126 所示。单击"保存"按钮，选择格式为 ＊.PTS，如图 4-127 所示。单击"确定"按钮，数据自动保存到工作目录下。

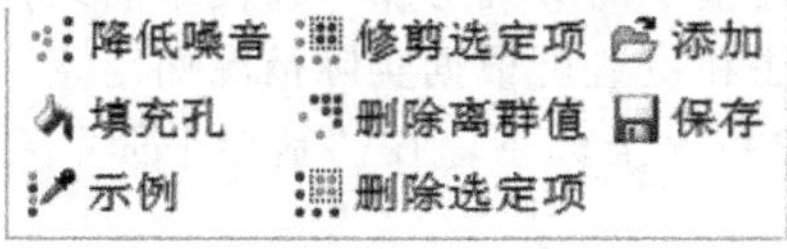

图 4-126　点处理图标

图 4-127　保存文件

（4）小平面处理　单击命令栏中的"小平面"按钮，出现如图 4-128 所示的界面。单击"填充孔"图标，出现如图 4-129 所示的界面，在"填充类型"下选择"曲率"，在"要填充的孔"下选择"全部"。单击"确定"按钮。

图 4-128　小平面处理界面

图 4-129　填充孔

单击"松弛"等按钮，实现对小平面的松弛、精整等编辑工作。单击"生成流形"按钮，在"流形类型"中选择"打开"，单击"确定"按钮（图 4-130）。单击"小平面"界面下的"确定"按钮，完成数据点文档的编辑、导入工作（图 4-131）。

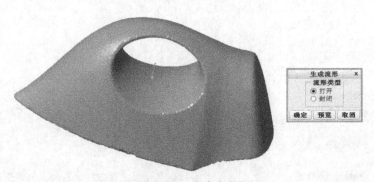

图 4-130　生成流形

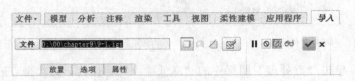

图 4-131　导入

4.5.4.2　在重新造型环境中创建曲线

（1）创建基准面　在 Pro/E 软件系统中，为了保证基准的准确可靠，以便于后续操作，有必要建立 3 个相互垂直的基准平面作为参照，创建方法和位置可根据实际情况而定。

① 单击命令栏中的"基准平面"按钮，单击选中系统坐标系，在"基准平面"对话框中设置"沿 X 轴偏移 190"，如图 4-132 所示。

② 单击"确定"按钮，基准面 DTM1 创建完成。

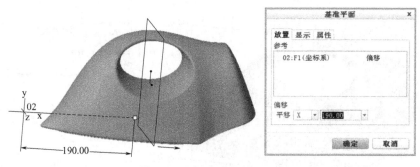

图 4-132　创建基准面 DTM1

③ 单击命令栏中的"基准平面"按钮，选中系统坐标系，在"基准平面"对话框中设置"沿 Y 轴偏移 0"。

④ 单击"确定"按钮，基准面 DTM2 创建完成。

⑤ 单击命令栏中的"基准平面"按钮，选中系统坐标系，在"基准平面"对话框中设置"沿 Z 轴偏移 108"。

⑥ 单击"确定"按钮，基准面 DTM3 创建完成。创建完成的基准平面如图 4-133 所示。

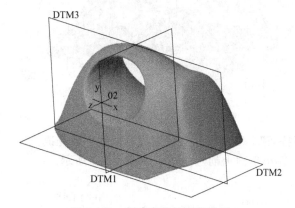

图 4-133　创建完成的基准平面

（2）创建剖面曲线　剖面曲线是在重新造型环境中利用基准平面切割小平面特征所得的截面曲线。小平面曲线是在重新造型环境中在小平面上创建的曲线。

① 单击 Creo Parametric 3.0 界面下"模型"/"曲面"/"重新造型"图标，系统进入"重新造型"界面环境，如图 4-134 所示。

图 4-134　重新造型界面环境

② 单击主界面下"模型"/"基准"/"平面"按钮，选择 DTM1，在"平移"图框中输入 75，创建 DTM4；选择 DTM4，在"平移"图框中输入 60，创建 DTM5，如图 4-135 所示。

③ 单击主界面下"重新造型"/"曲线"/"截面"按钮，分别选择基准平面 DTM1、DTM3、DTM4、DTM5，创建基准平面与小平面特征的截面曲线，如图 4-136 所示。

（3）创建小平面曲线

① 在重新造型环境中，单击命令栏中的"在小平面上创建曲线"按钮，用鼠标左键沿着

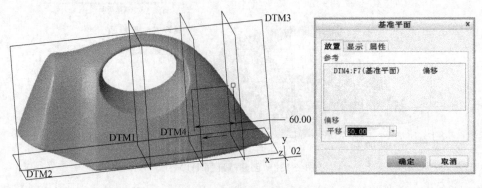

图 4-135　创建基准平面

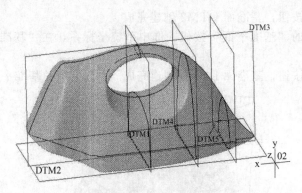

图 4-136　创建截面曲线

模型棱边单击"小平面特征"，双击鼠标中键完成，曲线创建完成。

② 用同样的方法，在小平面上创建曲线，如图 4-137 所示。

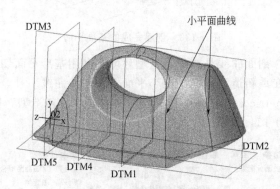

图 4-137　创建小平面曲线

③ 用同样的方法，沿着如图 4-138 所示小平面特征的边缘单击，曲线闭合后，双击鼠标中键，曲线创建完成。

④ 单击命令栏中的"完成"按钮，退出重新造型环境。

4.5.4.3　创建曲面

以重新造型所创建的曲线为基础，利用 Pro/E 中的造型工具和边界混合工具，构建曲线、创建熨斗曲面，实现逆向反求和正向设计的结合。

（1）创建草绘 1

① 单击命令栏中的"草绘"按钮，以基准面 DTM2 为草绘平面，默认参照进入草绘。单

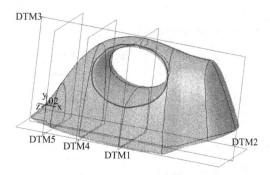

图 4-138　创建小平面曲线

击草绘命令栏中的"样条曲线"按钮，绘制如图 4-139 所示样条曲线。单击"确定"按钮，退出草绘。

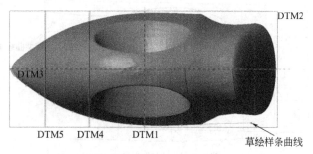

图 4-139　草绘 1 创建完成

② 在模型树中，右击"小平面特征"，在弹出的快捷菜单中选择"隐藏"命令，使小平面特征模型不可见，如图 4-140 所示。

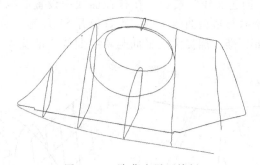

图 4-140　隐藏小平面特征

（2）创建造型 1

① 单击主界面下"模型"/"曲面"/"样式"按钮，进入样式工具环境。

② 单击命令栏中的"设置活动平面"按钮，选中基准面 DTM3，活动平面设置完成，如图 4-141 所示。

③ 单击命令栏中的"曲线"按钮，在操控面板中设置曲线类型为"创建平面曲线"，按住 Shift 键，当鼠标移动到草绘 1 曲线上时，出现"十"图标，单击左键，捕捉草绘 1 与活动平面的交点，松开 Shift 键，沿着如图 4-142 所示剖面曲线单击，单击鼠标中键，曲线创建完成。为方便后续操作，将此曲线命名为造型曲线 1。

由于所创建曲线为平面曲线，即曲线在活动平面上，按住 Shift 键时，又可捕捉到剖面曲线，故捕捉到两者交点。

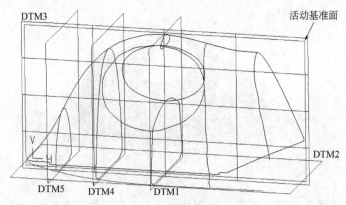

图 4-141　造型 1 设置活动平面（一）

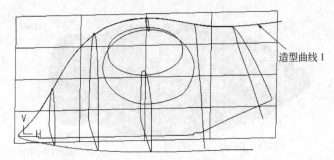

图 4-142　创建造型曲线 1

④ 单击命令栏中的"设置活动平面"按钮，选中基准面 DTM5，活动平面设置完成，如图 4-143 所示。

⑤ 单击命令栏中的"创建曲线"按钮，在操控面板中设置曲线类型为"创建平面曲线"，按住 Shift 键，捕捉活动平面与造型曲线 1 的交点，松开 Shift 键，沿着如图 4-144 所示剖面曲线单击，最后一点按住 Shift 键，捕捉活动平面与草绘曲线 1 的交点，单击鼠标中键，曲线创建完成。

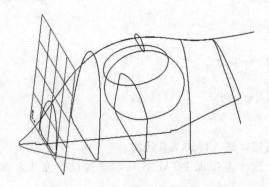

图 4-143　造型 1 设置活动平面（二）

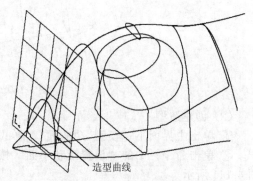

图 4-144　造型 1 创建造型曲线

⑥ 鼠标选中该造型曲线，长按鼠标右键，在弹出的快捷菜单中单击"编辑定义"命令。

⑦ 单击造型曲线的第一点（所捕捉的活动平面和造型曲线 1 的交点），系统显示该点的约束符号，如图 4-145 所示。选中约束符号后，长按鼠标右键，在弹出的快捷菜单中单击"法向"命令，单击选中基准面 DTM3，即该造型曲线的始端垂直于基准面 DTM3。

（3）创建其他造型曲线

① 用同样的方法创建其他造型曲线，如图 4-146 所示。在创建过程中，第一点捕捉活动平面与造型曲线 1 的交点，最后一点捕捉活动平面与草绘曲线 1 的交点。并设置始端约束垂直于基准面 DTM3。

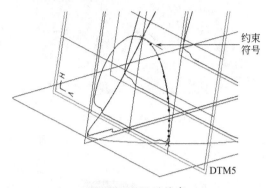

图 4-145　显示约束

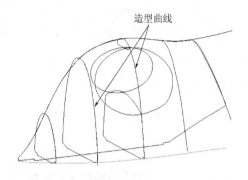

图 4-146　其他造型创建造型曲线（一）

② 单击命令栏中的"基准面"按钮，按住 Ctrl 键，依次选中如图 4-147 所示小平面曲线的两个端点以及基准面 DTM3，单击鼠标中键，创建基准面 DTM6。

③ 单击命令栏中的"设置活动平面"按钮，选中基准面 DTM6，单击鼠标中键，活动平面设置完成，如图 4-148 所示。

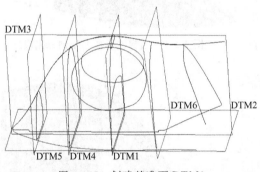

图 4-147　创建基准面 DTM6

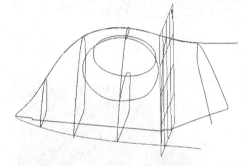

图 4-148　其他造型设置活动平面

④ 单击命令栏中的"曲线"按钮，在操控面板中设置曲线类型为"创建平面曲线"，利用和上述同样的方法创建造型曲线，并设置始端约束垂直于基准面 DTM3，结果如图 4-149 所示。

⑤ 单击命令栏中的"确定"按钮，造型 1 创建完成。

（4）创建边界混合曲面 1

① 单击命令栏中的"边界混合曲面"按钮，按住 Ctrl 键，依次选中草绘曲线 1 和造型曲线 1，作为第一方向曲线，如图 4-150 所示。

② 激活第二方向链收集器，按住 Ctrl 键，依次选中图 4-151 所示造型曲线，作为第二方向曲线。单击鼠标中键，边界混合曲面 1 创建完成，如图 4-152 所示。

（5）创建边界混合曲面 2

① 单击命令栏中的"草绘"按钮，以基准面 DTM3 为草绘平面，默认参照进入草绘，如图 4-153 所示。

② 单击命令栏中的"矩形"按钮，绘制如图 4-154 所示的 100×100 矩形。

③ 单击命令栏中的"确定"按钮，完成草绘，为叙述方便此处命名为草绘 2。

④ 在模型树中单击选中草绘 2，单击命令栏中的"拉伸"按钮，在操控面板中设置拉伸类

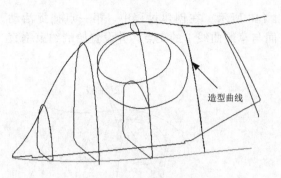

图 4-149 其他造型创建造型曲线（二）

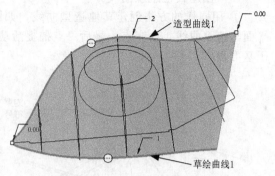

图 4-150 第一方向曲线（一）

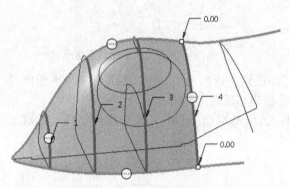

图 4-151 第二方向曲线（一）

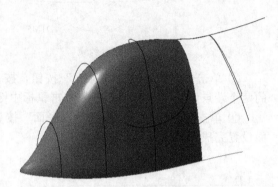

图 4-152 边界混合曲面 1 创建完成

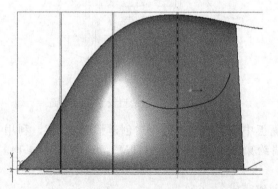

图 4-153 草绘状态

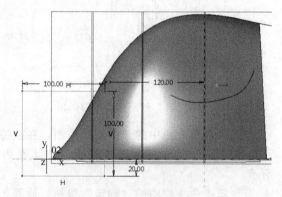

图 4-154 草绘矩形

型为"曲面"、"去除材料"，单击选中边界混合曲面 1，单击"确定"按钮，拉伸效果如图 4-155 所示。

⑤ 单击命令栏中的"边界混合"按钮，按住 Ctrl 键，依次选中如图 4-156 所示的曲线为第一方向曲线，并设置约束为"相切"。

⑥ 激活第二方向链收集器，按住 Ctrl 键，依次选中如图 4-157 所示曲线，作为第二方向曲线，并设置约束为"曲率"。

⑦ 单击鼠标中键，或单击"确定"按钮，边界混合曲面 2 创建完成，如图 4-158 所示。

⑧ 过滤器设置为"几何"，按住 Ctrl 键，依次选中边界混合曲面 1 和边界混合曲面 2。单击"编辑"/"合并"按钮，单击"确定"，曲面合并完成，如图 4-159 所示。

由于创建边界混合曲面时必须至少 4 条边，上述步骤中采用裁剪曲面增加边界的方法为边

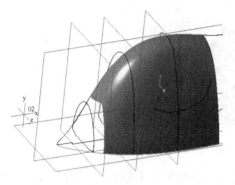

图 4-155　拉伸效果

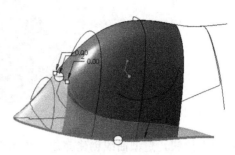

图 4-156　第一方向曲线（二）

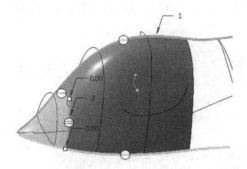

图 4-157　第二方向曲线（二）

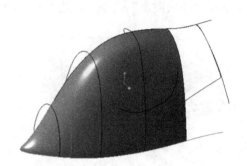

图 4-158　边界混合曲面 2 创建完成

界混合工具创建了条件，达到了预想效果。

（6）创建拉伸曲面

① 单击命令栏中的"拉伸"按钮，单击命令栏中的"放置"/"草绘"按钮，以基准面 DTM3 为草绘平面，默认参照进入草绘。

② 单击草绘命令栏中的"直线"按钮，绘制如图 4-160 所示直线段，单击"确定"按钮，完成草绘。

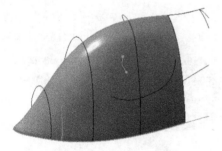

图 4-159　曲面合并完成

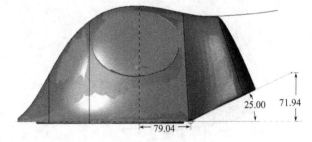

图 4-160　创建拉伸草图

③ 在拉伸操控面板中，设置拉伸类型为"曲面"，拉伸方式为"双向拉伸"，拉伸深度为 200。单击"确定"按钮，拉伸曲面创建完成，如图 4-161 所示。

（7）创建造型 2

① 单击主界面下"模型"/"曲面"/"样式"按钮，进入样式工具环境。

② 单击命令栏中的"设置活动平面"按钮，选中如图 4-162 所示的拉伸平面，活动平面设置完成。

③ 单击命令栏中的"曲线"按钮，按住 Shift 键，在操控面板中设置曲线类型为"平面"，始点捕捉到如图 4-163 所示曲面的边线上。松开 Shift 键，依次单击小平面特征边缘，单击

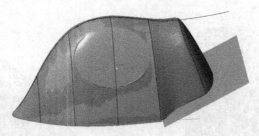

图 4-161　拉伸曲面创建完成（一）

"确定"按钮，造型曲线创建完成。单击选中该造型曲线，长按鼠标右键，在弹出的快捷菜单中选择"编辑定义"命令。单击该造型曲线的始点，系统显示其约束符号，在弹出的快捷菜单中选择"曲面曲率"命令后，选中图中的边界混合曲面，单击"确定"按钮，约束设置完成。

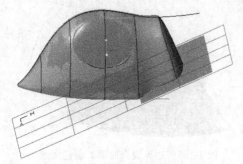

图 4-162　拉伸曲面创建完成（二）

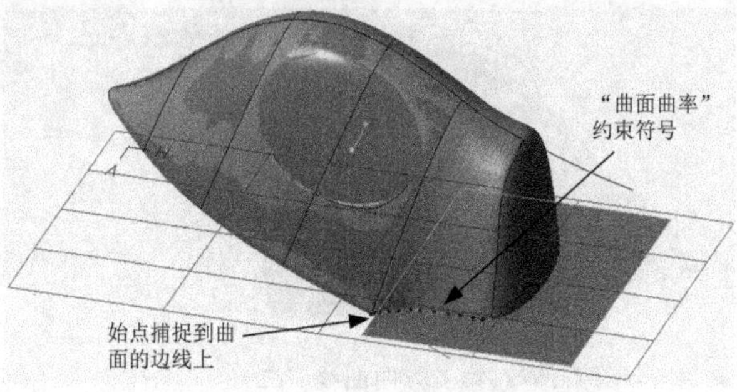

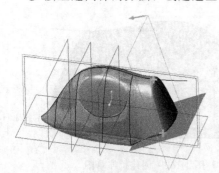

图 4-163　拉伸曲面创建完成（三）

④ 单击命令栏中的"基准面"按钮，按住 Ctrl 键，依次选中如图 4-164 所示的线段的两个端点和基准面 DTM3，单击鼠标中键，基准面 DTM7 创建完成。

⑤ 单击主界面下"模型"/"曲面"/"样式"按钮，进入样式工具环境。

⑥ 单击命令栏中的"设置活动平面"按钮，选中基准面 DTM7，活动平面设置完成。

⑦ 按上述同样的方法，创建造型 2，如图 4-165 所示。

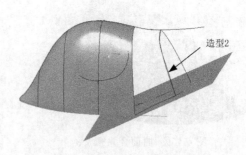

图 4-164　创建基准面 DTM7

图 4-165　造型 2 创建完成

（8）创建边界混合曲面 3

① 单击命令栏中的"边界混合"按钮，按住 Ctrl 键，依次选中第一方向曲线，并设置约束为"曲率"，如图 4-166 所示。

② 激活第二方向链收集器，按住 Ctrl 键，依次选中第二方向曲线。单击"确定"按钮，完成创建。

③ 选中曲面 1 和曲面 2，单击命令栏中的"合并"按钮，完成曲面的合并，如图 4-167 所示。

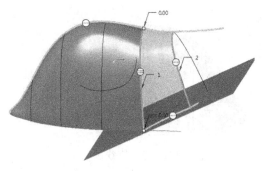

图 4-166　创建边界混合曲面 3

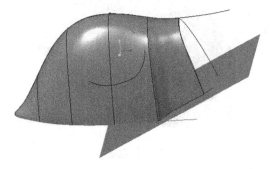

图 4-167　曲面合并

（9）创建造型 3

① 单击主界面下"模型"/"曲面"/"样式"按钮，进入样式工具环境。

② 单击命令栏中的"设置活动平面"按钮，选中基准面 DTM3，活动平面设置完成。

③ 单击命令栏中的"曲线"按钮，按住 Shift 键，在操控面板中设置曲线类型为"平面"，始点捕捉到如图 4-168 所示的造型曲线与活动平面的交点。松开 Shift 键，沿着剖面曲线依次单击，并设置始点约束为"曲面曲率"，单击"确定"按钮，造型曲线创建完成。

④ 单击命令栏中的"设置活动平面"按钮，选中如图 4-169 所示的拉伸平面，活动平面设置完成。

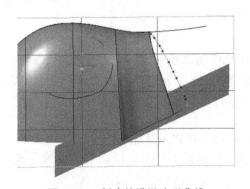

图 4-168　创建并设置造型曲线

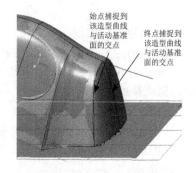

图 4-169　设置活动平面并创建曲线

⑤ 单击命令栏中的"曲线"按钮，按住 Shift 键，在操控面板中设置曲线类型为"平面"，始点和终点分别捕捉到如图 4-169 所示的造型曲线与活动平面的交点。沿着小平面特征边缘创建造型曲线，单击"确定"按钮，造型曲线创建完成。

⑥ 分别设置该造型曲线的始点约束为"曲面曲率"，终点约束为"法向"，即垂直于基准面 DTM3。

⑦ 单击命令栏中的"样式"/"曲面"按钮，按住 Ctrl 键，依次选中如图 4-170 所示的造型曲线。单击曲线 1 的边界约束符号，长按鼠标右键，在弹出的快捷菜单中选择"曲率"命令。用同样的方法设置造型曲线 2 的边界约束为"垂直"。单击"确定"按钮，完成造型 3 的创建。

⑧ 将所创建的曲面与原曲面合并。

（10）创建拉伸曲面

① 单击"草绘"按钮，以基准面 DTM3 为草绘平面，默认参照进入草绘；单击草绘命令栏中的"直线"按钮，沿着基准面 DTM2 创建直线，如图 4-171 所示。

② 单击"确定"按钮，完成草绘。单击"拉伸"按钮，选中刚创建的直线，拉伸类型为曲面，拉伸方向为双向，拉伸深度为 200，单击"确定"按钮，完成拉伸，如图 4-172 所示。

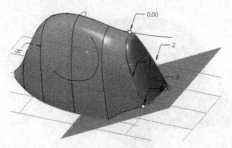

图 4-170　创建造型 3

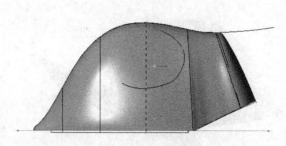

图 4-171　草绘直线段

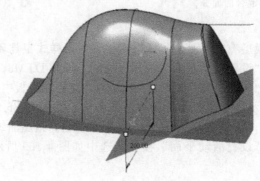

图 4-172　创建拉伸曲面

（11）创建投影曲线

① 单击命令栏中的"草绘"按钮，以基准面 DTM3 为草绘平面，默认参照进入草绘。

② 单击草绘命令栏中的"投影"按钮，选中如图 4-173 所示的小平面曲线。单击"确定"按钮，完成草绘曲线创建。

（12）创建造型

① 单击主界面下"模型"/"曲面"/"样式"按钮，进入样式工具环境。

② 单击命令栏中的"设置活动平面"按钮，选中基准面 DTM1，活动平面设置完成，如图 4-174 所示。

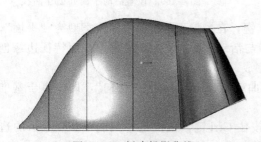

图 4-173　创建投影曲线

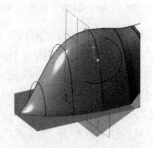

图 4-174　设置活动平面

③ 单击命令栏中的"曲线"按钮，按住 Shift 键，在操控面板中设置曲线类型为"平面"，始点捕捉到如图 4-175 所示的投影曲线与活动平面的交点。松开 Shift 键，沿着图中的剖面曲线，创建造型曲线，并且将终点捕捉到剖面曲线与活动平面的交点上，设置终点约束为"法向"，即垂直于基准面 DTM3。单击"确定"按钮。

④ 用同样的方法创建第二条造型曲线，始点捕捉到投影曲线与活动平面的交点，终点捕捉到剖面曲线与活动平面的交点，终点约束设置为"法向"，垂直于基准面 DTM3。单击"确定"按钮，如图 4-176 所示。

（13）创建边界混合曲面 4

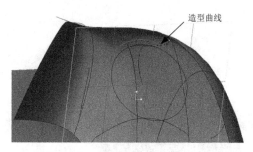

图 4-175　创建第一条造型曲线

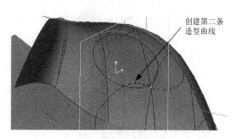

图 4-176　创建第二条造型曲线

① 单击命令栏中的"边界混合"按钮，按住 Ctrl 键，依次选中如图 4-177 所示的曲线为第一方向曲线。

② 激活第二方向链收集器，按住 Ctrl 键，依次选中图中所示的曲线为第二方向曲线。

③ 选中边界约束为"垂直"，单击鼠标中键，选中基准面 DTM3。

④ 单击"确定"按钮，如图 4-178 所示。

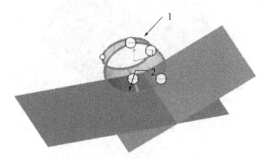

图 4-177　收集方向曲线

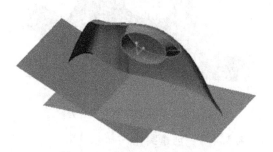

图 4-178　创建边界混合曲面 4

（14）曲线修剪镜像

① 过滤器设置为"几何"，按住 Ctrl 键，依次选中如图 4-179 所示曲面。单击"合并"按钮，设置保留方向后，单击鼠标中键，曲面合并完成，如图 4-180 所示。

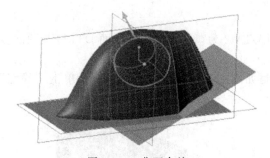

图 4-179　曲面合并

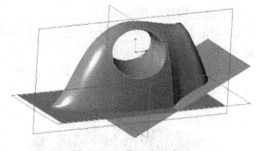

图 4-180　曲面合并完成

② 选中曲面，单击命令栏中的"镜像"按钮，选中基准面 DTM3，单击鼠标中键，完成镜像，如图 4-181 所示。

③ 按住 Ctrl 键，选中源曲面和镜像曲面，单击"合并"按钮，单击鼠标中键，使镜像曲面和源曲面合并，如图 4-182 所示。

④ 按住 Ctrl 键，分别选中如图 4-182 所示的两个拉伸平面，执行曲面合并命令，两个拉伸平面相互修剪并合二为一，如图 4-183 所示。

⑤ 再次执行曲面合并命令，将造型曲面与拉伸平面合并，如图 4-184 所示。至此，曲面创建结束。

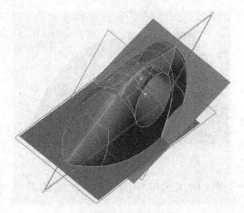

图 4-181　曲面镜像

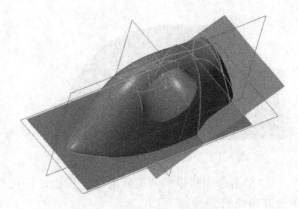

图 4-182　镜像曲面与源曲面合并

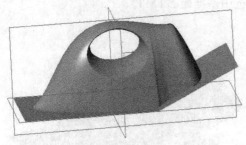

图 4-183　两个拉伸平面合并

图 4-184　造型曲面与拉伸平面合并

4.5.4.4　创建实体

（1）曲面实体化

① 过滤器设置为"几何"，选中创建完成的曲面。

② 单击"编辑"/"实体化"命令，单击"确定"按钮，曲面变成实体。注意，曲面实体化操作时，曲面必须是一个封闭的腔体，否则操作失败。即填充曲面的封闭腔体内部，使其成为实体。

（2）创建拉伸实体

① 单击命令栏中的"草绘"按钮，以基准面 DTM2 为草绘平面、基准面 DTM3 为顶面参照进入草绘，如图 4-185 所示。

② 单击命令栏中的"样条曲线"按钮，绘制如图 4-186 所示的样条曲线，单击"确定"按钮，草绘创建完成。

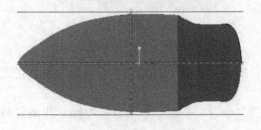

图 4-185　草绘状态

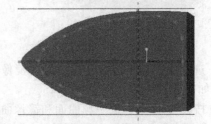

图 4-186　草绘创建完成

③ 在模型树中选中该草绘，单击命令栏中的"拉伸"按钮，设置拉伸类型为实体，拉伸方向朝外，拉伸深度为 3，单击鼠标中键，拉伸实体创建完成，如图 4-187 所示。

（3）创建圆角特征　单击菜单栏中的"圆角"按钮，在操控面板中分别设置圆角半径为 1、

3，选中图 4-188 中相应的实体边线，单击"确定"按钮，完成圆角特征的创建。

图 4-187　拉伸实体创建完成　　　　　　　　图 4-188　创建圆角特征

4.6　基于 UG NX 的逆向设计实例

4.6.1　UG NX 软件介绍

UG NX（原名 Unigraphics）是一个由西门子 UGS PLM 软件开发，集 CAD/CAE/CAM 于一体的产品生命周期管理软件。

UG 最早起源于美国麦道飞机公司，后数易其主，从麦道飞机到通用汽车再到 EDS，后独立出来成立 UGS 公司。2001 年 5 月，EDS 公司又将其收归麾下，并且收购了 IDEAS 软件开发商 SDRC 公司。2007 年 5 月正式被西门子收购，自 UG 19 版以后，此产品更名为 NX。它的内容博大精深，涉及平面工程制图、三维造型（CAD）、装配、制造加工（CAM）、工业造型设计、注塑模具设计（Moldwizard）、钣金设计、机构运动分析、有限元分析、渲染和动画仿真、工业标准交互传输和数控模拟加工等几十个模块。

UG NX 软件最擅长 NC 编程技术，提供了十分丰富的自由曲面加工功能，实体造型、曲面造型方面的功能也相当强大，是当前世界上最先进和紧密集成的、面向制造业的 CAX 高端软件，是知识驱动自动化技术领域中的领先者。它实现了设计优化技术与基于产品和过程的知识工程的组合。UG NX 提供了一种面向产品生命周期管理（product lifecycle management，PLM）的有效解决方案，产品的创新要贯穿于产品本身的全生命周期，从总体构想设计、概念设计、详细设计、生产计划到制造质量控制都要创新。UGS 产品十分重视如何提高企业的创新能力，为此特别强调：创新要基于知识、基于产品、基于过程。UG 的产品创新开发技术和手段主要包括全集成、全相关、前瞻性、数字样机、快速反应机制和知识工程（KBE）六个方面。在航空航天、汽车、通用机械、工业设备、医疗器械以及其他高科技应用领域的机械设计和模具加工自动化的市场上得到了广泛的应用。该软件具有以下特点。

（1）具有统一的数据库，真正实现了 CAD、CAE、CAM 等各模块之间的无数据交换的自由切换，可实施并行工程。

（2）采用复合建模技术，可将实体建模、曲面建模、线框建模、显示几何建模与参数化建模融为一体。

（3）用基于特征（如孔、凸台、型面、槽沟、倒角等）的建模和编辑方法作为实体造型基础，形象直观，类似于工程师传统的设计办法，并能用参数驱动。

（4）曲面设计采用非均匀有理 B 样条作为基础，可用多种方法生成复杂的曲面，特别适合于汽车外形设计、汽轮机叶片设计等复杂曲面造型。

（5）出图功能强，可十分方便地从三维实体模型直接生成二维工程图。能按 ISO 标准和国标标注尺寸、几何公差和汉字说明等，并能直接对实体作旋转剖、阶梯剖和轴测图挖切生成各种剖视图，增强了绘制工程图的实用性。

（6）以 Parasolid 为实体建模核心，实体造型功能处于领先地位。目前，著名的 CAD、CAE、CAM 软件均以此作为实体造型基础。

（7）提供了界面良好的二次开发工具 GRIP（Graphical Interactive Programing）和 UFUNC（Userfunction），并能通过高级语言接口，使 UG 的图形功能与高级语言的计算功能紧密结合起来。

（8）具有良好的用户界面。在 UG 系统中，绝大多数功能都可通过图标实现，进行对象操作时，具有自动推理功能。同时，在每个操作步骤中，都有相应的提示信息，便于用户做出正确的选择。

（9）获取和重新使用知识成为了 Unigraphics 最新版本的一个关键特性，由此它进入了应用知识工程和设计的新时代，KDA（知识驱动自动化）成为 UG 软件同其他公司软件的最大区别。

4.6.2　UG NX 软件逆向设计功能

UG NX 软件在逆向设计点云数据处理方面的功能较弱，仅能通过"插入"/"曲面"/"从点云"读取数据文件 ∗.dat，不能对点云数据进行降噪等处理。使用该功能时，一般要将扫描得到的点云数据文件预先在"Geomagic Studio"或"Imageware"等软件中进行数据的预处理，以得到规则、整齐、包含明显特征结构、数据量不太大的数据点。

另外，扫描文件的格式通过存为 ∗.stl 格式，在 UG 中新建一个 ∗.prt 文件，选择 UG 界面菜单下的"文件"/"导入"/"STL⋯"，从而打开 STL 格式的文件。选择"编辑"/"小平面体"，可以完成对小平面体的"剪断"、"填充孔"、"抽样优化"、"再分割"以及"光顺"处理。选择"插入"/"曲面"/"快速造面"，弹出"快速造面"对话框，通过选择小平面体，在"操作"选项下选择"在小平面体上绘制"，在"附着"选项下选择"小平面体"，在"预览"选项下勾选"预览"选项，然后在小平面体上绘制点，每绘制一条线段按鼠标中键确认，同样的方法，绘制 4 条首尾相连的线段，该 4 条线段围成一个封闭的区域，于是该封闭区域就建成了一个曲面。可以通过菜单"分析"/"形状"/"小平面体曲率"，对整个小平面体进行曲率分析，将对小平面体上不同曲率的区域以不同的颜色进行显示。通过菜单"插入"/"小平面体"，选择通过曲率分析后的小平面体，可以从不同曲率的小平面体之间创建边界线。

在工程实际应用中，通过 UG 进行逆向设计时，一般不采用上述方法，上述方法只能对较为简单的小曲面或区域进行逆向设计。对于复杂的产品结构进行逆向设计，所采用的方法是通过在经过处理后的规则点云数据基础上，利用 UG 的正向建模功能，通过对点、线、面进行处理，从而构建出复杂的实体模型，可以将该方法称为正逆向设计方法（或混合设计方法）。

4.6.3　UG NX 逆向设计的基本技巧

UG 的逆向设计遵循点—线—面—体的一般原则。

在设计过程中，并不是所有的点都要选取，因此在确定基本曲面的控制曲线时，需要找出哪些点或线是可用的，哪些点或线是细化特征的，需要在以后的设计中用到，而不是在总体设计中就体现出来的。事实上，一些圆柱、凸台等特征是在整体轮廓确定之后，测量实体模型并结合扫描数据生成的。同时，应尽量选择一些扫描质量比较好的点或线，对其进行拟合。

4.6.3.1　测点

在测点之前，要规划好如何测点。由设计人员提出曲面测点的要求，一般原则是在曲率变化比较大的地方测点要密一些，平滑的地方则可以稀一些。由于一般的三坐标测量机取点的效率大大低于激光扫描仪，所以在零件测点时要做到有的放矢。值得注意的是，除了扫描剖面、测分型线外，测轮廓线等特征线也是必要的，它会给构面带来方便。

4.6.3.2　曲线拟合

（1）点整理　进行曲线拟合之前先整理好点，包括去除误差点和明显缺陷点。同方向的剖面点放在同一层里，分型线点、孔位点单独放一层，轮廓线点也单独放一层，便于管理。通常这个工作在测点阶段完成，也可以在 UG 软件中完成。一般测量软件可以预先设定点的安放层，一边测点，一边整理。

（2）点连线　连分型线点尽量做到误差最小并且光顺。因为在许多情况下，分型线是产品的装配结合线。对汽车、摩托车中一般的零件来说，连线的误差一般控制在 0.5mm 以下。连线要做到有的放矢，根据样品的形状和特征大致确定构面方法，从而确定需要连哪些线条，不必连哪些线条。连线可用直线、圆弧、样条线（Spline），最常用的是样条线，并选用"Through point"方式。选点间隔尽量均匀，有圆角的地方先忽略，做成尖角，做完曲面后再倒圆角。

（3）曲线调整　因测量有误差及样件表面不光滑等原因，连成 Spline 的曲率半径变化往往存在突变，对以后的构面的光顺性有影响。因此，曲线必须经过调整，使其光顺。调整中最常用的一种方法是 Edit spline，选 Edit pole 选项，利用鼠标拖曳控制点。这里有许多选项，如限制控制点在某个平面内移动、往某个方向移动、是粗调还是细调以及打开显示 Spline 的"梳子"开关等。另外，调整 Spline 经常还要移动 Spline 的一个端点到另一个点，使构建曲面的曲线有交点。但必须注意的是，无论用什么命令调整曲线都会产生偏差，调整次数越多，累积误差越大。误差允许值视样件的具体要求确定。

4.6.3.3　曲面重构

运用各种构面方法建立曲面，包括 Though curve mesh、Though curves、Rule、Swept 和 From point cloud 等。构面方法的选择要根据样件的具体特征情况而定，最常用的是 Though curve mesh，将调整好的曲线用此命令编织成曲面。Though curve mesh 构面的优点是可以保证曲面边界曲率的连续性，因为 Though curve mesh 可以控制四周边界曲率（相切），因而构面的质量更高。而 Though curves 只能保证两边曲率，在构面时误差也大。如两曲面交线要倒圆角，因 Though curve mesh 的边界就是两曲面的交线，显然这条线要比两个 Though curves 曲面的交线光顺，这样 Blend 出来的圆角质量是不一样的。

初学者在逆向造型时，两个面之间往往有"折痕"，这主要是由这两个面不相切所致。解决这个问题可以通过调整参与构面（Though curve mesh）曲线的端点与另一个面中的对应曲线相切，再加上 Though curve mesh 边界相切选项即可。只有曲线相切才能保证曲面相切。

有时候做一个单张且比较平坦的曲面时，直接用点云构面（From point cloud）更方便，但是对那些曲率半径变化大的曲面则不适用，构面时误差较大。有时面与面之间的空隙要桥接（Bridge），以保证曲面光滑过渡。

在构建曲面的过程中，有时还要再加连一些线条，用于构面，连线和构面经常要交替进行。曲面建成后，要检查曲面的误差，一般是指测量点到面的误差，对外观要求较高的曲面还要检查表面的光顺度。当一张曲面不光顺时，可求此曲面的一些 Section，调整这些 Section 使其光顺，再利用这些 Section 重新构面，效果会好些。

构面应尽量简洁，面要尽量做得大，张数少，不要太碎，这样有利于后面增加一些圆角、斜度和增厚等特征，而且也有利于下一步的编程加工，刀具路径的计算量会减少，NC 文件也小。

4.6.3.4　实体重构

当外表面完成后，下一步就要构建实体模型。当模型比较简单且所做的外表面质量比较好时，用缝合增厚指令就可建立实体。但大多数情况却不能增厚，所以只能采用偏置（Offset）

外表面。用 Offset 指令可同时选多个面或用窗口全选，这样会提高效率。对于那些无法偏置的曲面，要学会分析原因。一种可能是由于曲面本身曲率太大，偏置后会自相交，导致 Offset 失败，如小圆角偏置；另一种可能是被偏置曲面的品质不好，局部有波纹，这种情况只能修改好曲面后再 Offset；还有一些曲面看起来光顺性很好，但就是不能 Offset，遇到这种情况可用 Extract geometry 成 B 曲面后，再 Offset，基本会成功。偏置后的曲面有的需要裁剪，有的需要补面，用各种曲面编辑手段完成内表面的构建，然后缝合内外表面成一实体（Solid），最后再进行产品结构设计，如加强肋和安装孔等。

4.6.4　UG NX 逆向设计实例

此实例为反光银碗的逆向设计，采用的是 UG NX8.0 版本。

在 UG 界面下，选择菜单中的"文件"/"打开"命令，打开反光银碗文件，如图 4-189 所示。

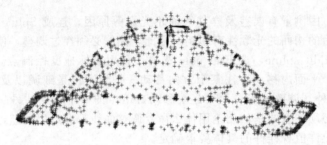

图 4-189　反光银碗的数据点

4.6.4.1　绘制反光银碗外形

（1）设置图层　选择菜单中的"格式"/"图层设置"命令，出现图层设置对话框。在图层列表框中取消勾选第 2、4、5、6 层，如图 4-190 所示，然后单击"关闭"按钮。

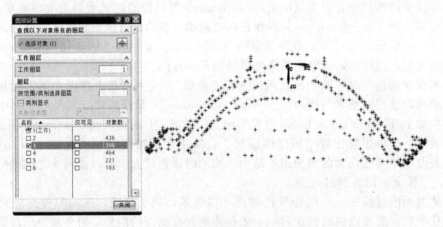

图 4-190　图层设置

（2）绘制外形截面线　选择菜单中的"插入"/"曲线"/"圆弧/圆"命令，弹出"圆弧/圆"对话框，在捕捉点工具条中选择"现有点"选项，在图形中依次选择如图 4-191 所示的三个点，出现圆弧，并拖曳至合适位置，完成圆弧的绘制。

（3）创建镜像曲线　选择菜单中的"插入"/"来自曲线集的曲线"/"镜像"命令，出现"镜像曲线"对话框，然后在图中选择如图 4-192 所示的曲线，并在"镜像曲线"对话框的"平面"下拉框中选择"新平面"选项，在"指定平面"下拉框中选择"YC-ZC 平面"选项，然后单击"确定"按钮，创建镜像曲线，如图 4-193 所示。

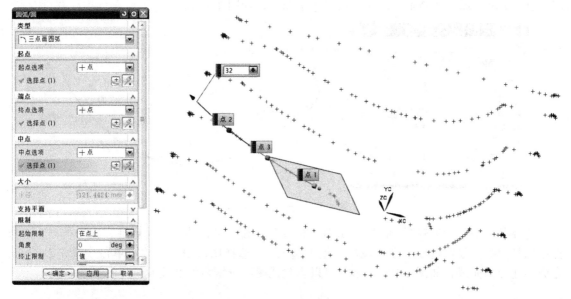

图 4-191　绘制圆弧

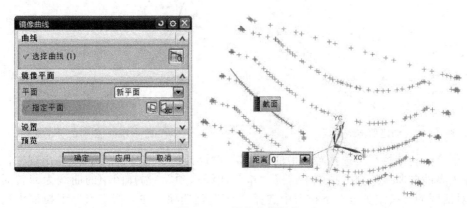

图 4-192　镜像曲线操作

（4）创建桥接曲线　选择菜单中的"插入"/"来自曲线集的曲线"/"桥接"命令，出现"桥接曲线"对话框，取消勾选"关联"选项，然后在图形中依次选择 2 条曲线，最后单击"确定"按钮，创建桥接曲线，如图 4-194 所示。

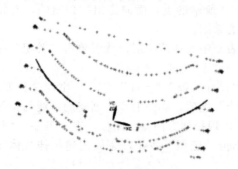

图 4-193　创建的镜像曲线

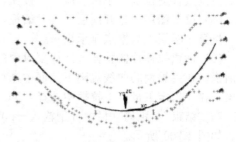

图 4-194　创建的桥接曲线

（5）创建连接曲线并将其分割　选择菜单中的"插入"/"来自曲线集的曲线"/"连结"命令，出现"连结曲线"对话框，取消勾选"关联"选项，在"输入曲线"下拉框中选择"替换"选项，在主界面的曲线规则下拉框中选择"相切曲线"选项，选择图形中的 3 条曲线，如

图 4-195 所示。单击"确定"按钮，创建连结曲线，如图 4-196 所示。

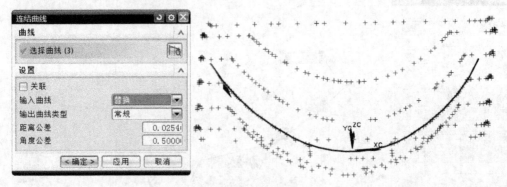

图 4-195　连结曲线操作

选择菜单中的"编辑"/"曲线"/"分割"命令，出现"分割曲线"对话框，在"类型"下拉框中选择"等分段"选项，在"段数"栏中输入 2，选择图形中的曲线，单击"确定"按钮，完成创建分割曲线，如图 4-197 所示。可以删除或隐藏分割后的 2 段曲线中的 1 条曲线。

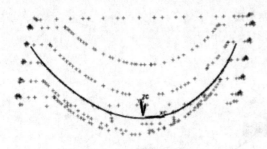

图 4-196　创建的连结曲线

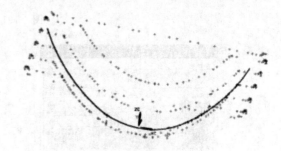

图 4-197　创建的分割曲线

（6）创建回转体特征　选择菜单中的"编辑"/"设计特征"/"回转"命令，出现"回转"对话框，在主界面的曲线规则下拉框中选择"单条曲线选项"，选择图中的曲线为回转对象，在"回转"对话框的"指定矢量"下拉框中选择"ZC"轴选项，在"指定点"下拉框中选择"终点"选项，在图形中选择如图 4-198 所示的曲线端点，然后在"开始"/"角度"栏和"结束"/"角度"栏分别输入 0 和 360，在"体类型"下拉框中选择"图纸页"选项，最后单击"应用"按钮，创建回转片体特征，如图 4-199 所示。

（7）绘制直线　选择菜单中的"插入"/"曲线"/"直线"命令，出现"直线"对话框，在捕捉点工具条中选择"现有点"，在图形中选择如图 4-200 所示的点，横向拖出一条直线，并将左侧拖曳至合适位置，单击"应用"按钮，完成直线的绘制。

（8）设置图层　打开图层设置对话框，在图层列表框中勾选第 4 层，然后单击"关闭"按钮，将第 4 图层中数据点显示出来。

（9）创建拉伸片体特征　选择菜单中的"插入"/"设计特征"/"拉伸"命令，出现"拉伸"对话框，在主界面的曲线规则下拉框中选择"单条曲线"选项，选择上步中创建的直线为拉伸对象，在"指定矢量"下拉框中选择"YC"轴选项，出现拉伸方向指示图标，在"开始"/"距离"和"结束"/"距离"栏中分别输入-50 和 150，单击"应用"按钮，完成创建拉伸片体操作，如图 4-201 所示。

（10）创建修剪片体特征　选择菜单中的"插入"/"修剪"/"修剪片体"命令，出现"修剪片体"对话框，在"投影方向"下拉框中选择"垂直于面"选项，在"区域"项中选择"舍弃"单选选项，在图形中选择回转片体为目标片体，选择拉伸片体为修剪片体，单击"应用"按钮，完成修剪片体，如图 4-202 所示。然后单击该拉伸片体，单击鼠标右键，选择

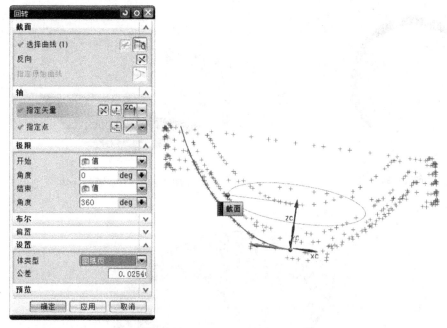

图 4-198　回转操作

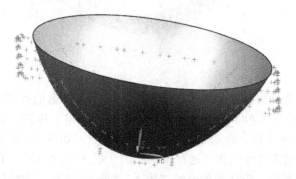

图 4-199　创建的回转片体

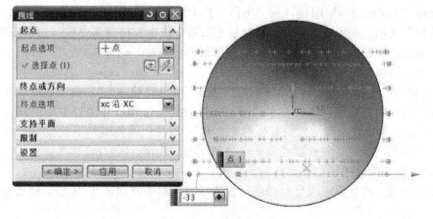

图 4-200　创建直线操作

"隐藏"。

（11）设置图层　选择菜单中的"格式"/"图层设置"命令，出现"图层设置"对话框，在图层列表框中勾选第 5 层，取消勾选第 3、4 层，然后单击"关闭"按钮，完成图层设置操作，

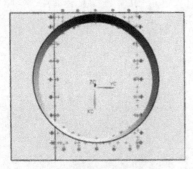

图 4-201　创建的拉伸片体

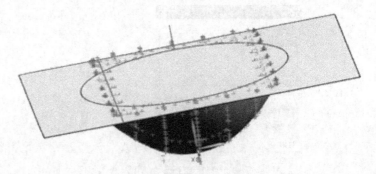

图 4-202　修剪后的片体

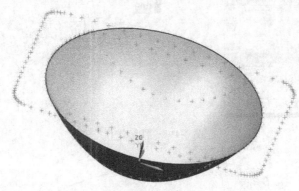

图 4-203　设置图层

如图 4-203 所示。

（12）创建投影曲线　选择菜单中的"插入"/"来自曲线集的曲线"/"投影"命令，出现"投影曲线"对话框，按图 4-204 所示进行设置。单击"应用"按钮，完成创建投影曲线。在图层设置中，取消勾选第 5 层，此时仅显示投影的数据点，如图 4-205 所示。

（13）绘制直线并创建曲线倒角　选择菜单中的"插入"/"曲线"/"直线"命令，分别绘制 4 条直线，如图 4-206 所示。选择菜单中的"插入"/"曲线"/"基本曲线"命令，出现"基本曲线"对话框，选择"圆角"图标，如图 4-207 所示，系统将出现"曲线倒圆"对话框，在"方法"栏中选择"2 曲线圆角"图标，在"半径"栏中输入 13，选中"修剪第一条曲线"和"修剪第二条曲线"选项，如图 4-208 所示。然后在图形中依次选择两条曲线（注意单击曲线要保留的一侧）及圆心所在的位置，创建曲线倒圆。同样的方法，创建其余 3 个圆角。然后，将投影点移至不可见图层。

（14）创建拉伸片体特征　选择菜单中的"插入"/"设计特征"/"拉伸"命令，出现"拉伸"对话框，在主界面的曲线规则下拉框中选择"相连曲线"选项，并选择图中曲线为拉伸对象，指定 ZC 为拉伸方向，开始和结束距离分别为 0 和 50，在"体类型"下拉框中选择"图纸页"选项，单击"应用"按钮，完成创建片体，如图 4-209 所示。

4.6.4.2　创建反光银碗细节部分

（1）设置图层　打开图层设置对话框，在图层列表框中勾选第 2、4 层，然后单击"关闭"按钮。

（2）绘制直线　选择菜单中的插入直线命令，创建如图 4-210 所示的直线。

（3）创建拉伸片体　选择菜单中的"插入"/"设计特征"/"拉伸"命令，对上步创建的直线进行拉伸，在"拉伸"对话框的"指定矢量"下拉框中选择"两点"选项，在图形中选择如图 4-211 所示的两点，图形中出现拉伸方向，然后在"拉伸"对话框的"结束"下拉框中选择

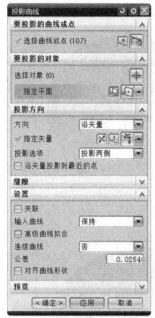
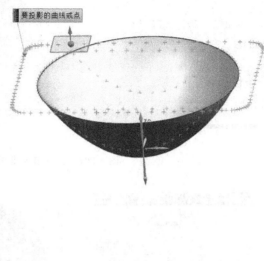

图 4-204 创建投影曲线

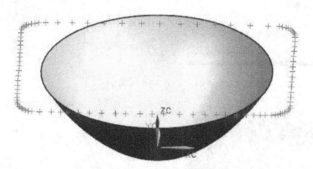

图 4-205 投影的数据点

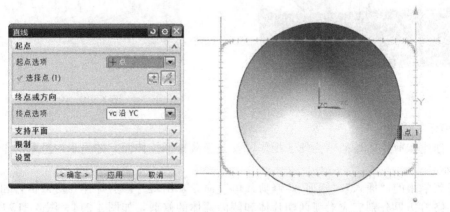

图 4-206 绘制直线

"对称值"选项，在"距离"栏中输入 50，单击"应用"按钮，完成创建片体。

（4）创建镜像片体特征 选择菜单中的"插入"/"关联复制"/"镜像特征"命令，出现"镜像特征"对话框，选择拉伸特征，并选"XC-ZC"为镜像平面，创建镜像片体特征，如

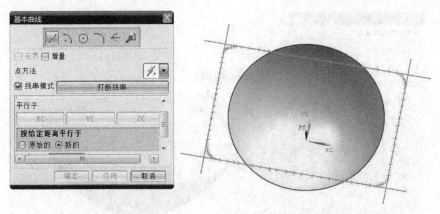

图 4-207 绘制基本曲线

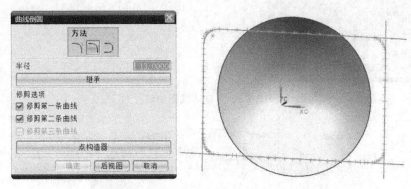

图 4-208 曲线倒圆

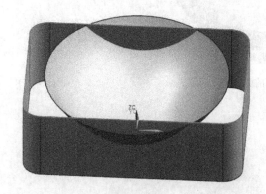

图 4-209 拉伸片体

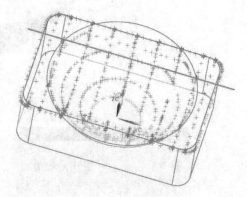

图 4-210 绘制直线

图 4-212 所示。

（5）创建修剪片体特征 为便于操作，首先隐藏矩形拉伸面，并显示被隐藏的平面，如图 4-213 所示。

选择菜单中的"插入"/"修剪"/"修剪片体"命令，出现"修剪片体"对话框，通过选择目标片体和修剪边界分别完成对弧两侧片体和侧面片体的修剪，如图 4-214、图 4-215 所示。

（6）显示被隐藏的矩形拉伸面并创建修剪片体特征 选择菜单中的"编辑"/"显示和隐藏"/"显示"命令，恢复显示被隐藏的矩形拉伸面，如图 4-216 所示。

选择菜单中的"插入"/"修剪"/"修剪片体"命令，出现"修剪片体"对话框，通过选择目标片体和修剪边界完成对矩形拉伸面的修剪，如图 4-217 所示。继续选择目标片体和修剪边界

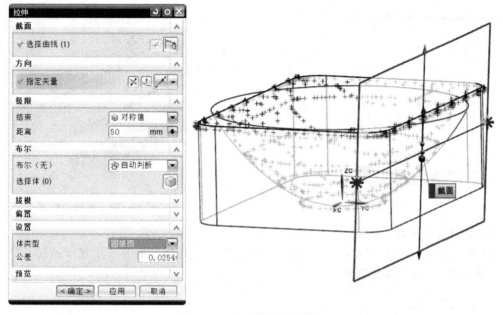

图 4-211 创建拉伸片体操作

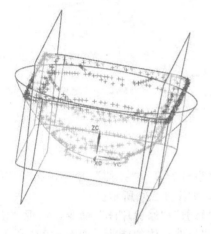

图 4-212 创建镜像片体

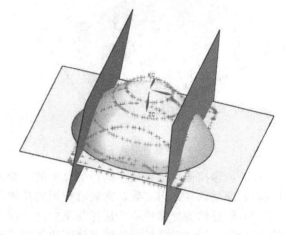

图 4-213 显示隐藏的平面

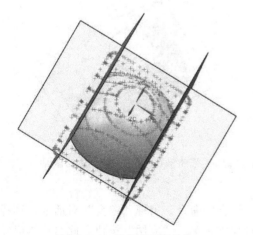

图 4-214 修剪弧两侧片体

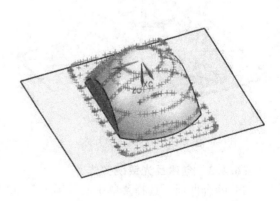

图 4-215 修剪侧面片体

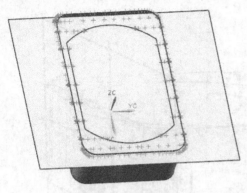

图 4-216　显示矩形拉伸面

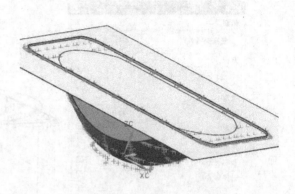

图 4-217　修剪矩形拉伸面

完成对拉伸平面的修剪，如图 4-218 所示。

（7）绘制整圆　选择菜单中的"插入"/"曲线"/"圆弧/圆"命令，出现"圆弧/圆"对话框，绘制出图 4-219 顶部的整圆。

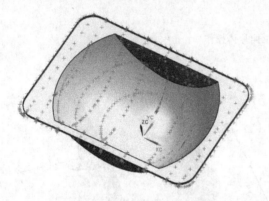

图 4-218　修剪拉伸平面

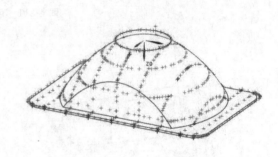

图 4-219　绘制整圆

（8）创建拉伸片体特征　选择菜单中的"插入"/"设计特征"/"拉伸"命令，出现"拉伸"对话框，通过选择适当参数，完成对整圆的拉伸片体，如图 4-220 所示。

（9）创建修剪片体特征　选择菜单中的"插入"/"修剪"/"修剪片体"命令，出现"修剪片体"对话框，通过选择目标片体和修剪边界完成对整圆拉伸片体的修剪，如图 4-221 所示。

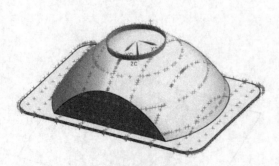

图 4-220　整圆拉伸片体

图 4-221　整圆拉伸片体的修剪

4.6.4.3　创建反光银碗实体

（1）缝合曲面　选择菜单中的"插入"/"组合"/"缝合"命令，出现"缝合"对话框，选择图形中的一个片体为目标片体，选择其余片体为工具片体，单击"应用"按钮，此时片体应经缝合。

（2）创建偏置曲面特征 选择菜单中的"插入"/"偏置/缩放"/"偏置曲面"命令，出现"偏置曲面"对话框，在主界面的面规则下拉框中选择"体的面"选项，然后在图形中选择某一相对较大的面，在"偏置 1"栏输入 3，在"输出"选项中选择"所有面对应一个特征"，并注意观察偏置所示的箭头方向，可以单击"偏置曲面"对话框中的"方向"按钮进行调整。最后单击"确定"按钮，完成偏置曲面，如图 4-222 所示。

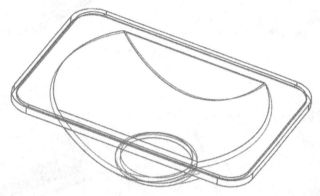

图 4-222 偏置曲面

（3）创建直纹曲面特征 选择菜单中的"插入"/"网格曲面"/"直纹"命令，出现"直纹"对话框，在主界面的曲线规则下拉框中选择"相切曲线"选项，在图形中选择如图 4-223 所示的外圈片体边，然后在"截面线串 2"区域选择"截面 2"图标，接着在图形中选择内圈片体的边，注意起始位置与矢量方向应一致，最后在"直纹"对话框的"体类型"下拉框中选择"图纸页"选项，单击"确定"按钮，完成创建直纹曲面。

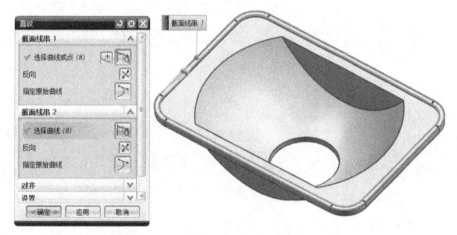

图 4-223 创建直纹曲面

（4）创建有界平面并修剪片体 选择菜单中的"插入"/"曲面"/"有界平面"命令，出现"有界平面"对话框，选择片体的边，如图 4-224 所示，单击"确定"按钮，完成创建有界平面。

选择菜单中的"插入"/"修剪"/"修剪片体"命令，出现"修剪片体"对话框，通过选择目标片体和修剪对象，完成修剪片体，如图 4-225 所示。

（5）创建边倒圆角特征 选择菜单中的"插入"/"细节特征"/"边倒圆"命令，出现"边倒圆"对话框，在主界面的曲线规则下拉框中选择"相切曲线"选项，然后在图形中选择相应的边缘为倒圆角边，在"边倒圆"对话框的"半径"栏输入 2，单击"确定"按钮，完成创建边倒圆角特征，如图 4-226 所示。

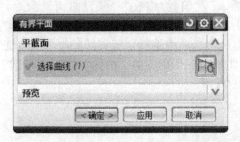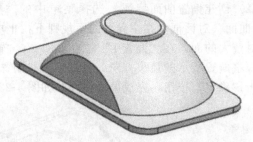

图 4-224　创建有界平面

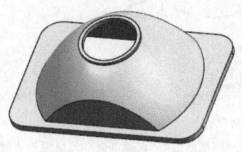

图 4-225　修剪片体

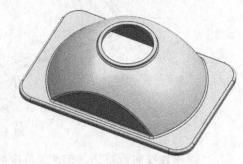

图 4-226　边倒圆

　　(6) 缝合曲面　选择菜单中的"插入"/"组合"/"缝合"命令，出现"缝合"对话框，选择图形中的某一个大面为目标片体，然后框选图形以选择工具片体，单击"确定"按钮，此时片体已缝合成实体。

第 5 章
3D 打印技术

3D 打印是制造业领域正在迅速发展的一项技术，被称为"具有工业革命意义的制造技术"。它以数字模型文件为基础，运用粉末状金属或塑料等可黏合材料，通过逐层打印的方式来构造物体。3D 打印通常是通过数字技术材料打印机来实现的。过去，3D 打印常在模具制造、工业设计等领域被用于制造模型，现正逐渐用于一些产品的直接制造，已经有使用这种技术打印而制成的零部件。3D 打印在珠宝、鞋类、工业设计、建筑、工程和施工、汽车、航空航天、口腔和医疗产业、教育、地理信息系统、土木工程、军工以及其他领域都有所应用。

3D 打印被认为是工业 4.0 九大支柱技术（工业互联网、工业云计算、工业大数据、工业机器人、3D 打印、知识工作自动化、工业网络安全、虚拟现实和人工智能）之一（图 5-1），该项颠覆性的制造技术正在进入普通人的生活。传统制造技术是"减材制造技术"，3D 打印则是"增材制造技术"，它具有制造成本低、生产周期短等明显优势，被誉为"第三次工业革命最具标志性的生产工具"。3D 打印技术最大的优势在于能拓展设计人员的想象空间："只要能在计算机上设计成三维图形的东西，无论是造型各异的服装、精美的工艺品，还是个性化的车子，如果材料问题解决了，都可以打印。"

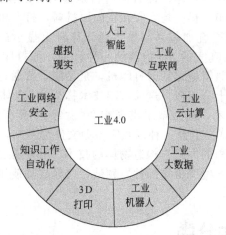

图 5-1　工业 4.0 的九大支柱技术

2013 年 2 月美国总统奥巴马在国情咨文中谈到 3D 打印以及这项技术的重要性时指出："制造业在经历了十多年就业人数不断减少之后，过去 3 年就业人数增加了 50 万。现在我们所能做的就是庆祝这一发展趋势。去年，我们在俄亥俄州扬斯敦成立了首个制造创新中心。一间曾经关闭的仓库现在成了一流的实验室，许多新人在这里研发 3D 打印技术，3D 打印有可能革命化我们制造几乎所有产品的方式。这在其他地方也可实现。"

目前，3D 打印技术尚不具备取代传统制造业的条件，在大批量制造等方面，高效且低成本的传统减材制造法更胜一筹。《国际增材制造行业发展报告》显示，3D 打印技术 2011 年全球直接产值为 17.14 亿美元，年增长达 29.1％。随着我国 3D 打印技术的不断突破和全球市场份额的增加，美国得克萨斯大学 Davidl Bourell 教授预言："中国有望成为最大的增材制造业国家。不过，让梦想变成现实的 3D 打印技术，目前还有一些短板。由于增材制造的材料研发难度大，导致 3D 打印制造成本较高；金属材料成形的制造效率不高，每小时只有 100～3000g。"西安交通大学卢秉恒院士指出，目前增材制造技术在我国主要应用于产品研发，还面临制造精度不高等实际问题。据了解，增材制造技术在我国重工业零部件制造方面得到一定应用，但尚未进入大规模工业化，其工艺与装备都有待进一步开发。华中科技大学王运赣教授认为，未来传统的减材制造法依然是主流，增材制造法是补充手段。就目前的形势来看，3D 打印技术尚不具备取代传统制造业的条件，在大批量制造等方面，高效且低成本的传统减材制造法更胜一筹。难以形成规模经济，是 3D 打印的软肋。如何迈过这道坎儿，是目前科技界和工业界的待解难题。

5.1　3D 打印技术原理

3D 打印是以计算机三维设计模型为蓝本，通过软件分层离散和数控成形系统，利用激光束、热熔喷嘴等方式将金属粉末、陶瓷粉末、塑料、细胞组织等特殊材料进行逐层堆积黏结，最终叠加成形，制造出实体产品。与传统制造业通过模具、车铣等机械加工方式对原材料进行定型、切削以最终生产成品不同，3D 打印将三维实体变为若干个二维平面，通过对材料处理并逐层叠加进行生产，大大降低了制造的复杂度。这种数字化制造模式不需要复杂的工艺、庞大的机床及众多的人力，直接从计算机图形数据便可生成任何形状的零件，使生产制造得以向更广的生产人群范围延伸。

3D 打印机与普通打印机工作原理基本相同，只是打印材料有些不同，普通打印机可以打印计算机设计的平面物品，普通打印机的打印材料是墨粉和纸张，而 3D 打印机内装有金属、陶瓷、塑料、砂等不同的打印材料，是实实在在的原材料，打印机与计算机连接后，通过计算机控制可以把打印材料一层层叠加起来，最终把计算机上显示的蓝图变成实物。通俗地说，3D 打印机是可以"打印"出真实的 3D 物体的一种设备，如打印出机器人、玩具车、各种模型，甚至是食物等。之所以通俗地称其为打印机，是参照了普通打印机的技术原理，因为分层加工的过程与喷墨打印过程十分相似。这项打印技术称为 3D 立体打印技术。实际上，这项技术并非是最近才发明的新技术，而是最早出现在 20 世纪 80 年代的快速成形（rapid prototyping）技术里的一种成形方式。它是一种以数字模型文件为基础，运用粉末状金属或塑料等可黏合材料，通过逐层堆叠累积的方式来构造物体的技术（即积层造型法）。特别是在一些高价值应用（如髋关节或牙齿或一些飞机零部件）领域，已经成功使用这种技术打印而成零部件。

5.2　3D 打印技术分类

3D 打印是"增材制造"（additive manufacturing，AM）的主要实现形式。"增材制造"的理念区别于传统的"减材制造"（subtractive manufacturing，SM）。传统数控制造一般是在原材料基础上，使用切削、磨削、腐蚀、熔融等办法，去除多余部分，得到零部件，再以拼装、焊接等方法组合成最终产品。而"增材制造"与之截然不同，无须原坯和模具，就能直接根据计算机图形数据，通过增加材料的方法生成任何形状的物体，简化了产品的制造程序，缩短了产品的研制周期，提高了效率并降低了成本。

快速成形（rapid prototyping，RP）作为增材制造开始（20 世纪 80 年代）产生的子技术，侧重的是成形用于形体观测的样品；3D 打印是增材制造在当今发展的子技术，侧重的是成形功能构件，构件的材质与力学、电气、化学性能等极大地趋近真实可用性。可以将快速成形与 3D 打印统称为广义 3D 打印。

增材制造技术可以概括为七种成形工艺，如表 5-1 所示。其中前五种是根据增材制造初期出现的子技术（快速成形）产生和发展的工艺，后两种是根据增材制造当今发展的子技术（3D 打印）产生的工艺。

表 5-1　增材制造工艺分类

序号	成形工艺	原用名	代表性公司
1	容器内光聚合（vat photopolymerization）	SLA	3D Systems，Envision TEC
2	粉末床烧结/熔化（power bed fusion）	SLS/SLM/EBM	EOS，3D Systems，Arcam AB
3	片层压（sheet lamination）	LOM	Solido，Fabrisonic
4	黏结剂喷射（binder jetting）	3DP	3D Systems，ExOne，Voxeljet
5	材料挤压（material extrusion）	FDM	Stratasys，RepRap，Bits from Bytes
6	材料喷射（material jetting）	—	OBJET，3D Systems，Solidscape
7	定向能量沉积（directed energy deposition）	—	Opotomec，POM

3D 打印是快速成形的延续与发展，3D 打印技术继承了快速成形技术的增材制造法，而且 3D 打印大大缩小了快速成形机适用成形材料的局限，是一种新型增材制造装备。按材料结合方式将 3D 打印技术分为两大类：选择性沉积方式和选择性黏合方式。按采用材料形式和工艺实现方法可将 3D 打印技术分为如图 5-2 所示的五大类。

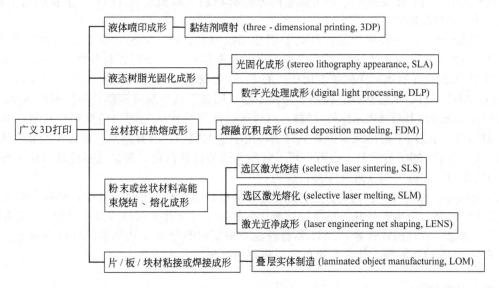

图 5-2　广义 3D 打印技术分类

5.3　3D 打印材料

3D 打印材料是 3D 打印技术发展的重要物质基础，在某种程度上，材料的发展决定着 3D

打印能否有更广泛的应用。目前，3D 打印材料主要包括工程塑料、光敏树脂、橡胶类材料、金属材料和陶瓷材料等，除此之外，彩色石膏材料、人造骨粉、细胞生物原料以及砂糖等食品材料也在 3D 打印领域得到了应用。3D 打印所用的这些原材料都是专门针对 3D 打印设备和工艺而研发的，与普通的塑料、石膏、树脂等有所区别，其形态一般有粉末状、丝状、层片状、液体状等。通常，根据打印设备的类型及操作条件的不同，所使用的粉末状 3D 打印材料的粒径为 $1\sim100\mu m$ 不等，而为了使粉末保持良好的流动性，一般要求粉末要具有高球形度。

5.3.1 工程塑料

工程塑料是指被用于工业零件或外壳材料的工业用塑料，其强度、抗冲击性、耐热性、硬度及抗老化性均较优。工程塑料是当前应用最广泛的一类 3D 打印材料，常见的有 Acrylonitrile Butadiene Styrene（ABS）类材料、Polycarbonate（PC）类材料、尼龙类材料等。

ABS 材料是 Fused Deposition Modeling（FDM 熔融沉积成形）快速成形工艺常用的热塑性工程塑料，具有强度高、韧性好、耐冲击等优点，正常热变形温度超过 90℃，可进行机械加工（钻孔、攻螺纹）、喷漆及电镀。ABS 材料的颜色种类很多，如象牙白色、白色、黑色、深灰色、红色、蓝色、玫瑰红色等，在汽车、家电、电子消费品领域有广泛的应用。

PC 材料是真正的热塑性材料，具备工程塑料的所有特性。高强度、耐高温、抗冲击、抗弯曲，可以作为最终零部件使用。使用 PC 材料制作的样件，可以直接装配使用，应用于交通工具及家电行业。PC 材料的颜色比较单一，只有白色，但其强度比 ABS 材料高出 60％左右，具备超强的工程材料属性，广泛应用于电子消费品、家电、汽车制造、航空航天、医疗器械等领域。

玻璃纤维增强尼龙是一种在尼龙树脂中加入一定量的玻璃纤维进行增强而得到的塑料，与普通塑料相比，其拉伸强度、弯曲强度有所增强，热变形温度以及材料的模量有所提高，材料的收缩率减小，但表面变粗糙，冲击强度降低。材料热变形温度为 110℃，主要应用于汽车、家电、电子消费品领域。

PC/ABS 材料是一种应用最广泛的热塑性工程塑料，PC/ABS 具备了 ABS 的韧性和 PC 材料的高强度及耐热性，大多应用于汽车、家电及通信行业。使用该材料配合 Stratasys 公司开发 FORTUS 设备制作的样件强度比传统的 FDM 系统制作的部件强度高出 60％左右，所以使用 PC/ABS 能打印出包括概念模型、功能原型、制造工具及最终零部件等热塑性部件。

Polycarbonate-ISO（PC-ISO）材料是一种通过医学机构认证的白色热塑性材料，具有很高的强度，广泛应用于药品及医疗器械行业，用于手术模拟、颅骨修复、牙科等专业领域。同时，因为具备 PC 的所有性能，也可以用于食品及药品包装行业，做出的样件可以作为概念模型、功能原型、制造工具及最终零部件使用。

Polysufone（PSU）类材料是一种琥珀色的材料，热变形温度为 189℃，是所有热塑性材料里面强度最高、耐热性最好、抗腐蚀性最优的材料，通常作为最终零部件使用，广泛用于航空航天、交通工具及医疗行业。PSU 类材料能带来直接数字化制造体验，性能非常稳定，通过与 FORTUS 设备的配合使用，可以达到较好的效果。

5.3.2 光敏树脂

光敏树脂即 Ultraviolet Rays（UV）树脂，由聚合物单体与预聚体组成，其中加有光（紫外线）引发剂（或称为光敏剂）。在一定波长的紫外线（250～300nm）照射下能立刻引起聚合反应完成固化。光敏树脂一般为液态，可用于制作高强度、耐高温、防水材料。目前，研究光敏材料 3D 打印技术的主要有美国 3D Systems 公司和以色列 Object 公司。常见的光敏树脂有 Somos Next 材料、Somos 11122 材料、Somos 19120 材料和环氧树脂。

Somos Next 材料为白色材质，类 PC 新材料，韧性非常好，基本可达到 Selective Laser Sintering（SLS，选择性激光烧结）制作的尼龙材料性能，而精度和表面质量更佳。Somos Next 材料制作的部件拥有迄今最优的刚性和韧性，同时保持了光固化立体造型材料做工精致、尺寸精确和外观漂亮的优点，主要应用于汽车、家电、电子消费品等领域。

Somos 11122 材料的外观是透明的，具有优秀的防水性和尺寸稳定性，能提供包括 ABS 和 PBT 在内的多种类似工程塑料的特性，这些特性使它很适合用在汽车、医疗以及电子类产品领域。

Somos 19120 材料为粉红色材质，是一种铸造专用材料。成形后可直接代替精密铸造的蜡模原型，避免开发模具的风险，大大缩短周期，拥有灰烬少和高精度等特点。

环氧树脂是一种便于铸造的激光快速成形树脂，它含灰量极低（800℃时的残留含灰量小于 0.01%），可用于熔融石英和氧化铝高温型壳体系，而且不含重金属锑，可用于制造极其精密的快速铸造型模。

5.3.3　橡胶类材料

橡胶类材料具备多种级别弹性材料的特征，这些材料所具备的硬度、断裂伸长率、撕裂强度和拉伸强度，使其非常适合于要求防滑或柔软表面的应用领域。3D 打印的橡胶类产品主要有消费类电子产品、医疗设备以及汽车内饰、轮胎、垫片等。

5.3.4　金属材料

近年来，3D 打印技术逐渐应用于实际产品的制造，其中，金属材料的 3D 打印技术发展尤其迅速。在国防领域，欧美发达国家非常重视 3D 打印技术的发展，不惜投入巨资加以研究，而 3D 打印金属零部件一直是研究和应用的重点。3D 打印所使用的金属粉末一般要求纯净度高、球形度好、粒径分布窄、氧含量低。目前，应用于 3D 打印的金属粉末材料主要有钛合金、钴铬合金、不锈钢和铝合金材料等，此外，还有用于打印首饰用的金、银等贵金属粉末材料。

钛合金因具有强度高、耐蚀性好、耐热性高等特点而被广泛用于制作飞机发动机压气机部件，以及火箭、导弹和飞机的各种结构件。钴铬合金是一种以钴和铬为主要成分的高温合金，它的抗腐蚀性能和力学性能都非常优异，用其制作的零部件强度高、耐高温。采用 3D 打印技术制造的钛合金和钴铬合金零部件，强度非常高，尺寸精确，能制作的最小尺寸可达 1mm，而且其零部件力学性能优于锻造工艺。

不锈钢以其耐空气、蒸汽、水等弱腐蚀介质和酸、碱、盐等化学浸蚀性介质腐蚀而得到广泛应用。不锈钢粉末是金属 3D 打印经常使用的一类性价比较高的金属粉末材料。3D 打印的不锈钢模型具有较高的强度，而且适合打印尺寸较大的物品。

5.3.5　陶瓷材料

陶瓷材料具有高强度、高硬度、耐高温、低密度、化学稳定性好、耐腐蚀等优异特性，在航空航天、汽车、生物等行业有着广泛的应用。但由于陶瓷材料硬而脆的特点使其加工成形尤其困难，特别是复杂陶瓷件需要通过模具来成形。模具加工成本高、开发周期长，难以满足产品不断更新的需求。3D 打印用的陶瓷粉末是陶瓷粉末和黏结剂粉末所组成的混合物。由于黏结剂粉末的熔点较低，激光烧结时只是将黏结剂粉末熔化而使陶瓷粉末黏结在一起。在激光烧结之后，需要将陶瓷制品放入到温控炉中，在较高的温度下进行后处理。陶瓷粉末和黏结剂粉末的配比会影响陶瓷零部件的性能。黏结剂分量多，烧结比较容易，但在后处理过程中零件收缩比较大，会影响零件的尺寸精度。黏结剂分量少，则不易烧结成形。颗粒的表面形貌及原始尺寸对陶瓷材料的烧结性能非常重要，陶瓷颗粒越小，表面越接近球形，陶瓷层的烧结质量越好。

陶瓷粉末在激光直接快速烧结时液相表面张力大，在快速凝固过程中会产生较大的热应力，从而形成较多微裂纹。目前陶瓷直接快速成形工艺尚未成熟，国内外正处于研究阶段，还没有实现商品化。

5.3.6 其他 3D 打印材料

其他 3D 打印材料包括彩色石膏材料、人造骨粉、细胞生物原料、砂糖以及混凝土等。

彩色石膏材料是一种全彩色的 3D 打印材料，是基于石膏的、易碎、坚固且色彩清晰的材料。基于在粉末介质上逐层打印的成形原理，3D 打印成品在处理完毕后，表面可能出现细微的颗粒效果，外观很像岩石，在曲面表面可能出现细微的年轮状纹理，因此，多应用于动漫玩偶等领域。

3D 打印技术与医学、组织工程相结合，可制造出药物、人工器官等用于治疗疾病。加拿大目前正在研发"骨骼打印机"，利用类似喷墨打印机的技术，将人造骨粉转变成精密的骨骼组织。打印机会在骨粉制作的薄膜上喷洒一种酸性药剂，使薄膜变得更坚硬。

美国宾夕法尼亚大学打印出来的鲜肉，是先用实验室培养出的细胞介质，生成类似鲜肉的代替物质，以水基溶胶为黏合剂，再配合特殊的糖分子制成。还有尚处于概念阶段的用人体细胞制作的生物墨水，以及同样特别的生物纸。打印的时候，生物墨水在计算机的控制下喷到生物纸上，最终形成各种器官。

食品材料方面，可打印的材料包括砂糖、奶油、奶酪、巧克力、香料等。例如，砂糖 3D 打印机可通过喷射加热过的砂糖，直接做出具有各种形状且美观又美味的甜品。

混凝土作为 3D 打印原材料，是 3D 打印技术的拓展，更是建筑领域的一种革新。将 3D 打印技术与建筑行业相结合，大大节约人工成本，就近取材，物流费用缩减，近期目标可以打印复杂预制部件及批量建造房屋，远期来看个性化定制房屋也成为可能，最重要的是建造时间大大缩短，与建筑工业化的理念不谋而合。

最近，Graphene 3D Labs 石墨烯 3D 打印技术公司研制成功了一款带磁性的 3D 打印线材系列 Ferro-Magnetic。该系列材料是一种含铁元素的 PLA 线材，使用这种材料 3D 打印出来的对象能够被磁场强烈吸引，该公司推荐钕铁硼（NdFeB）磁铁或者钐钴（SmCo）磁铁效果最好。这种磁性线材的出现，为功能性 3D 打印带来了全新的可能性，该材料可以用于 3D 打印磁性传感器、机械制动器、磁力搅拌器，以及教育和 DIY 项目等。用该材料打印出来的对象拥有类似铸铁的外观。由于其内部含铁，这种磁性 PLA 比标准的 PLA 更脆、更有磨蚀性，因而需要在 3D 打印过程中注意使用直径更大或者更耐磨损的喷嘴。在打印之后还可以通过后处理赋予它光滑或者粗糙的表面。

5.4 3D 打印技术国内发展现状

3D 打印技术自 20 世纪 90 年代初传入我国起，一直深受国内广大科研工作者的高度重视。从 3D 打印设备到打印材料研发，以及 3D 打印与传统成形相结合的复合成形技术，国内都有深入的研究。如今，3D 打印的节材、节能技术特点高度契合我国的可持续发展战略。因此，国内近期持续掀起 3D 打印热，许多企业，甚至地方政府也都纷纷踏足到 3D 打印产业中。

5.4.1 高校与研究机构方面

高校和科研机构往往是先进技术研究的发源地和先行者。清华大学是国内最早开展快速成形技术研究的单位之一，在基于激光、电子束等 3D 打印技术基础理论、成形工艺、成形新材料及应用方面都有深入的研究。清华大学自行制备了层叠实体制造（LOM）工艺用纸，同时成功地解决了熔融沉积（FDM）工艺用蜡和 ABS 丝材的制备，并开发出了系列成形设备。其先进成形制造教育部重点实验室研制出国内第一台 EBSM-150 电子束快速制造装置，并与西北有色金属研究院联合开发了第二代 EBSM-250 电子束快速成形系统。基于此设备，西北有色金属研究院在电子束快速成形制造工艺及变形控制等方面进行了深入的研究，并制造出复杂的钛合金叶轮样件。西安交通大学也在电子束熔融直接金属成形以及光固化成形等 3D 打印基础工艺方面有深入的研究，并自行研制了 LPS 系列用光固化树脂。华中理工大学早在 20 世纪 90 年代初就与新加坡 KINERGY 公司合作，开发出基于层叠实体制造（LOM）技术的 Zippy 系列快速成形系统，并建立起 LOM 成形材料性能的测试指标和测试方法。

基于电弧/等离子弧熔覆的快速成形技术具有效率高、成本低以及节材等优势，尤其适合于大型零部件的 3D 打印直接成形。因此，许多国内高校如哈尔滨工业大学、华中科技大学、西安交通大学、南昌大学、天津大学、北京工业大学以及装甲兵工程学院等都非常重视该类打印成形技术的发展与应用，从系统构建到零部件直接制备，再到成形材料研制，都有研究者对其进行深入的研究。另外，装甲兵工程学院把基于焊接的 3D 打印成形技术用于装备维修保障领域，成功地实现了多种失效装备零部件的再制造。

基于激光的打印成形技术是目前 3D 打印的主流技术，包括利用激光束切割薄层纸（LOM）、选择性激光烧结（SLS）、选择性激光熔化（SLM）、激光近形制造（LENS）以及直接光制造（DLF）等。其中，LOM 和 SLS 主要用来制作模具和原型件，后几种主要用来直接制造金属零件。LOM 技术的代表性单位是清华大学和华中理工大学。华中科技大学在 SLS 方面有深入的研究，该校开发的基于粉末床的激光烧结快速制造装备，是目前世界上最大成形空间的快速制造装备。西北工业大学采用 LENS 直接制造金属零件，并已成功地对航空发动机叶片进行了再制造修复。华南理工大学、南京航空航天大学、四川大学等单位都在 SLM 方面有深入研究，尤其是华南理工大学，其在设备研制方面成果显著。2007 年，该校与广州瑞通激光科技有限公司合作开发的 SLM 制造设备 DiMetal - 280 在特定材料的关键性能方面可以与国外同类产品相媲美。

北京航空航天大学在激光堆积成形技术成形大型钛合金件研究方面卓有成就。该校成功开发了飞机大型整体钛合金主承力结构件激光快速成形工程化成套装备，并已成形出世界上最大的钛合金飞机主承力结构件，使我国成为世界上第一个，也是唯一一个掌握飞机钛合金大型主承力结构件激光快速成形技术并实现装机应用的国家。目前该技术已广泛地应用于我国的航空航天领域。合肥工业大学成立了三维打印与激光再制造先进技术研究中心，建设起"3D 打印及激光熔覆设备系统平台"，专门从事高端 3D 打印制造设备研发，同时从事 3D 打印直接制造与再制造技术研究。上海交通大学 3D 打印实验室、沈飞 601 所、南京航空航天大学、上海飞机设计研究所、中航工业北京航空制造工程研究所高能束流加工技术重点实验室，以及中国海洋大学、青岛大学、青岛科技大学、山东科技大学、中国石油大学、沈阳工业大学、中北大学等高校也都在机械控制、产品设计、三维扫描和打印材料开发等领域开展了相关研发。

5.4.2　企业方面

目前，国内许多相关产业公司之间已经联合成立起专门从事 3D 打印产业的公司，如银邦股份与安迪利捷贸易有限公司合作成立飞而康快速制造科技有限责任公司，昆明机床、秦川发展等公司联合成立西安瑞特快速制造工程研究有限公司等，并且许多已经上市。目前，国内从事 3D 打印产业的企事业单位根据其主要从事的 3D 打印产业内容大致可分为 3 类：主要从事打印材料研发的上游公司，从事相关打印设备研发与销售的中游公司，以及从事 3D 打印服务的下游公司。表 5-2 为我国从事 3D 打印及 3D 扫描设备企业。

表 5-2　我国从事 3D 打印及 3D 扫描设备企业

地区	3D 打印及 3D 扫描设备企业
华南地区	广州市网能产品设计有限公司、广州市熙尔电子科技有限公司、珠海西通电子有限公司、康硕集团佛山公司、深圳市大族激光科技股份有限公司、深圳市克洛普斯科技有限公司、中山市东方博达电子有限公司、深圳市精易迅科技有限公司、东莞智维立体成形股份有限公司、深圳创品世纪科技有限公司、广州市文搏实业有限公司、广州捷和电子科技有限公司等
华东地区	上海富奇凡机电科技有限公司、江苏永年激光成形技术有限公司、上海联泰三维科技有限公司、杭州先临三维科技股份有限公司、浙江闪铸三维科技有限公司、安徽西锐三维打印科技有限公司、江苏威宝仕科技有限公司、南京紫金立德电子有限公司、南京宝岩自动化有限公司、杭州铭展网络科技有限公司、杭州捷诺飞生物科技有限公司、吴江中瑞机电科技有限公司、安徽省春谷 3D 打印智能装备产业园（安徽蓝蛙电子科技有限公司、芜湖市爱三迪电子科技有限公司、芜湖瀚博电子科技有限公司等 5 家 3D 打印企业）、宁波乔克兄弟电子科技有限公司、上海普利生机电科技有限公司、金华万豪配件有限公司、宁波速美科技有限公司、金华市易立创三维科技有限公司、江苏派恩信息科技有限公司、磐纹科技（上海）有限公司、乐清市凯宁电气有限公司、台州黄岩合创快速制造技术有限公司、杭州讯点科技有限公司、福州锐品电子技术有限公司、上海揭蒂实业有限公司、上海复翔信息科技有限公司、上海睿闪电子科技有限公司、迈济智能科技（上海）有限公司、湖州艾先特电子科技有限公司、宁波高新区多维时空科技有限公司 中航工业青岛前哨精密机械有限责任公司、青岛尤尼科技有限公司、青岛合创快速智造技术有限公司、青岛金石清华科技发展有限公司、青岛三易三维技术有限公司、青岛奥德莱三维打印有限公司、青岛斯玛特自动化科技有限公司、青岛儒苑正创电子科技有限公司、青岛泰维工业技术有限公司、青岛森博软件有限公司、山东三迪智能科技有限公司、山东稷下风数字科技有限公司、济南乐创信息技术有限公司等
华北地区	北京隆源自动成形系统有限公司、北京太尔时代科技有限公司、北京北方恒利科技发展有限公司、北京汇天威科技有限公司、天津微深科技有限公司、北京紫晶立方科技有限公司、天津天建众旺科技有限公司、威森三维科技有限公司等
华中地区	湖南华曙高科技有限责任公司、武汉滨湖机电技术产业有限公司、郑州乐彩科技股份有限公司、武汉巧意科技有限公司、武汉惟景三维科技有限公司、河南仕必得电子科技有限公司、智垒电子科技（武汉）有限公司等
西北地区	陕西恒通智能机器有限公司、西安铂力特激光成形有限公司、西安蒜泥电子科技有限责任公司等
西南地区	成都墨之坊科技有限公司等
东北三省	优克多维（大连）科技有限公司、沈阳盖恩科技有限公司、沈阳赛恩斯商贸有限公司等

5.5　光固化快速成形

5.5.1　光固化快速成形工作原理

　　光固化快速成形（stereo lithography appearance，SLA），即立体光固化成形法，该技术最早是由美国麻省理工学院的 Charles Hull 在 1986 年研制成功，并于 1987 年获得专利，是最早出现的、技术最成熟和应用最广泛的 3D 打印技术。其工艺过程原理如图 5-3 所示。用特定波长与强度的激光聚焦到光固化材料表面，使之按由点到线、由线到面顺序凝固，完成一个层面的绘图作业，然后升降台在垂直方向移动一个层片的高度，再固化另一个层面，这样层层叠加构成一个三维实体。

　　SLA 技术采用液态光敏树脂原料，其工艺过程是：首先通过 CAD 设计出三维实体模型，利用离散程序将模型进行切片处理，设计扫描路径，产生的数据将精确控制激光扫描器和升降台的运动；激光光束通过数控装置控制的扫描器，按设计的扫描路径照射到液态光敏树脂表面，使表面特定区域内的一层树脂固化，当一层加工完毕后，就生成零件的一个截面。然后，升降台下降一定距离，固化层上覆盖另一层液态树脂，再进行第二层扫描，第二固化层牢固地

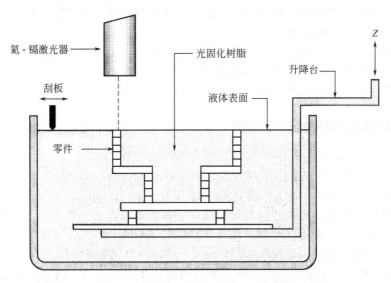

图 5-3 光固化快速成形工艺过程原理

黏结在前一固化层上，这样一层层叠加就形成了三维工件原型。将原型从树脂中取出后，进行最终固化，再经打光、电镀、喷漆或着色处理即得到满足要求的产品。

SLA 主要用于制造多种模具、模型等，还可以通过在原料中加入其他成分，用 SLA 原型模代替熔模精密铸造中的蜡模。

5.5.2 光固化快速成形技术特点

光固化快速成形技术的优势在于成形速度快、原型精度高，非常适合制作精度要求高、结构复杂的小尺寸工件。在使用光固化技术的工业级 3D 打印机领域，比较著名的是 Object 公司。该公司为 SLA 3D 打印机提供超过 100 种以上的感光材料，是目前支持材料最多的 3D 打印设备。同时，Object 系列打印机支持的最小层厚已达到 $16\mu m$，在所有 3D 打印技术中 SLA 打印成品具备最高的精度、最好的表面光洁度等优势。

但是光固化快速成形技术也有两个不足。首先是光敏树脂原料具有一定的毒性，操作人员在使用时必须采用防护措施。其次，光固化快速成形的成品在整体外观方面表现非常好，但是材料强度方面尚不能与真正的制成品相比，这在很大程度上限制了该技术的发展，使得其应用领域限制于原型设计验证方面，后续需要通过一系列处理工序才能将其转化为工业级产品。

此外，SLA 技术的设备成本、维护成本和材料成本都远远高于熔融挤压式（FDM）等技术。因此，目前基于光固化技术的 3D 打印机主要应用于专业领域，桌面级应用尚处于启动阶段，相信不久的将来会有更多低成本的 SLA 桌面 3D 打印机面世。

5.5.2.1 SLA 技术的优势

具体来讲，SLA 技术的优势主要有以下几个方面。

（1）SLA 技术出现时间早，经过多年的发展，技术成熟度高。

（2）打印速度快，光敏反应过程便捷，产品生产周期短，并无须切削工具与模具。

（3）打印精度高，可打印结构外形复杂或传统技术难以制作的原型和模具。

（4）上位机软件功能完善，可联机操作及远程控制，有利于生产的自动化。

5.5.2.2 SLA 技术的缺陷

相比其他打印技术而言，SLA 技术的主要缺陷在于以下几个方面。

（1）SLA 设备普遍价格高昂，使用和维护成本很高。

（2）需要对毒性液体进行精密操作，对工作环境要求苛刻。

（3）受材料所限，可使用的材料多为树脂类，使得打印成品的强度、刚度及耐热性能都非常有限，并且不利于长时间保存。

（4）由于树脂固化过程中会产生收缩，不可避免地会产生应力或引起形变，因此开发收缩小、固化快、强度高的光敏材料是其发展趋势。

（5）核心技术被少数公司所垄断，技术和市场潜力未能全部被挖掘。

5.5.3　光固化快速成形机典型设备

3D Systems 公司作为世界上 3D 打印的领军者，由 SLA 的发明者 Charles Hull 在 1986 年建立。该公司是一家全球领先的 3D 内容到印刷（content-to-print）解决方案供应商，其产品包括 3D 打印机、打印材料、线上按需定制零部件服务和 3D 端到端解决方案。产品线丰富，覆盖民用和工业以及高端，提供用于各种扫描仪等端到端的解决方案。图 5-4 为该公司生产的微型 SLA 3D 打印机。非常适合小型、细节丰富的部件和铸造模型，如珠宝、电子元器件和牙模等。最大打印体积为 43mm×27mm×180mm，打印分辨率为 585dpi。该打印机使用 3DS 新 VisiJet FTX 绿色材料，层厚度 0.03mm，垂直构建速度 13mm/h。图 5-5 为该打印机打印的牙模。

图 5-4　PROJET 1200 型 SLA 3D 打印机

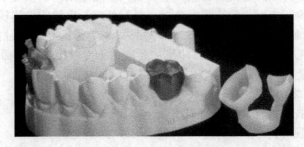

图 5-5　PROJET 1200 型 SLA 3D 打印机打印的牙模

图 5-6 为 3D Systems 公司生产的 ProX 950 SLA 的 SLA 3D 打印机，该款打印机最大打印体积为 1500mm×750mm×550mm。ProX 950 配备了 3D Systems 公司最新的 Poly Ray 打印头技术，打印速度是其他打印机速度的 10 倍，使用材料为普遍认可的高性能工程材料，能够完全胜任航空航天、医疗设备、工业领域的应用。ProX 950 打印机能够打印与 CNC 技术相媲美的高精度精密零件。

ProX 950 支持多种 SLA 工业材料，可以打印韧性强的类 ABS 材料，也可以打印透明的类树脂材料。图 5-7 为 ProX 950 型 SLA 3D 打印机打印的发动机模型。

图 5-6 ProX 950 型 SLA 3D 打印机

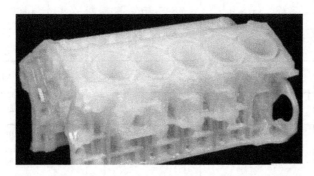

图 5-7 ProX 950 型 SLA 3D 打印机打印的发动机模型

图 5-8 所示为陕西恒通智能机器有限公司生产的 SLA 成形机。图 5-9 所示为 SLA 光敏树脂成形件。表 5-3 为陕西恒通公司生产的 SLA 成形机的主要技术参数。表 5-4 为广州市文博实

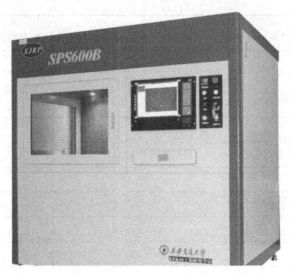

图 5-8 陕西恒通智能机器有限公司生产的 SLA 成形机

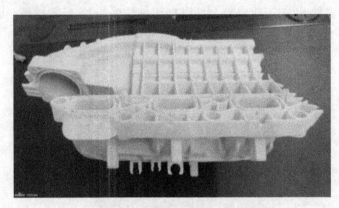

图 5-9　SLA 光敏树脂成形件

业有限公司销售的 SLA 成形机用光敏树脂材料特性。

表 5-3　陕西恒通公司生产的 SLA 成形机的主要技术参数

项目	成形机型号			
	SPS350B	SPS450B	SPS600B	SPS800B
激光最大扫描速度/(m/s)	10	10	10	10
激光光斑直径/mm	≤0.15	≤0.15	≤0.15	≤0.15
成形室尺寸/mm	350×350×350	450×450×350	600×600×400	800×600×400
分层厚度/mm	0.06~0.20	0.06~0.20	0.06~0.20	0.06~0.20
成形件精度	±0.10mm (L≤100mm) 或±0.10% (L>100mm)	±0.10mm (L≤100mm) 或±0.10% (L>100mm)	±0.10mm (L≤100mm) 或±0.10% (L>100mm)	±0.10mm (L≤100mm) 或±0.10% (L>100mm)
质量成形率/(g/h)	80	80	80	80
外形尺寸/mm	1565×995×1930	1565×1095×1930	1865×1245×1930	2065×1245×2220
设备功率/kW	3	3	3	6

表 5-4　广州市文博实业有限公司销售的 SLA 成形机用光敏树脂材料特性

项目	树脂牌号	
	WBSLA2820	WBSLA2822
密度/(g/cm³)	1.13	1.12
30℃黏度/mPa·s	270	260
弹性模量/MPa	2650~2880	2550~3000
拉伸强度/MPa	41~50.6	45~54
断裂伸长率/%	15~25	11~23
缺口冲击强度/(J/m)	0.27~0.45	0.27~0.45
弯曲模量/MPa	1640~2270	1740~2470
弯曲强度/MPa	68.1~80.16	62~80.16

续表

项 目		树脂牌号	
		WBSLA2820	WBSLA2822
热变形温度/℃	0.45MPa 下	60～85	60～85
	1.8MPa 下	55～75	55～75
玻璃化温度/℃		52～58	52～58
颜色		无色,透明	白色

5.6　叠层实体制造

5.6.1　叠层实体制造工作原理

叠层实体制造（laminated obiect manufacturing，LOM）快速原型技术是一种薄片材料叠加工艺，又称为分层实体制造。该技术最早是由美国 Helisys 公司的工程师 Michael Feygen 于1986 年研制成功。后来由于技术合作被引进中国。目前，南京紫金立德电子有限公司成为全球唯一拥有该技术核心专利的公司。分层实体制造法也成为众多快速成形技术中唯一由中国企业掌握的关键技术，基于该技术的商业 3D 打印机也于 2010 年成功推出。

图 5-10 所示是一种最先出现的 LOM 成形机原理。这种成形机由原材料储存及送进机构、热黏压机构、激光切割系统、可升降工作台和数控系统等组成。原材料储存及送进机构将存于其中的底面涂覆热熔胶的纸，逐步送至工作台的上方。热黏压机构将一层层纸黏合在一起。激光切割系统按照计算机提取的工件横截面轮廓线，逐一在工作台上方的纸上刻出轮廓线，并将无轮廓区切割成小网格，以便在成形之后能剔除废料。网格的大小根据成形件的形状复杂程度选定，网格越小，越易剔除废料，但花费的成形时间较长。可升降工作台支承正在成形的工件，并在每层成形之后降低一层纸的厚度（通常为 0.1～0.2mm），以便送进、黏合和切割新的一层纸。数控系统执行计算机发出的指令，使一段段的纸逐步送至工作台的上方，然后黏合、切割，最终形成 3D 工件。用这种成形机制作工件时，只需切割工件截面的轮廓线就可形成工件的整个截面，因此，比较省时，比较适合于制作大中型厚实工件。

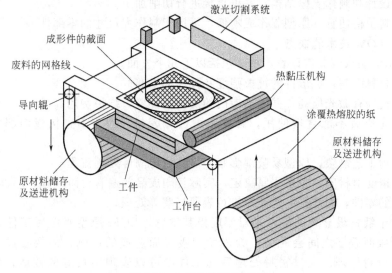

图 5-10　LOM 成形机原理

LOM 成形机的工作过程如图 5-11 所示，成形结束后得到包含成形件和废料的叠层块，成形件被废料小网格包围，剔除这些小网格之后，便可得到成形件。显然，用这种成形机成形时，不必另外设置支撑结构，废料小网格本身就能起支撑结构的作用。

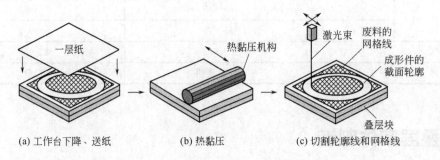

(a) 工作台下降、送纸   (b) 热黏压   (c) 切割轮廓线和网格线

图 5-11   LOM 成形机的工作过程

5.6.2   叠层实体制造技术特点

目前，该打印技术能成熟使用的打印材料相比熔融挤压式（FDM）设备而言要少很多，最为成熟和常用的还是涂有热敏胶的纤维纸。由于原材料的限制，导致打印出的最终产品在性能上仅相当于高级木材，一定程度上限制了该技术的推广和应用。但该技术同时又具备工作可靠、模型支撑性好、成本低、效率高等优点，但缺点是打印前准备和后处理都比较麻烦，并且不能打印带有中空结构的模型。在具体使用中多用于快速制造新产品样件、模型或铸造用木模。

5.6.2.1   LOM 技术的优点

LOM 技术的优点主要有以下几个方面。

（1）成形速度较快。由于 LOM 本质上并不属于增材制造，无须打印整个切面，只需要使用激光束将物体轮廓切割出来，所以成形速度很快，因而常用于加工内部结构简单的大型零部件。

（2）模型精度很高，并可以进行彩色打印，同时打印过程造成的翘曲变形非常小。

（3）原型能承受高达 200℃ 的温度，有较高的硬度和较好的力学性能。

（4）无须设计和制作支撑结构，并可直接进行切削加工。

（5）原材料价格便宜，原型制作成本低，可用于制作大尺寸的零部件。

5.6.2.2   LOM 技术的缺点

LOM 技术的缺点也非常显著，主要包括以下几个方面。

（1）受原材料限制，成形件的抗拉强度和弹性都不够好。

（2）打印过程有激光损耗，并需要专门的实验室环境，维护费用高昂。

（3）打印完成后不能直接使用，必须手工去除废料，因此不宜构建内部结构复杂的零部件。

（4）后处理工艺复杂，原型易吸湿膨胀，需进行防潮等处理流程。

（5）Z 轴精度由材质和胶水层厚决定，实际打印成品普遍有台阶纹理，难以直接构建形状精细、多曲面的零件，因此打印后还需进行表面打磨等处理。

另外，由于纸材最显著的缺点是对湿度极其敏感，LOM 原型吸湿后工件 Z 轴方向容易产生膨胀，严重时叠层之间会脱落。为避免因吸湿而造成的影响，需要在原型剥离后的短期内迅速进行密封处理。经过密封处理后的工件则可以表现出良好的性能，包括强度和抗热抗湿性。

5.6.3　叠层实体制造典型设备

图 5-12 为南京紫金立德电子有限公司生产的 Solido SD300-2Pro 型成形机，采用的成形叠层材料是厚度为 0.15mm 的 PVC 塑料薄膜（在熨平机构内涂胶），用刻刀在塑料薄膜上刻写成形件的截面轮廓线，用笔尖粗细不同的 3 支去胶笔涂覆解胶剂，以便消除轮廓线外胶水的黏性。

图 5-12　南京紫金立德电子有限公司生产的
Solido SD300-2Pro 型成形机

在使用 Solido SD300-2Pro 型成形机制作工件时，首先将三维的 CAD 设计文档导入附带的 SDView 软件中，切割刀根据每个横切面的数据，在一层层的 PVC 薄膜上进行切割，并依次堆叠，每层 PVC 薄膜之间用胶水黏合，而不需要黏合的地方用解胶水将胶水擦掉。不到几小时，将堆叠完成的 PVC 板块取出，拨除多余的 PVC 材料，成形件的制作即可完成。该成形机的成形室尺寸为 160mm×210mm×135mm，PVC 塑料薄膜材料的热变形温度为 57～60℃（0.45MPa 下）。

5.7　选区激光烧结/熔化成形

5.7.1　选区激光烧结/熔化成形工作原理

选区激光烧结/熔化成形机有选区激光烧结（selected laser sintering，SLS）成形机和选区激光熔化（selected laser melting，SLM）成形机两种。该技术最早由美国得克萨斯大学的研究生 C. Deckard 于 1986 年提出 Selective Laser Sintering（SLS）的思想，并于 1989 年研制成功。凭借这一核心技术，C. Deckard 组建了 DTM 公司，于 1992 年发布了第一台基于 SLS 的商业成形机。之后该公司成为 SLS 技术的主要领导企业，直到 2001 年被 3D Systems 公司收购。另外，德国 EOS 公司也在这一技术领域有深厚的积累，拥有许多专利技术，并开发了一系列相应的成形设备。

在国内方面，目前已有多家单位开展了对 SLS 的相关研究工作，如华中科技大学、南京航空航天大学、西北工业大学、中北大学和北京隆源自动成形有限公司等，取得了许多研究成果，如南京航空航天大学研制的 RAP-Ⅰ型激光烧结快速成形系统、北京隆源自动成形有限公司开发的 Laser Core-5300 激光快速成形的商品化设备。

如图 5-13 所示，选区激光烧结/熔化采用二氧化碳激光器对粉末材料（塑料粉、陶瓷与黏结剂的混合粉、金属与黏结剂的混合粉等）进行选择性烧结、熔化，是一种由离散点一层层堆积成三维实体的工艺方法。在开始加工之前，先将充有氮气的工作室升温，并保持在粉末的熔点以下。成形时，送料筒上升，铺粉滚筒移动，先在工作平台上铺一层粉末材料，然后激光束在计算机控制下按照截面轮廓对实心部分所在的粉末进行烧结、熔化，使粉末熔化继而形成一层固体轮廓。第一层烧结完成后，工作台下降一截面层的高度，再铺上一层粉末，进行下一层烧结，如此循环，形成三维的原型零件。最后经过 5～10h 冷却，即可从粉末缸中取出零件。未经烧结、熔化的粉末能承托正在烧结的工件，当烧结工序完成后，取出零件，未经烧结的粉末基本可由自动回收系统进行回收。选区烧结、熔化工艺适合成形中小型物体，能直接成形塑料、陶瓷或金属零件，零件的翘曲变形比液态光敏树脂选择性固化工艺要小。但这种工艺仍要对整个截面进行扫描和烧结，加上工作室需要升温和冷却，成形时间较长。此外，由于受到粉末颗粒大小及激光点的限制，零件的表面一般呈多孔性。在烧结陶瓷、金属与黏结剂的混合粉并得到原型零件后，必须将它置于加热炉中，烧掉其中的黏结剂，并在孔隙中渗入填充物。选择性激光烧结成形工艺能够实现产品设计的可视化，并能制作功能测试零件。由于它可采用各种不同成分的金属粉末进行烧结、渗铜等后处理，因而其制成的产品可具有与金属零件相近的力学性能，故可用于制作 EDM 电极、直接制造金属模以及进行小批量零件生产。

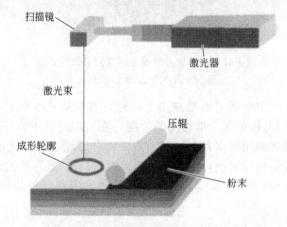

图 5-13　选区激光烧结/熔化成形原理

SLS 工艺主要支持粉末状原材料，包括金属粉末和非金属粉末，然后通过激光照射烧结原理堆积成形。SLS 的打印原理与 SLA（光固化快速成形）十分相似，主要区别在于所使用的材料及其形态不同。SLA 所用的原材料主要是液态的紫外光敏可凝固树脂，而 SLS 则使用粉状的材料。这一成形机理使得 SLS 技术在原材料选择上具备非常广阔的空间，因为从理论上来讲，任何可熔的粉末都可以用来进行制作，并且打印的模型可以作为真实的原型制件使用。

5.7.2　选区激光烧结/熔化成形技术特点

与其他 3D 打印技术相比，SLS 工艺最突出的优点在于它打印时可以使用的原材料十分广泛，目前，可成熟运用于 SLS 设备打印的材料主要有石蜡、高分子材料、金属、陶瓷粉末和它们的复合粉末材料。由于 SLS 工艺具备成形材料品种多、用料节省、成形件性能好、适合用途广以及无须设计和制造复杂的支撑系统等优点，所以 SLS 的应用越来越广泛。

SLM 与 SLS 的不同之处在于：SLS 成形时，粉末半固态液相烧结，粉粒表层熔化并保留其固相核心；SLM 成形时，粉末完全熔化。SLM 成形方式虽然有时仍然采用与 SLS 成形相同的"烧结"（sintering）表述，但实际的成形机制已转变为粉末完全熔化机制，因此成形性能显著提高。

5.7.2.1　SLS 的优点

SLS 的优点主要有以下几个方面。

（1）与其他工艺相比，能生产强度高、材料属性优异的产品，甚至可以直接作为终端产品使用。

（2）可供使用的原材料种类众多，包括工程塑料、石蜡、金属、陶瓷粉末等。

（3）零件的构建时间较短，打印的物品精度非常高。

（4）无须设计和构造支撑部件。

5.7.2.2　SLS 的缺点

相对其他 3D 打印技术，其缺点主要包括以下几点。

（1）关键部件损耗高，并需要专门的实验室环境。

（2）打印时需要稳定的温度控制，打印前后还需要预热和冷却，后处理也较麻烦。

（3）原材料价格及采购维护成本都较高。

（4）成形表面受粉末颗粒大小及激光光斑的限制，影响打印的精度。

（5）无法直接打印全封闭中空的设计，需要留有孔洞去除粉材。

5.7.3　选区激光烧结/熔化成形典型设备

3D 打印机技术中，金属粉末 SLS 技术一直是近年来人们研究的一个重要方向。实现使用高熔点金属直接烧结成形零件，有助于制作传统切削加工方法难以制造的高强度零件，对快速成形技术更广泛的应用具有特别重要的意义。

从未来发展来看，SLS 技术在金属材料领域中的研究方向主要集中在单元体系金属零件的烧结成形、多元合金材料零件的烧结成形、先进金属材料（如金属纳米材料、非晶态金属合金等）的激光烧结成形等方向，尤其适合于硬质合金材料微型元件的成形。此外，还可以根据零件的具体功能及经济要求来烧结形成具有功能梯度和结构梯度的零件。相信随着人们对激光烧结金属粉末成形机理的掌握，对各种金属材料最佳烧结参数的获得，以及专用的快速成形材料的出现，SLS 技术的研究和应用也将会进入一个新的局面。

（1）3D Systems 公司　3D Systems 公司在选择性激光烧结技术上拥有多项专利，其打印机包括 sPro60，sPro140 和 sP230 SLS 系列打印机。

图 5-14 为 3D Systems 公司的 sPro60 HD 激光烧结打印机，使用 CO_2 激光将粉末材料和复合材料逐层覆盖在固体截面上，适用于铸件、引擎、气动设备、航空、机械制造等多种领域。成形件最大尺寸为 381mm×330mm×457mm。粉末压模工具采用精密对转辊，层厚范围为 0.08～0.15mm，体积建模速率为 0.9L/h。

（2）德国 EOS GmbH 公司　图 5-15 为德国 EOS GmbH 公司生产的金属激光烧结成形机，可以直接成形金属工件。图 5-16 为金属粉末烧结成形零件。

表 5-5 是德国 EOS GmbH 公司生产的 SLS/SLM 成形机的主要技术参数。表 5-6 是 EOSINT M280 成形机使用的金属粉材的特性。

（3）武汉滨湖机电技术产业有限公司　图 5-17 为武汉滨湖机电技术产业有限公司 HRPM-Ⅱ激光烧结成形机，该成形机的成形室尺寸为 250mm×250mm×250mm，分层厚度为 0.02～0.20mm，成形件的精度为 ±0.1mm（$L \leqslant 100$mm）或 ±0.1%（$L > 100$mm），光纤激光器（200W/400W），扫描速度为 5m/s，外形尺寸为 1050mm×970mm×1680mm，成形材料为钛合金、高温镍合金、钨合金、不锈钢等金属粉材。

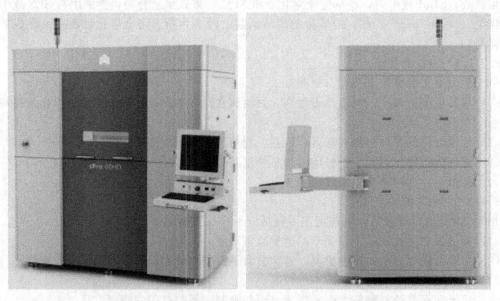

图 5-14　3D Systems 公司的 sPro60 HD 激光烧结打印机

图 5-15　德国 EOS GmbH 公司生产的金属激光烧结成形机

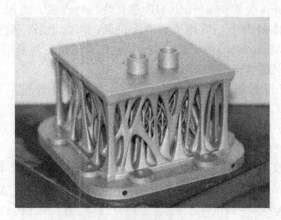

图 5-16　金属粉末烧结成形零件

表 5-5　德国 EOS GmbH 公司生产的 SLS/SLM 成形机的主要技术参数

项目	成形机型号		
	EOSINT P800	EOSINT S750	EOSINT M280
成形室尺寸/mm	700×380×560	720×380×380	250×250×325
高度方向成形速度/(mm/h)	最大 7		最大 7
激光光斑直径/mm	—		0.10～0.50
体积成形率/(cm³/h)	—	最大 2500	72
分层厚度/mm	0.12	0.20	0.02～0.10
激光器	2×50W,CO₂	2×100W,CO₂	200W 或 400W,Yb-fibre
扫描速度/(m/s)	最大 2×6	最大 3	最大 7
成形材料	塑料粉	树脂覆膜砂	金属粉
外形尺寸/mm	2250×1550×2100	1420×1400×2150	2200×1070×2290
质量/kg	2300	1050	1250

表 5-6　EOSINT M280 成形机使用的金属粉材的特性

材料牌号	成形件密度/(g/cm³)	弹性模量/GPa	抗拉强度/MPa	屈服强度/MPa	硬度	最高工作温度/℃	熔点/℃	材质
EOS AlSi10Mg	2.67	70±5	445±20	275±10	(120±5)HBW	—	—	铝合金
EOS Cobalt Chrome MP1	8.29	220	1300	920	40～45HRC	1150	1350～1430	钴铬钼合金
EOS Cobalt Chrome SP2	8.5	170	800	—	(360±20)HV	—	1380～1440	钴铬钼合金
EOS Maraging Steel MS1	8.0～8.1	180±20	1100±100	1100±100	33～37HRC	400	—	马氏体钢
EOS Nickel Alloy IN625	8.4	170±20	990±50	725±50	30HRC	650	—	耐热镍铬合金
EOS Nickel Alloy IN718	8.15	160±20	1060±50	780±50	30HRC	650	—	耐热镍合金
EOS Stainless Steel GP1	7.8	170±20	1050±50	540±50	230HV	550	—	不锈钢
EOS Stainless Steel PH1	7.8	—	1150±50	1050±50	30～35HRC	—	—	沉淀硬化不锈钢
EOS Titanium Ti64	4.43	110±7	1150±60	1030±70	41～44HRC	350	—	钛合金

图 5-17　武汉滨湖机电技术产业有限公司 HRPM-Ⅱ
激光烧结成形机

（4）北京隆源公司　图 5-18 所示是北京隆源公司生产的 Laser Core-5300 型 SLS 成形机，该成形机的成形室尺寸为 700mm×700mm×500mm，分层厚度为 0.10～0.35mm，激光器为 CO_2 射频（50W/100W），扫描速度为 6m/s，体积成形率为 90～130cm³/h，外形尺寸为 1960mm×1480mm×2600mm，成形材料为树脂覆膜砂、精铸模料。2011 年该公司为满足柴油机等行业需求，通过与广西玉柴机器股份有限公司、东风商用汽车工艺所合作，研发出发动机缸体和缸盖的快速制造方法与工艺（图 5-19），材料为 ZL104，烧结时间为 24h，铸造周期为 15 天。

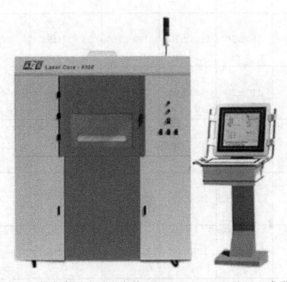

图 5-18　北京隆源公司生产的 Laser Core-5300 型 SLS 成形机

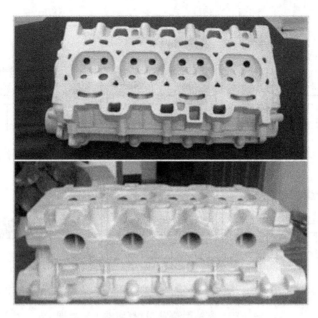

图 5-19　发动机缸盖

5.8　黏结剂喷射

5.8.1　黏结剂喷射工作原理

黏结剂喷射 3D 打印（three dimensional printing and gluing，3DPG，常被称为 3DP）是利用黏结剂喷涂在成形材料粉末上使其成形的一种增材制造技术，又称为三维印刷技术。该项技术由麻省理工学院教授 Emanual M. Sachs 和 John S. Haggerty 于 1993 年所开发，1995 年由 Z Corp 公司将该技术推向产业化。该工艺是以某种喷头作为成形源，其运动方式与喷墨打印机的打印头类似，在台面上作 XY 平面运动，所不同的是喷头喷出的不是传统喷墨打印机的墨水，而是黏结剂，基于快速成形技术基本的堆积建造方式，实现原型的快速制作。与 SLS 技术相比，3DP 技术的设备投资小、使用寿命长、易于维护且环境适应性好，近年来因其材料应用广泛、设备成本较低且可小型化到办公室使用等优点，发展非常迅速。

黏结剂喷射 3D 打印的工艺原理如图 5-20 所示。首先按照设定的层厚进行铺粉，随后根据每层叠层的截面信息，利用喷嘴按照指定的路径将液态黏结剂喷在预先铺好的粉层特定区域，之后将工作台下降一个层厚的距离，继续进行下一叠层的铺粉，逐层黏结后去除多余底料以得到所需形状制件。其工艺过程如下。

（1）利用三维 CAD 软件完成所需制作的 3D 模型设计。

（2）在计算机中将模型生成 STL 文件，利用专用软件将其切成薄片。

（3）转换成矢量数据，控制黏结剂喷射头移动的走向和速度。

（4）采用专用的铺粉装置，将陶瓷等粉末铺在活塞台面上。

（5）用校平鼓将粉末滚平，粉末的厚度等于计算机切片处理中片层的厚度。

（6）按照步骤（3）的要求，利用计算机控制的喷射头进行扫描喷涂黏结。

（7）计算机控制活塞使之下降一个层片的高度。

（8）重复步骤（4）、（5）、（6）、（7）四步，一层层地将整个零件坯体制作完成。

（9）取出零件坯，去除未黏结的粉末，并将这些粉末回收。

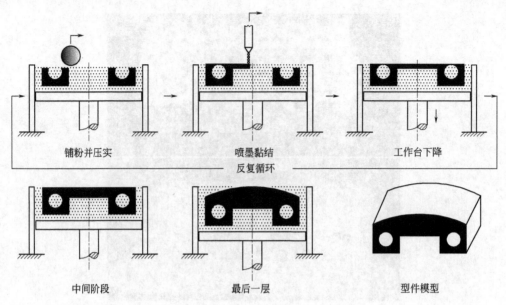

铺粉并压实　　　　　喷墨黏结　　　　　工作台下降

反复循环

中间阶段　　　　　　最后一层　　　　　　型件模型

图 5-20　黏结剂喷射 3D 打印的工艺原理

（10）在温控炉中对零件坯进行焙烧等后续处理。

5.8.2　黏结剂喷射技术特点

3DP 技术的优势主要集中在成形速度快、无须支撑结构，而且能够打印出全彩色的产品，这是目前其他技术都比较难以实现的。当前采用 3DP 技术的设备不多，比较典型的是 Z Corp 公司（已被 3D Systems 公司收购）的 ZPrinter 系列，这也是当前一些高端 3D 照相馆所使用的设备。ZPrinter 系列高端产品 Z650 已能支持 39 万色的产品打印，色彩方面非常丰富，基本接近传统喷墨二维打印的水平。在 3D 打印技术各大流派中，该技术也被公认在色彩还原方面是最有前景的，基于该技术的设备所打印的产品在实际体验中也最为接近于原始设计效果。

但是 3DP 技术的不足也同样非常明显。首先，打印出的工件只能通过粉末黏结，受黏结剂材料限制，其强度很低，基本只能作为测试原型。其次，由于原材料为粉末，导致工件表面远不如光固化快速成形（SLA）等工艺成品的光洁度，并且精细度方面也要差很多。所以为使打印工件具备足够的强度和光洁度，还需要一系列的后处理工序。此外，由于制造相关原材料粉末的技术也比较复杂、成本较高，所以目前 3DP 技术的主要应用领域都集中在专业应用上面，桌面级别的 3DP 打印机能否大范围推广还需要后续观察。

与其他打印技术相比，3DP 技术的主要优点如下。

（1）打印速度快，无须添加支撑。

（2）技术原理同传统工艺相似，可以借鉴很多二维打印的成熟技术和部件。

（3）可以在黏结剂中添加墨盒以打印全彩色的原型。

该工艺最致命的缺点在于成形件的强度较低，只能作为概念验证原型使用，难以用于功能性测试。

5.8.3　黏结剂喷射式打印机喷头

喷头是黏结剂喷射式 3D 打印机的关键部件，按照喷头的动力驱动形式，可将其分为气动式喷头、电动式喷头等。

（1）气动式喷头　采用气动式喷头的 3D 打印机，按照气动式喷头的结构不同又分为活塞开关型、时间-压力型、容积型、膜片型和雾化型等。

图 5-21 为活塞开关型气动式喷头。当控制系统使压缩空气通过入口进入喷头时，活塞和与其相连的针阀克服弹簧压力向上运动，开启阀口，自流体入口进入的流体材料（"墨水"）通过阀口和空心针头（标准针头的最小内径为 $60\mu m$）射出。当控制系统使喷头中的压缩空气排出时，在弹簧力的作用下，活塞和与其相连的针阀向下复位，阀口关闭，喷头停止喷射流体材料。用流量控制旋钮调节弹簧的预压量可以改变针阀的开启量，从而使通过喷头的流体流量发生变化。

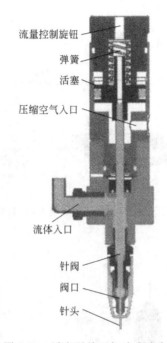

流量控制旋钮
弹簧
活塞
压缩空气入口
流体入口
针阀
阀口
针头

图 5-21　活塞开关型气动式喷头

图 5-22 为采用活塞开关型气动式喷头的 3D 打印机原理。采用活塞开关型气动式喷头虽能控制喷头喷射的流体的启停动作，但难以控制流过喷头的流体的流速等特性参数。另外，由于受喷头中机械运动零件惯性的影响，这种喷头的灵敏度、工作频率和喷射液滴的体积精度不够高。

（2）电动式喷头　采用电动式喷头的 3D 打印机，按照电动式喷头的结构不同又分为电磁阀操控型、微注射器型、电流体动力型、电场偏转型、电动螺杆型和复合型等。

图 5-23 为电磁阀操控型喷头。采用电磁阀的开关动作操控"墨水"的输送与喷射，喷嘴内径为 $50\sim500\mu m$，平均喷射速度约为 $10m/s$，最大流量为 $2mL/s$。

5.8.4　黏结剂喷射式打印机成形材料

5.8.4.1　使用的成形粉末

使用的成形粉末有以下几种。

（1）石膏粉　在石膏粉中加入一些改性添加剂后能用于黏结剂喷射式 3D 打印机的成形材料。这种材料在水基液体的作用下能快速固化，并有一定的强度，因此被广泛应用。

（2）淀粉　淀粉是一种廉价的材料，由于它黏结后的强度较低，所做的成形件一般只用于外观评价。

（3）陶瓷粉　陶瓷粉黏结成形后形成半成品，再将此半成品置于加热炉中，使其烧结成陶瓷壳型，可用于精密铸造。但是，用陶瓷粉作为成形材料时，所用黏结剂的黏度一般比水基液体的

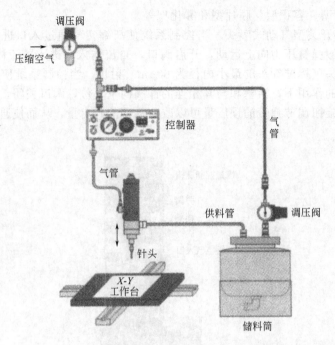

图 5-22　采用活塞开关型气动式喷头的 3D 打印机原理

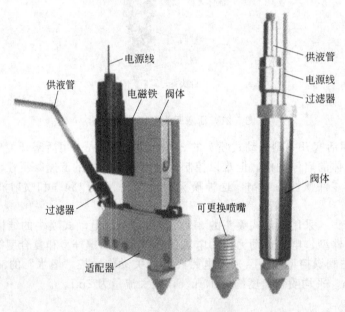

图 5-23　电磁阀操控型喷头

黏度大，喷头容易堵塞，此外，在陶瓷黏结、固化的过程中，还可能发生较大的翘曲变形。

（4）铸造用砂的粉末　例如硅石粉、合成石粉等。

（5）金属粉　例如不锈钢粉、青铜粉、工具钢粉、钛合金粉等。

（6）玻璃粉　例如乳白色磨砂玻璃粉、高光泽黑色玻璃粉、高光泽白色玻璃粉等。

（7）塑料粉　例如聚甲基丙烯酸甲酯粉等。

用于黏结剂喷射式打印机的粉末应满足以下几点基本要求：粒度应足够细，一般应为30～100μm，以保证成形件的强度和表面品质；能很好地吸收所喷射的黏结剂，形成工件截面；低吸湿性，以免从空气中吸收过量的湿气而导致结块，影响成形件的品质；易于分散，性能稳定，可长期储存。

使用的黏结剂是水溶性混合物，包括：聚合物，例如甲氧基聚乙二醇、聚乙烯醇（PVA）、胶体状二氧化硅、聚乙烯吡咯烷酮（PVP）等；碳水化合物，例如阿拉伯胶、刺槐豆胶等；糖和糖醇，例如蔗糖、葡萄糖、果糖、乳糖、山梨糖醇、木糖醇等。

对黏结剂喷射式 3D 打印机使用的黏结剂有以下基本要求：具有较高的黏结能力；具有较低的黏度且颗粒尺寸小（$10 \sim 20 \mu m$），能顺利地从喷嘴中流出；能快速、均匀地渗透粉末层并使其黏结，即黏结剂应具有浸渗剂的性能。

采用的黏结剂应与粉末材料相匹配，例如，陶瓷粉最好采用有机黏结剂（如聚合树脂）或胶体状二氧化硅。在陶瓷粉中还可混入粒状柠檬酸，使喷射胶体状二氧化硅后陶瓷粉能迅速胶合。石膏和淀粉可用水基黏结剂，它们不易堵塞喷头，而且价格低廉。

5.8.4.2　添加物

为改善粉材与黏结剂的性能，还可在其中添加下列物质。

（1）填充物　填充物为被固结物提供机械构架，其颗粒尺寸为 $20 \sim 200 \mu m$，大尺寸颗粒能在粉层中形成大的孔隙，从而使黏结剂能快速渗透，成形件的性能更均匀。采用较小尺寸的颗粒能提高成形件的强度。最常用的填充物是淀粉，如麦芽糊精。

（2）增强纤维　增强纤维用来提高成形件的机械强度，更好地控制其尺寸，而又不会使粉末难以铺设。纤维的长度应大致等于分层厚度，较长的纤维会损害成形件的表面粗糙度，而采用太多的纤维会使铺粉格外困难。最常用的增强纤维有纤维素纤维、碳化硅纤维、石墨纤维、铝硅酸盐纤维、聚丙烯纤维、玻璃纤维等。

（3）打印助剂　通常采用卵磷脂作为打印助剂，它是一种略溶于水的液体。在粉末中加入少量的卵磷脂后，可以在喷射黏结剂之前使粉粒轻微黏结，从而减少灰分的形成。喷洒黏结剂之后，在短时间内卵磷脂继续使未溶解的颗粒相黏结，直到溶解为止。这种效应能减少打印层短暂时间内的变形，这段时间正是使黏结剂在粉层中溶解与再分布所需的。也可采用聚丙二醇、香茅醇作为打印助剂。

（4）活化液　活化液中含有溶剂，使黏结剂在其中能活化，良好地溶解。常用的活化液有水、甲醇、乙醇、异丙醇、丙酮、二氯甲烷、乙酸、乙酰乙酸乙酯等。

（5）润湿剂　润湿剂用于延迟黏结剂中的溶剂蒸发，防止供应黏结剂的系统干涸、堵塞。对于含水溶剂，最好用甘油作为润湿剂，也可用多元醇，例如乙二醇、丙二醇等。

（6）增流剂　增流剂用于降低流体与喷嘴壁之间的摩擦力，或者降低流体的黏度，提高其流动性，以黏结更厚的粉层，更快地成形工件。可用的增流剂有乙二醇双乙酸盐、硫酸铝钾、异丙醇、乙二醇一丁基醚、二甘醇一丁基醚、三乙酸甘油、乙酰乙酸乙酯以及水溶性聚合物等。

（7）染料　染料用来提高对比度，以便于观察。适用的染料有萘酚蓝黑、原生红等。

采用上述添加物时，除活化液外，先将黏结剂、填充物、增强纤维、打印助剂、润湿剂、增流剂、染料与成形材料（如陶瓷粉）构成混合物，并将此混合物一层层地铺设在工作台上，然后再用喷头选择性地喷射活化液，使黏结剂在其中活化、溶解而产生黏结作用。显然，由于黏结剂已先混合在成形材料中，不必另外用喷头喷射，因此，与喷洒黏结剂的 3D 打印成形相比，喷嘴与供料系统不易堵塞，可靠性更高。

黏结剂喷射 3D 打印工艺具有成本低、材料广泛、成形速度快、安全性好、应用范围广泛等优点；但该种工艺的特点也决定了所制作件具有模型精度不高、表面较粗糙、易变形、易出现裂纹、模型强度低等缺点。

5.8.5　黏结剂喷射式打印机典型设备

目前，使用黏结剂喷射技术开发出来的商品化设备主要有 Z Corp 公司的 Z 系列，3D Systems 公司的 ProJet 系列，ExOnerate 公司的 S-Max，Voxeljet 公司的 VX 系列，Therics 公司的 TheriForm，富奇凡公司的 LTY 型打印机等。

（1）Z Corp 公司开发的设备及材料　Z Corp 公司推出的几款设备参数见表 5-7，Z Corp 公司现已并入 3D Systems 公司。

表 5-7　Z Corp 公司的设备参数

参数	型　号				
	Z150	Z250	Z350	Z450	Z650
颜色	白色	64 色	白色	180000 色	390000 色
打印分辨率/dpi	300×450	300×450	300×450	300×450	600×540
最小特征尺寸/mm	0.4	0.4	0.15	0.15	0.10
成形速度/(mm/h)	20	20	20	23	28
模型尺寸/mm	236×185×127	236×185×127	203×254×203	203×254×203	254×381×203
层厚/mm	0.1	0.1	0.089～0.102	0.089～0.102	0.089～0.102
喷头数量	304	604	304	604	1520
数据格式	STL、VRML、PLY、3DS、ZPR	STL、VRML、PLY、3DS、ZPR	STL、VRML、PLY、3DS、ZPR	STL、VRML、PLY、3DS、ZPR	STL、VRML、PLY、3DS、ZPR
设备尺寸/mm	740×790×1400	740×790×1400	1220×790×1400	1220×790×1400	1800×740×1450

图 5-24～图 5-27 为 Z Corp 公司几款 3D 打印机设备及其制作的模型。

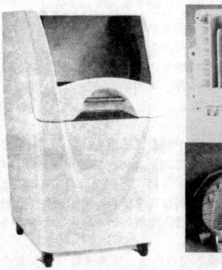

图 5-24　Z150 设备及其制作的模型

3D Systems 公司生产的 ProJet 4500 型黏结剂喷射式 3D 打印机采用 ColorJet Printing (CJP) 技术，成形材料为 VisiJet C4 Spectrum 塑料粉，能打印连续渐变色的全彩色柔性/高强度塑料件，其主要技术参数见表 5-8。VisiJet C4 Spectrum 塑料粉的特性见表 5-9。

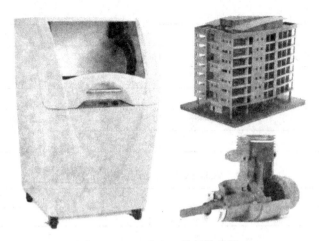

图 5-25 Z250 设备及其制作的模型

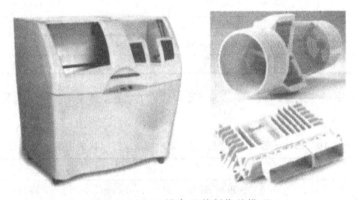

图 5-26 Z350 设备及其制作的模型

图 5-27 Z650 设备

表 5-8 3D Systems 公司生产的 ProJet 4500 型黏结剂喷射式 3D 打印机的主要技术参数

项 目	指 标
成形室尺寸/mm	203×254×203
打印分辨率/dpi	600×600
分层厚度/mm	0.1

续表

项　目	指　标
高度方向成形速度/(mm/h)	8
成形件最小特征尺寸/mm	0.1
成形材料	VisiJet C4 Spectrum
外形尺寸/mm	1620×1520×800
设备质量/kg	272

表 5-9　VisiJet C4 Spectrum 塑料粉的特性

项　目	指　标
拉伸模量/MPa	1600
拉伸强度/MPa	24.8
断裂伸长率/%	3.6
弯曲模量/MPa	1125
弯曲强度/MPa	24.4
硬度/HSD	79
热变形温度(0.45MPa 下)/℃	57

（2）ExOne 公司的 3D 打印机　ExOne 公司生产的黏结剂喷射式 3D 打印机的主要技术参数见表 5-10。

表 5-10　ExOne 公司生产的黏结剂喷射式 3D 打印机的主要技术参数

参数	型　号				
	S-MAX	S-Print Silicate	M-Print	M-Flex	X1-Lab
成形室尺寸/mm	1800×1000×700	800×500×400	800×500×400	400×250×250	40×60×35
打印分辨率/μm	100×100	100×100	70×70	64×64	64×64
体积成形率	59400～165000cm³/h	16000～86000cm³/h	1780cm³/h	30s/层，1200～1800cm³/h	60s/层
成形速度/(mm/h)	20	20	20	23	28
分层层厚/mm	0.28～0.50	0.28～0.38	最小 0.50	最小 0.10	最小 0.05
外形尺寸	6900×3520×2860	3270×2540×2860	3270×2540×2860	1674×1278×1552	965×711×1066
质量/kg	6500	3500	3500	—	—
成形材料	铸造用砂	铸造用砂	金属粉	金属粉	金属粉、玻璃粉

图 5-28 为 S-MAX 型 3D 打印机。S-MAX 是目前市场上规模最大、速度最快的 3D 砂岩打印机，由 ExOne 公司在 2010 年推出。S-MAX 的工作原理是在一个特别设计的砂岩容器中选择性地喷射铸造级树脂成为薄层。这种增量法可以直接利用 CAD 数据来创建复杂的砂型铸造型芯和铸模，省去了创建一个型芯或铸模实体的过程。ExOne S-MAX 打印机能够生产的最大尺寸是 1800mm×1000mm×700mm，打印精确、快速，显著减少交货时间。

英国 3D 打印服务公司 3Dealise 在一无设计图纸二无模具的情况下，使用 S-MAX 3D 打印机为客户复制了经典老爷车 1912 Brush 损坏的汽缸（图 5-29）。使用 3D 扫描原来的汽缸，通过专用软件，纠正损伤部位，进行修理，并制造模具和母模的型芯。接下来，打印出来砂模。当打印过程完成后，将模具清洁，涂覆，然后放置在一个模具成形盒中，而铸造过程和传统的工艺是相同的。在短短两个星期即完成了这项非常具有挑战性的任务。

图 5-28　S-MAX 型 3D 打印机

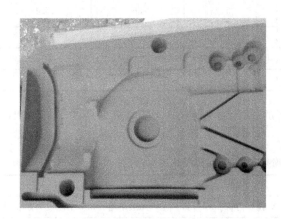 

图 5-29　打印的汽缸模型

图 5-30 是 ExOne S-MAX 打印机创建的一个 $\phi 1200$mm 泵的砂模。

图 5-30　$\phi 1200$mm 泵的砂模

（3）Voxeljet 公司的 3D 打印机　Voxeljet 公司生产的黏结剂喷射式 3D 打印机的主要技术参数见表 5-11。

表 5-11　Voxeljet 公司生产的黏结剂喷射式 3D 打印机的主要技术参数

参数	型　号				
	VX200	VX500	VXC800	VX1000	VX4000
成形室尺寸/mm	300×200×150	500×400×300	850×500×1500/200	1060×600×500	4000×2000×1000
喷头类型	标准	标准	标准	标准/HP	HP
喷嘴数量	256	2656	2656	2656/10624	26560
打印宽度/mm	21	112	112	112/450	1120
打印分辨率/dpi	300	600	600	600	600
成形件精度	—	0.3%；最小±100μm		—	—
体积成形率	59400~165000 cm³/h	16000~86000 cm³/h	1780cm³/h	30s/层，1200~1800cm³/h	60s/层
高度方向成形速度/(mm/h)	12	15	35	36	15.4
分层层厚/mm	0.15	0.08~0.15	0.30	0.10~0.30	0.12~0.30
外形尺寸/mm	1700×900×1500	1800×1800×1700	4000×2800×2200	2400×2800×2000	19500×3800×7000
质量/kg	450	1200	2500	3500	—

表 5-12、表 5-13 分别是 Voxeljet 公司生产的黏结剂喷射式 3D 打印机采用的塑料粉和硅石粉的特性。

表 5-12　Voxeljet 公司生产的黏结剂喷射式 3D 打印机采用的塑料粉的特性

项目	指　标	
	聚甲基丙烯酸甲酯（PMMA，粒度为 55μm）	聚甲基丙烯酸甲酯（PMMA，粒度为 85μm）
黏结剂	Polypor B	Polypor C
拉伸强度/MPa	4.3	3.7
燃烧温度/℃	700	600
残余灰分含量（质量分数）/%	<0.3	<0.02
最佳适用范围	熔模铸造	熔模铸造、建筑模型

表 5-13　Voxeljet 公司生产的黏结剂喷射式 3D 打印机采用的硅石粉的特性

项　目	指　标
黏结剂	无机黏结剂
弯曲强度/MPa	220~280
烧失量（质量分数）/%	<1
最佳适用范围	铸造砂型和砂芯的打印

图 5-31 是 Voxeljet 公司生产的黏结剂喷射式 3D 打印机 VX4000。图 5-32 为 VX4000 打印机的成形室。

以下是采用 Voxeljet 公司生产的 3D 打印机制作电单车摇杆的整个过程。

电单车摇杆的 CAD 模型如图 5-33 所示，该摇杆的材料为纤维复合材料，传统的制造方法

图 5-31　Voxeljet 公司生产的黏结剂喷射式 3D 打印机 VX4000

图 5-32　VX4000 打印机的成形室

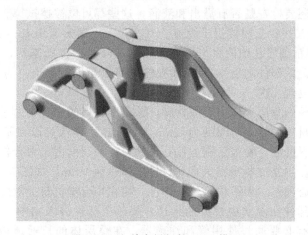

图 5-33　电单车摇杆的 CAD 模型

是通过铣床加工出模具，由于成形件的结构复杂，因此制造周期长、成本高。采用 Voxeljet 公司生产的水溶性 3D 打印机，通过建造核心部件层状结构的方法，在几天之内完成复杂纤维复合材料零件的制作。

Voxeljet 公司使用基于粉末的 3D 打印工艺，此方法的特征在于根据 CAD 数据直接逐步生产部件。在制备过程中，数据被分割成可被打印机处理的位图图像。

第一步，打印核心部件。把特定量的粉末添加到建造盒里面的建造平台，该粉末扩散装置被引导通过建造空间和铺平粉末。在此步骤之后，一个喷墨打印头喷出活化液到粉末上，从而激活粉末层中的黏合剂，并将它的颗粒黏合在一起。为构建核心部件的整个主体，该建造平台下降一层，并且重新开始该过程。重复这个工序，直到该部件在粉末中最终完成。

打印过程完成后，该部件可以从松散粉末中取出（图 5-34）。为了正确地进行清洁，需要风吹或喷砂处理。在一个对流烘箱中完成一个简短的硬化阶段过程。该 Voxeljet IOB 粉末材料的主要成分是石英砂，另外还包含一种黏合剂，它可以被喷头喷出的水基液体激活。

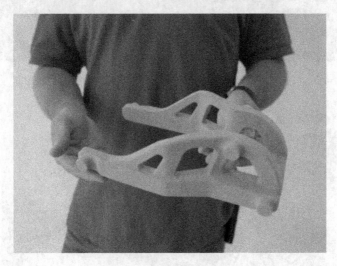

图 5-34　3D 打印的核心部件

第二步，涂层。3D 打印过程生成的部件具有一定的孔隙。这些孔隙在叠层过程中必须进行安全填充处理。为了达到较好的填充效果，需要采用两个步骤对其进行处理：首先，使用德国 Hüttenes-Albertus 工厂的 Zirkofluid 6672 型号材料，该浆料是基于乙醇的一种分散剂，因此对打印的核心部件没有任何影响。该涂层是通过把部件快速在 Zirkofluid 灰浆中浸泡形成的。浸泡后，该部件还要检查是否有溢出和液滴，这些都可以被擦拭掉。这个浆料涂覆过程最终将在对流烘箱中以 60～80℃ 温度烘干完成。其次，采用瑞士 Aeroconsult 公司生产的密封剂（Aquaseal）来实现对精细层孔隙的完全填充。Aquaseal 是一种水基剂，它可通过手工刷涂或喷枪喷到工件表面上。该部件随后在 60～80℃ 的对流烘箱内被烘干。为了获得一个可靠的密封表面，涂覆可以重复做几次。

第三步，核心部件的叠层。应用聚酯材料，该聚酯材料的聚合物通过玻璃纤维组织得到强化。由于该快速硬化材料的硬化时间约为 5min，因此这一步骤可以在不妨碍工作过程情况下被快速重复。两种材料的混合物被涂刷上核心部件，如果表面由于聚合作用变黏，应用玻璃纤维组织并用刷子抹平。重复这些步骤，直到材料壁厚达到 1mm，如图 5-35 所示。

第四步，移除核心部件。为了移除核心部件，要在聚合物材料上对应镶嵌金属嵌件的位置进行钻孔。利用核心部件在温水中溶解的特性，将整个部件浸入水中，并保持浸泡在水中约 2h。在某些情况下，有必要通过使用管和注射器，在叠层体的长通道内产生所需要的对流。所有材料必须被安全地移出以优化部件的重量。

第五步，打磨。移除内部的核心部件后，聚合物材料表面有时会出现一些粗糙和存在各种缺陷的部位，例如残存空气或错位纤维材料。因此，需要采用填充和打磨的工序来使表面更光滑。之后，也可以对该部件进行喷漆。

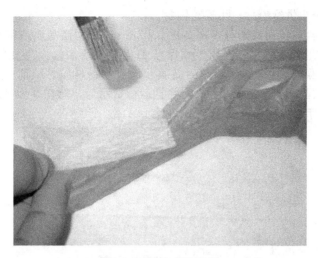

图 5-35　核心部件叠层

　　制作的整个工序过程如图 5-36 所示，从左至右依次为：3D 打印的核心部件；涂层；叠层；冲洗出来的核心部件；打磨喷色的部件。图 5-37 为喷色后带金属嵌件的成品。

图 5-36　制作的整个工序过程

图 5-37　喷色后带金属嵌件的成品

　　（4）上海富奇凡公司的 LTY 型 3D 打印机　图 5-38 所示为上海富奇凡机电科技有限公司生产的 LTY-200 型黏结剂喷射式 3D 打印机。它由铺粉机构、Z 向运动机构、X 向运动机构、喷头与 Y 向运动机构、余粉回收装置、机架及控制系统等几个部件组成。其中，铺粉机构为粉斗-辊轮式，采用粉斗供给粉材，用辊轮铺粉。

　　LTY-200 型 3D 打印机的成形分辨率高达 0.02mm，采用高品质精密驱动与传动器件，运动精度高。能快速成形工业用零件，或生物医学工程领域所需复杂微孔结构（如可控缓释药片、组织工程所需骨架）。有自行研制的高品质、低成本粉材与黏结剂。体积小、噪声小、无振动，售价大大低于国外同类快速成形机，并且运行费用低，能在办公室使用，能作为一般外部设备与普通 PC 计算机方便地连接。

图 5-38　富奇凡公司 LTY-200 型黏结剂喷射式 3D 打印机

　　表 5-14 为富奇凡公司 LTY-200 型黏结剂喷射式 3D 打印机的主要技术参数。

表 5-14　富奇凡公司 LTY-200 型黏结剂喷射式 3D 打印机的主要技术参数

项　目	指　标
成形件最大尺寸/mm	250×200×200
成形件精度/mm	±0.2
打印分辨率/dpi	600×600
驱动系统	X 轴：步进电机通过精密滚珠丝杠驱动，精密直线导轨导向
	Y 轴：HP 喷墨打印机驱动系统
	Z 轴：步进电机通过精密滚珠丝杠驱动，精密圆柱导轨导向
切片软件	LTY 切片软件
外部计算机要求	普通 PC 机
文件输入格式	STL 格式
成形材料	特定配方的石膏粉与黏结剂，陶瓷粉与黏结剂
	可控缓释药粉与黏结剂/药物
电源	220V，50Hz，最大电流 5A
机器外形尺寸/mm	840×580×1040
机器质量/kg	约 80

图 5-39 为富奇凡公司 LTY-200 型黏结剂喷射式 3D 打印机的成形件。

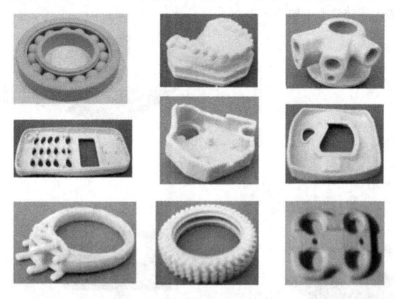

图 5-39　富奇凡公司 LTY-200 型黏结剂喷射式 3D 打印机的成形件

5.9　熔融沉积

5.9.1　技术概述

1988 年由 Scott Crump 发明了熔融沉积成形（fused deposition modeling，FDM）技术，又称为熔融挤压成形，同年，他成立了生产 FDM 工艺主要设备的美国 Stratasys 公司。FDM 是将热塑性聚合物材料加热熔融成丝，采用热喷头，使半流动状态的材料按 CAD 分层数据控制的路径挤压并沉积在指定位置凝固成形，逐层沉积，凝固后形成整个原型或零件。这一技术又称为熔化堆积法和熔融挤出成模等。FDM 技术是一种不依靠激光作为成形能源，而将各种丝材加热熔化的成形方法。

FDM 工艺方法工艺干净、易于操作，不产生废料和污染，可以安全地用于办公场所，适合进行产品设计的建模并对其形状及功能进行测试。其中材料 ABS-I，因其良好的化学稳定性，在 γ 射线及其他方式消毒的情况下不产生变化的特征，特别适合于医用。

美国 Stratasys 公司在 1993 年开发出第一台熔融沉积快速成形设备 FDM1650 机型，并先后推出了 FDM2000、FDM3000、FDM800、FDM-Quantum 机型以及 DiHlension 系列小型 FDM 设备等一系列 FDM 设备产品，大大促进了 3D 打印技术在各种应用领域的普及。我国清华大学和北京殷华激光快速成形与模具技术有限公司也合作推出了熔融沉积制造设备 MEM250。

5.9.2　熔融沉积工作原理

熔融沉积也被称为熔丝沉积、材料挤压，主要是在供料辊上缠绕实心丝材原材料，通过电机驱动辊子旋转，利用辊子和丝材之间的摩擦力将丝材送入喷头的出口方向。为了更顺利、准确地将丝材由供料辊送到喷头的内腔，在供料辊与喷头之间设置了一个由低摩擦材料制成的导向套。在喷头前端电阻丝式加热器的作用下，将加热熔融的丝材过出口涂覆在工作台上，冷却后即可形成制件当前截面轮廓。若能保证热熔性材料的温度始终稍高于固化温度，成形部分的温度始终稍低于固化温度，就能确保材料被喷出后能迅速与前一层面熔结，重复熔喷沉积的过程，就能完成整个实体造型，如图 5-40 所示。

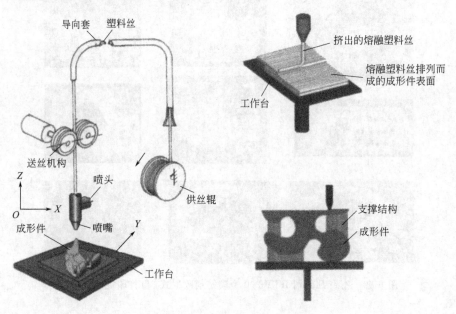

图 5-40　熔融沉积式 3D 打印机原理

　　为了节省熔融沉积快速成形工艺的材料成本，提高工艺的沉积效率，在原型制作时需要同时制作支撑，因此，新型 FDM 设备采用了双喷头，如图 5-41 所示。一个喷头用于沉积模型材料，另一个喷头用于沉积支撑材料。采用双喷头不仅能够降低模型制作成本，提高沉积效率，还可以灵活地选用具有特殊性能的支撑材料，方便在后处理中去除支撑材料。

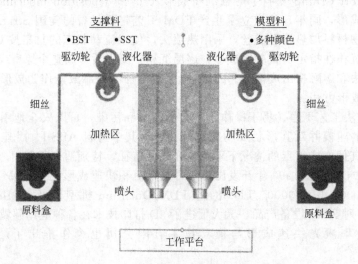

图 5-41　双喷头熔融沉积式 3D 打印机原理

5.9.3　熔融沉积技术特点

　　熔融沉积式工艺与其他快速成形工艺方法相比，该工艺较适合于产品设计的概念建模及产品的功能测试，其中，ABS（MOBS）材料具有很好的化学稳定性，可采用 γ 射线消毒，特别适合于医用，但成形精度相对较低，不适于制作结构过于复杂的零件。

5.9.3.1　熔融沉积式工艺的优点

熔融沉积式工艺的优点如下。

(1) 系统构造和原理简单，运行维护费用低。

(2) 原材料无毒，适宜在办公环境中安装使用。

(3) 用蜡成形的零件原型，可以直接用于失蜡铸造。

(4) 可以成形任意复杂程度的零件。

(5) 无化学变化，制件的翘曲变形小。

(6) 原材料利用率高，而且材料使用寿命长。

(7) 支撑去除简单，无须化学清洗，分离容易。

(8) 可直接制作彩色原型。

5.9.3.2　熔融沉积式工艺的缺点

熔融沉积式工艺的缺点如下。

(1) 成形件表面有较明显条纹。

(2) 需要设计与制作支撑结构。

(3) 需要对整个截面进行扫描涂覆，成形时间较长。

(4) 沿成形轴垂直方向的强度比较弱。

(5) 原材料价格昂贵。

5.9.4　熔融沉积式打印机成形材料

熔融沉积式快速成形制造技术的关键在于热熔喷头，适宜的喷头温度能使材料挤出时既保持一定的形状又具有良好的黏结性能，但熔融沉积快速成形制造技术的关键也不是仅仅只有这一个，成形材料的相关特性（如材料的黏度、熔融温度、黏结性以及收缩率等）也会大大影响整个制造过程。一般来说，熔融沉积工艺使用的材料分别为成形材料和支撑材料。

5.9.4.1　熔融沉积快速成形对成形材料的要求

FDM 工艺对成形材料的要求是熔融温度低、黏度低、黏结性好、收缩率小。

(1) 材料的黏度要低　低黏度的材料流动性好，阻力小，有利于材料的挤出。若材料的黏度过高，流动性差，将增大送丝压力，并使喷头的启停响应时间增加，影响成形精度。

(2) 材料熔融温度要低　低熔融温度的材料可使材料在较低温度下挤出，减少材料在挤出前后的温差和热应力，从而提高原型的精度，延长喷头和整个机械系统的使用寿命。

(3) 材料的黏结性要好　黏结性的好坏将直接决定层与层之间黏结的强度，进而影响零件成形以后的强度，若黏结性过低，在成形过程中很容易造成层与层之间的开裂。

(4) 材料的收缩率要小　在挤出材料时，喷头需要对材料施加一定的压力，若材料收缩率对压力较敏感，会造成喷头挤出的材料丝直径与喷嘴的直径相差太大，影响材料的成形精度，导致零件翘曲、开裂。

5.9.4.2　熔融沉积快速成形对支撑材料的要求

FDM 工艺对支撑材料的要求是能够承受一定的高温、与成形材料不浸润、具有水溶性或者酸溶性、具有较低的熔融温度、流动性要特别好。

(1) 能承受一定的高温　支撑材料与成形材料需要在支撑面上接触，故支撑材料需要在成形材料的高温下不产生分解与熔化。

(2) 与成形材料不浸润　加工完毕后支撑材料必须去除，故支撑材料与成形材料的亲和性不应太好。

(3) 具有水溶性或者酸溶性　为了更快地对复杂的内腔、孔等原型进行后处理，就需要支撑材料能在某种液体里溶解。

（4）具有较低的熔融温度　较低的熔融温度可使材料能在较低的温度下挤出，提高喷头的使用寿命。

（5）流动性要好　支撑材料不需要过高的成形精度，为了提高机器的扫描速度，就需要支撑材料具有很好的流动性。

FDM 工艺成形材料的基本信息及特性指标分别如表 5-15 和表 5-16 所示。

表 5-15　FDM 工艺成形材料的基本信息

材料	适用的设备系统	可供选择的颜色	备注
ABS（丙烯腈-丁二烯-苯乙烯共聚物）	FDM1650、FDM2000、FDM8000、FDM-Quantum	黑色、白色、红色、绿色、蓝色	耐用的无毒塑料
ABSi（医学专用 ABS）	FDM1650、FDM2000	黑色、白色	被食品及药物管理局认可的、耐用的且无毒的塑料
E20	FDM1650、FDM2000	所有颜色	人造橡胶材料，与封铅、轴衬、水龙带和软管等使用的材料相似
ICW06（熔模铸造用蜡）	FDM1650、FDM2000	—	—
可机械加工用蜡	FDM1650、FDM2000	—	—
造型材料	Genisys Modeler	—	高强度聚酯化合物，多为磁带式而不是卷绕式

表 5-16　FDM 工艺成形材料的特性指标

材料	拉伸强度/MPa	弯曲强度/MPa	冲击韧性/(J/m²)	延伸率/%	邵氏硬度/D	玻璃化温度/℃
ABS	22	41	107	6	105	104
ABSi	37	61	101.4	3.1	108	116
ABSplus	36	52	96	4	—	—
ABS-M30	36	61	139	6	109.5	108
PC-ABS	34.8	50	123	4.3	110	125
PC	52	97	53.39	3	115	161
PC-ISO	52	82	53.39	5	—	161
PPSF	55	110	58.73	3	86	230
E20	6.4	5.5	347	—	96	—
ICW06	3.5	4.3	17	—	13	—
Genisys Modeling Material	19.3	26.9	32	—	62	—

5.9.5　熔融沉积式打印机典型设备

生产熔融沉积式 3D 打印机的单位主要有美国的 Stratasys 公司、3D Systems 公司、MakerBot 公司、Med Modeler 公司以及国内的清华大学等。其中，Stratasys 公司的 FDM 技术在国际市场上占比最大。由于在几种常用的快速成形设备系统中，唯有 FDM 系统可在办公室内使用，为此，Stratasys 公司还专门成立了负责小型机器销售和研发的部门（Dimensionl 部门）。

自推出光固化快速成形系统及选择性激光烧结系统后，3D Systems 公司又推出了熔融沉积式的小型三维成形机 Invision 3-D Modeler 系列。该系列机型采用多喷头结构，成形速度快，材料具有多种颜色，采用溶解性支撑，原型稳定性能好，成形过程中无噪声。

（1）Stratasys 公司开发的设备及材料　2014 年 11 月，Stratasys 公司推出两款基于 FDM 技术的 Fortus 3D 打印机：Fortus 450mc 和 Fortus 380mc。

该系统有一个新的触摸屏界面，允许用户调整自己的打印作业不中断运作，并可以实现比原 3D 打印机高 20% 的打印时间和打印复杂的几何形状。

Fortus 450mc 具有打印 406mm×355mm×406mm 模型的能力（图 5-42），并且它的打印分辨率高达 0.127～0.330mm。该 Fortus 450mc 有两个模型材料和两个支撑材料罐的容量。

图 5-42　Fortus 450mc 3D 打印机

Fortus 380mc 3D 打印机和 Fortus 450mc 具有相同的功能，Fortus 450mc 包括构建温度分布均匀装置和数字触摸屏。该三维打印机具有在相同的分辨率下比 Fortus 450mc 快 20% 的打印速度，但它只能打印 355mm×305mm×305mm 的模型。Fortus 380mc 材料包括模型材料和支撑材料，分别存放在两个罐中。该 Fortus 380mc 是理想的复杂零件或小型零件的制造设备，如大中型制造企业夹具和工具制造。

表 5-17 为 Stratasys 公司生产的熔融沉积式 3D 打印机的主要技术参数。

表 5-17　Stratasys 公司生产的熔融沉积式 3D 打印机的主要技术参数

参数	型　号				
	FORTUS 250mc	FORTUS 360mc	FORTUS 400mc	FORTUS 900mc	Dimension Elite
成形室尺寸/mm	254×254×305	355×254×254，406×355×406	355×254×254，406×355×406	914×610×914	203×203×305
成形材料	ABSplus-P430	ABS-M30 PC-ABS PC	ABSi PC-ISO，ABS-M30 PC，ABS-M30i，ULTEM 9085，ABS-ESD7，PPSF PC-ABS	ABSi PC-ISO，ABS-M30 PC，ABS-M30i，ULTEM 9085，ABS-ESD7，PPSF PC-ABS	ABSplus-P430
成形件精度	±0.241mm	±0.127mm 或 ±0.0015mm/mm	±0.127mm 或 ±0.0015mm/mm	±0.089mm 或 ±0.0015mm/mm	—
分层层厚/mm	—	—	—	—	0.718,0.254
外形尺寸/mm	838×737×1143	1281×896×1962	1281×896×1962	2772×1683×2027	838×737×1143
质量/kg	148	593	593	2869	148

表 5-18 为 Stratasys 公司生产的熔融沉积式 3D 打印机用的成形材料特性。支撑材料为水溶性材料或手工易剥离材料 BASS。在这种 3D 打印机上用 ABS 塑料等材料成形时，工件会有较大的翘曲变形。为消除这一弊端，必须将成形室封闭并加热至恒定温度（约 70℃），使工件一直处于恒温状态，从而减小翘曲变形，保证应有的几何精度。

表 5-18 Stratasys 公司生产的熔融沉积式 3D 打印机用的成形材料特性

参数		ABSplus	ABSi	ABS-M30	ABS-M30i	ABS-ESD7	PC-ABS	PC-ISO	PC	ULTEM 9085	PPSF
分层厚度/mm	0.330	√	√	√	√	—	√	√	√	√	√
	0.254	√	√	√	√		√	√	√	√	√
	0.178	√									
	0.127										
支撑材料		可溶	可溶	可溶	可溶	可溶	可溶	BASS	BASS 可溶	BASS	BASS
颜色		象牙色，黑色，深灰色，红色，蓝色，橄榄色，油桃色，荧光黄色	半透明自然色，半透明琥珀色，半透明红色	象牙色，黑色，深灰色，红色，蓝色	象牙色	黑色	黑色	白色，半透明自然色	白色	茶色	茶色
密度/(g/cm³)		1.04	1.08	1.04	1.04	1.04	1.10	1.2	1.2	1.34	1.28
拉伸模量/MPa		2265	1920	2400	2400	2400	1900	2000	2300	2200	2100
拉伸强度/MPa		36	37	36	36	36	41	57	68	71.6	55
断裂伸长率/%		4.0	4.4	4.0	4.0	3.0	6.0	4.0	5.0	6.0	3.0
弯曲模量/MPa		2198	1920	2300	2300	2400	1900	2100	2200	2500	2200
弯曲强度/MPa		52	62	61	61	61	68	90	104	115.1	110
缺口冲击强度/(J/m)		96	96.4	139	139	111	196	86	53	106	58.7
热变形温度/℃	0.45MPa 下	96	86	96	96	96	110	133	138	—	—
	1.8MPa 下	82	73	82	82	82	96	127	127	153	189
玻璃化温度/℃		—	116	108	108	108	125	161	161	186	230

注：√表示有这种材料，—表示无这种材料。

图 5-43 为 Stratasys 公司生产的熔融沉积式 3D 打印机的成形件。

（2）3D Systems 公司开发的设备及材料 作为全球最早的快速成形设备供应商，3D Systems 公司的 FDM 产品包括 Glider、Cube、CubeX、3DTouch 和 RapMan 等，可以打印三种颜色的 ABS 和 PLA 塑料。CubeX 有多种打印模式，并提供"标准"、"高清晰度"两种选项。

图 5-44 为 Glider 三维打印机，该款打印机的成形速度为 23mm/h，尺寸为 508mm×406.4mm×355.6mm，制作层厚为 0.3mm，喷嘴直径为 0.5mm，位置精度为 0.1mm，质量为 7kg，模型尺寸为 203mm×203mm×140mm。使用材料为直径 3mm 的 PLA（白色、蓝色、

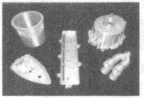

图 5-43　Stratasys 公司生产的熔融沉积式 3D 打印机的成形件

图 5-44　Glider 三维打印机　　　　　图 5-45　Personal 系列 3D 打印机所使用的丝材

绿色）和 ABS（黑色、红色）丝材，如图 5-45 所示。

　　图 5-46 为 CubeX 三维打印机，CubeX 的设备尺寸是 515mm×515mm×589mm，打印精度是 0.1mm，打印速度是 100mm/s。由于该款打印机并不是全封闭的，所以在保温、防尘、防风、防气味、安全方面做得不够，易受外界的干扰。

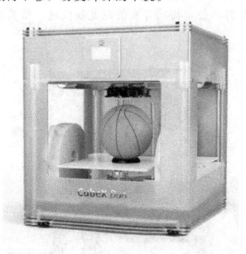

图 5-46　CubeX 三维打印机

　　图 5-47 为 BFB 3DTouch 桌面级 3D 打印机及其成形件，被称为最具性价比的个人 3D 打印机。打印尺寸为 275mm×275mm×210mm，直接从 USB 接口打印，不需要 PC 连接，屏幕

图 5-47　BFB 3DTouch 桌面级 3D 打印机及其成形件

触摸控制，可提供双头和三头升级选配，打印更自如。外观采用的是漂亮的金属支架和亚克力材料制作，简洁开放式设计，时尚大方。最大打印速度为 15mm³/s，外形尺寸为 515mm×515mm×598mm，挤压机尖端最高温度为 280℃，材料为聚乳酸/丙烯腈-丁二烯-苯乙烯共聚物/可溶解清洁透明聚乳酸。

（3）上海富奇凡公司的 HTS 系列 3D 打印机　富奇凡公司生产的 HTS 系列材料沉积式 3D 打印机，采用辊轮-螺杆式熔挤系统，挤压喷头内的螺杆和送丝机构用同一步进电动机驱动，送丝机构由传动齿轮和两对送丝辊组成。外部计算机发出控制指令后，步进电动机驱动螺杆，同时，又通过传动齿轮驱动送丝辊，将直径为 4mm 的塑料丝送入喷头。在喷头中，由于电热棒的加热作用，塑料丝呈熔融状态，并在变截面螺杆的推挤下，通过内径为 0.2～0.5mm 的可更换喷嘴沉积在工作台上，并在冷却后形成工件的截面轮廓。这种熔挤系统可以看成是"螺杆式无模注射成形机"。驱动步进电动机的功率大，能产生很大的挤压力，因此，能采用黏度很大的熔融材料，成形工件的截面结构密实、品质好。这种材料挤压式 3D 打印机采用单个挤压喷头，成形材料和支撑材料为同种材料，借助沉积工艺与参数的变化使支撑结构易于去除。所用的塑料丝是与国外著名公司共同开发的尼龙基丝料，价格低，不吸潮，成形时翘曲变

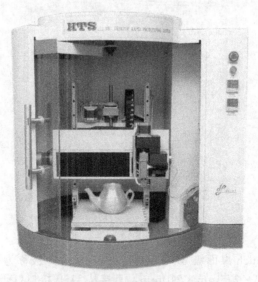

图 5-48　HTS 系列熔融沉积台式 3D 打印机

形很小,成形室不需封闭加热保温,能保证成形件具有良好的尺寸精度与表面品质。

图 5-48、图 5-49 分别为 HTS 系列熔融沉积台式 3D 打印机和样件。表 5-19 为 HTS 系列熔融沉积台式 3D 打印机技术参数。

图 5-49　HTS 系列熔融沉积台式 3D 打印机样件

表 5-19　HTS 系列熔融沉积台式 3D 打印机技术参数

项目	型　　号	
	HTS-300	HTS-400
成形件最大尺寸/mm	280×250×300	360×320×400
成形件精度/mm	±0.2	±0.2
驱动系统	X 与 Y 轴:伺服电机通过精密滚珠丝杠驱动,精密直线导轨导向	
	Z 轴:步进电机通过精密滚珠丝杠驱动,精密直线导轨导向	
	R 轴:步进电机直接驱动	
温控系统	实时测温控制	
控制软件	HTS 控制软件	
外部计算机要求	普通 PC 机	
文件输入格式	STL 格式	
成形材料	直径 4mm 的塑料丝	
电源	220V,50Hz,最大电流 6A	
环境要求	空调	
机器外形尺寸/mm	950×820×900	950×820×1050
机器质量/kg	120	150

图 5-50、图 5-51 分别为 HTS 系列熔融沉积立式 3D 打印机和样件。表 5-20 为 HTS 系列熔融沉积立式 3D 打印机技术参数。

图 5-50　HTS 系列熔融沉积立式 3D 打印机

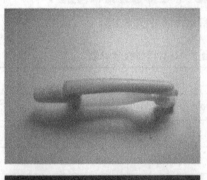 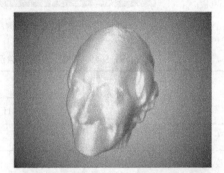
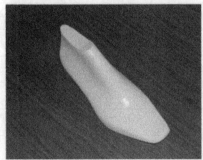 

图 5-51　HTS 系列熔融沉积立式 3D 打印机样件

表 5-20　HTS 系列熔融沉积立式 3D 打印机技术参数

项目	型　号	
	HTS-400L	HTS-450L
成形件最大尺寸/mm	360×320×400	400×400×450
成形件精度/mm	±0.2/100	
最大速度/(mm/s)	100	

续表

项目	型　号	
	HTS-400L	HTS-450L
驱动系统	X 与 Y 轴:伺服电机通过精密滚珠丝杠驱动,精密直线导轨导向	
	Z 轴:步进电机通过精密滚珠丝杠驱动,精密直线导轨导向	
	R 轴:步进电机直接驱动	
温控系统	实时测温控制	
切片软件	HTS 切片软件	
外部计算机要求	普通 PC 机	
文件输入格式	STL 格式	
成形材料	直径 4mm 的塑料丝	
电源	220V,50Hz,最大电流 6A	
环境要求	空调	

第6章
3D 打印技术的应用

6.1　金属构件 3D 打印成形

利用 3D 打印工艺成形金属构件是增材制造的重要发展方向，但金属材料的 3D 打印制造技术难度大，因为金属的熔点比较高，涉及金属的固液相变、表面扩散以及热传导等多种物理过程，需要考虑的问题还包括生成的晶体组织是否良好、整个试件是否均匀、内部杂质和孔隙的大小等，另外，快速的加热和冷却还将引起试件内较大的残余应力。为了解决这些问题，一般需要与多种制造参数配合，例如激光的功率和能量分布、激光聚焦点的移动速度和路径、加料速度、保护气压、外部温度等。

目前，已有多种打印工艺可实现金属构件的间接成形（indirect metal forming，IMF）或直接成形（direct metal forming，DMF）。金属间接打印成形是首先打印成形构件的生坯件（green part），然后将生坯件烧结成金属构件；金属直接打印成形是指打印得到的即为金属构件。

在金属构件直接成形工艺中，熔化金属的热源可以是激光束、电子束、等离子弧或电加热器等。热源与金属材料相互作用的位置，可以是在基板上预先铺设的金属粉层上、激光束或电子束在基板上产生的熔池中，或者基板之外的加热器（坩埚）中。

在所有金属合金中，钛合金的 3D 打印成形尤其受到重视。因为钛合金密度低、强度高、耐腐蚀、熔点高，所以是理想的航空航天材料，但是由于钛合金刚性差、易变形，不宜用切割和铸造的方式来成形。反而是由于它热导率低，在加热时热量不会发散引起局部变形，比较适合利用激光快速成形技术。另外，钛合金材料价格高，利用 3D 打印技术能够在减轻飞行器重量的同时节省原材料的成本。

6.1.1　金属构件激光烧结式直接成形

金属构件激光烧结式直接成形（direct metal laser sintering，DMLS）技术采用激光烧结工艺直接将金属构件打印成形，成形原材料是由高熔点金属粉末和低熔点金属粉末混合而成的粉末。用激光束熔化其中低熔点金属来润湿并填充高熔点金属粉末颗粒之间的间隙，从而将粉末材料黏结起来得到全金属构件（图 6-1）。

直接打印成形时，需要将低熔点金属加热到熔化状态，所需激光功率较大，通常为 100～250W。另外，还需要对粉末进行预热，预热温度通常略低于黏结用金属熔点。直接打印成形后，成形件中也有不少空隙，相对密度一般只有 50％～70％，有时还需要进行渗透处理、热等静压等后处理工序，以提高致密度。

(a) 金属粉末　　　　　　　　　(b) 激光烧结　　　　　　　　　(c) 成形件

图 6-1　金属构件激光烧结式直接成形步骤

图 6-2 为采用 3D Systems 公司开发的激光烧结式打印成形用金属粉末材料 Laser Form A6 打印成形的金属模具，该材料的基体为钢粉，并加入部分碳化钨粉末，打印成形后渗入青铜。图 6-3 为采用 EOS 公司生产的 DirectSteel 50-V1 材料打印成形的金属构件，该材料为不锈钢基金属粉末，打印成形后不需要再渗透处理。

图 6-2　采用 Laser Form A6 材料打印成形的金属模具

图 6-3　采用 DirectSteel 50-V1 材料打印成形的金属构件

6.1.2　金属构件激光熔化式成形

金属构件激光熔化式成形采用的工艺为选区激光熔化（SLM），激光功率、激光束的扫描策略、扫描速度、扫描迹线间距、成形层高等参数对熔化过程有重大影响。因此，SLM 工艺使用的激光器有足够的功率（通常在 100W 左右），聚焦光斑尺寸可达 $30\sim50\mu m$，功率密度可达 W/cm^2。采用限定长度的激光束扫描矢量来使成形件有较高的密度。用保护性气体（如氩气）有效地屏蔽大气中氧气对熔化区的作用，以免熔化的润湿性因氧化皮层的形成而降低。SLM 工艺采用优化工艺参数后能使激光束完全熔化每条扫描迹线，而且随后熔化金属在固化时不会形成球状结构。成形件的相对密度接近 100%，表面粗糙度 Rz 可达 30～50μm，尺寸精度可达±0.1mm。

选区激光熔化技术与选择性激光烧结技术的不同之处在于后者粉末材料往往是一种金属材料与另一种低熔点材料的混合物，成形过程中，仅低熔点材料熔化或部分熔化把金属材料包覆黏结在一起，其原型表面粗糙、内部疏松多孔、力学性能差，需要经过高温重熔或渗金属填补空隙等后处理才能使用；而前者利用高亮度激光直接熔化金属粉末材料，无须黏结剂，由 3D 模型直接成形出与锻件性能相当的任意复杂结构零件，其零件仅需表面光整即可使用。

图 6-4 所示是用 EOS 公司生产的 SLM 快速成形机制作的金属成形件（直径为 50mm），经过喷砂处理后可直接使用。

图 6-4　采用 SLM 快速成形机制作的金属成形件

图 6-5 所示为华南理工大学用其研制的 Dimetal 型 SLM 成形机成形的 06Cr17Ni12Mo2 不锈钢试件，其相对密度为 97%，抗拉强度大于 600MPa，断后延长率大于 15%，显微硬度为 250～275HV。

图 6-5　3D 打印的不锈钢试件

6.1.3　金属构件激光熔覆式成形

激光熔覆技术成形机采用的工艺称为选区激光熔覆，属于定向凝固沉积式增材制造工艺，利用激光束将合金粉末迅速加热并熔化，快速凝固后形成稀释率低、呈冶金结合的层体。其材料供应方式分为预置法和同步送粉法两种。图 6-6 为同轴和侧向送粉实例。该技术具有热影响区小、可获得具有良好性能的枝晶微观结构、熔覆件变形比较小、过程易于实现自动化等优点，已广泛应用于新材料制备和耐磨涂层。若同种金属材料多层熔覆，熔覆层间仍属于良好的冶金结合，这为制造和修复高性能致密金属零部件提供了可能性。

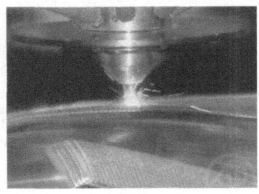

(a) 同轴　　　　　　　　　　　　　　　(b) 侧向

图 6-6　激光熔覆同步送粉方式

　　选区激光熔覆式打印工艺可广泛用于金属和合金的直接成形，成形效率高，特别适合于大型钛合金件的成形。钛合金具有密度低、比强度高、屈强比高、耐蚀性及高温力学性能好等突出特点，在航空航天、石化和船舶等领域中用量越来越大，广泛用来制作各种机身加强框、梁和接头等大型关键主承力复杂构件。采用锻造后机械加工等传统技术制造这些大型构件需要大型钛合金铸锭的熔铸与制坯装备，以及万吨级以上重型锻压设备，制造工序繁多，工艺复杂，周期长，材料利用率低，成本高。因此，国内外许多大学和研究机构正大力进行钛合金构件激光熔覆成形的应用研究。

　　图 6-7 为 AeroMet 公司带有惰性气体保护箱的大型零件成形机，能够制成的零件尺寸达到 2400mm×900mm×225mm（图 6-8），但是由于零件的疲劳性能仍然差于锻件，同时制造成本过高，无法批量装备，随着不少型号的飞机陆续结束试制阶段，该公司于 2005 年被关闭。

图 6-7　AeroMet 公司带有惰性气体保护箱　　　　图 6-8　飞机整体钛合金隔框
　　　　的大型零件成形机

　　图 6-9～图 6-12 为我国利用同步送粉激光熔覆式 3D 打印技术成形的一些金属件。

6.1.4　金属构件电子束熔覆式成形

　　电子束熔覆成形（electron beam freeform fabrication，EBF）是定向能量沉积式增材制造工艺的一种，这种打印机工作时，电子束聚焦于基板上，形成小熔池，熔化同步送入的金属丝，电子束因扫描运动而离开熔化点后，熔化的金属沉积、覆盖于基板上，然后电子束再在基板的下一个位置形成小熔池，继续熔化金属丝，逐步形成一条条所需的熔覆迹线和截面图形，

图 6-9　镍基高温合金双合金轴承座后机匣

图 6-10　TC4 钛合金接头

图 6-11　TC4 钛合金方向舵

图 6-12　钛合金加强框

直到金属构件成形完毕为止。

　　电子束熔覆成形具有能量功率高（几千瓦）、能量密度高（光斑直径小于 $0.1\mu m$）、扫描速度快、对焦方便和加工材料广等优点。电子束熔覆成形工艺能成形各种可焊接的合金构件，特别是宇航用高反射率合金（如铝合金、铜合金和钛合金）构件。这种工艺的材料利用率几乎可达 100%，能源利用率接近 95%，可以用高于 $2500cm^3/h$ 的体积成形率沉积金属构件的大块金属部分，用较低的体积成形率沉积同一构件的精细部分，其效率仅取决于定位精度和送丝速率。

　　图 6-13 为电子束熔覆成形的金属构件，这些构件通过最终的机械加工后可达到期望的表面粗糙度和加工精度。

图 6-13　电子束熔覆成形的金属构件

6.1.5　金属构件的其他 3D 打印自由成形

　　随着现在 3D 打印技术的不断成熟，很多 3D 打印厂商推出能够打印金属甚至是贵金属的

3D 打印设备，用户可以根据自己的喜好，利用银、黄铜、青铜、不锈钢甚至是 14K 黄金来进行物品打印。

在 Shapeways 的官方网站上，向用户新增了 14K 黄金的 3D 打印定制化服务，黄金是自古以来保值程度很高的贵金属之一，也是在世界上能够流通的硬通货，现在也有越来越多的珠宝商开始把目光转向 3D 打印技术，进而来打印定制化的贵金属首饰。

在做工和工艺方面，Shapeways 的首饰制造工艺融合了 3D 打印与传统的制造技术，它首先用高分辨率 3D 打印机制造出蜡模，然后再用失蜡法浇注，最后进行清洗，并手工打磨成形。

3D 打印黄金并非 Shapeways 的独门秘技，越来越多的公司开发出了 3D 打印黄金的专门工艺，位于美国 Somerville 的一家珠宝设计公司 Nervous System，就 3D 打印出了一件 18K 金的 Kinematics 黄金手链（图 6-14）。消费者能够从该公司订购 3D 打印的个性化黄金首饰，25mm×25mm×25mm 的 14K 金吊坠定价在 1000 美元左右。

图 6-14　3D 打印的黄金手链

6.2　机电器件 3D 打印成形

6.2.1　3D 打印无人机

无人机（unmanned aerial vehicle，UAV）是一种由遥控或机载程序控制飞行，可反复使用的无人驾驶飞机（图 6-15）。它由机体结构、动力系统、控制系统、任务载荷、数据通信系统以及起飞和回收装置组成。从 1917 年第一架无人机诞生至今，无人机已经从最初的靶机蜕变为当今集侦查、通信、电子对抗、空中打击于一体的军事装备，并能够完成边境巡逻、核辐射探测、航空摄影、航空探矿、灾情监视、交通巡逻、治安监控、果树打药等民用任务。能够完成如此多的任务，使无人机成为军事和民用领域的新宠，得到世界各国青睐。

2014 年，英国的研究人员使用 3D 打印机成功制造出一架无人机（图 6-16），这架无人机约 1.5m 宽，1.8kg 重，由九个独立的部件组合而成，制造这架飞机用了不到一天时间。该小组表示，该飞机使用塑料制成，成本低廉，飞机可用于投递包裹、情报搜集、搜索救援，同时还可以根据客户的需求进行改进，这项技术可能将引发低成本的单程飞行器的广泛应用。由于 3D 打印技术的出现，让无人机的设计与生产成本都大幅度下降，这让无人机能够更快地进入民用领域。

2015 年 11 月美国财经有线电视卫星新闻台（CNBC）称，全球首款喷气式 3D 打印无人机周一在迪拜航展上首次亮相，其速度可达到 150mile/h（约合 241km/h）以上，是目前全球

图 6-15 无人机

图 6-16　3D 打印的无人机

飞得最快的 3D 打印无人机（图 6-17）。这款无人机是由 3D 打印公司 Stratasys 与 Aurora Flight Sciences 联合开发，据称是到目前为止最复杂的一款无人机，其 80% 的部件是 3D 打印的，质量只有 15kg，翼展 3m。Stratasys 表示，这是有史以来体积最大且速度最快，也是最复杂的 3D 打印无人机。Stratasys 的目的是向航空业证明 3D 打印技术是如何能够战胜传统生产方法。该公司航空与国防高级业务发展经理 Scott Sevcik 表示："这是 3D 打印技术带给航空业独特功能的完美展现，这一技术使飞机的设计和生产时间减少 50%。"

图 6-17　喷气式 3D 打印无人机

6.2.2　3D 打印汽车

3D 打印汽车，是指应用 3D 立体打印技术生产的汽车，既耐用又环保时尚。2011 年 9 月，世界上第一辆"打印汽车"在加拿大亮相。这辆 3D"打印汽车"名叫 Urbee，是一辆三轮双座混合动力车（图 6-18）。它使用电池和汽油作为动力。虽然单缸发动机制动功率只有 8hp❶，但由于其小巧轻便，最高时速可达 112km。

图 6-18　世界上第一辆 3D 打印汽车

2015 年 3 月 24 日，中国首辆 3D 打印概念汽车在海南三亚亮相（图 6-19）。据了解，这辆概念汽车由三亚思海三维技术有限公司开发研制，"土豪金"色车身部分是运用复合材料 3D 打印而成，重约 500kg，其余为组装配件，该车通过电力驱动。从设计到组装完成仅耗时一个月，其中 3D 打印阶段仅耗时 5 天。

图 6-19　中国首辆 3D 打印概念汽车

2015 年 8 月，美国亚利桑那州的 Local Motors 公司创造一辆 3D 打印汽车，被称为世界上第一辆能真正上路的 3D 打印汽车（图 6-20）。该汽车是一辆双门双座敞篷小车，名为 Strati。它是一款电动车，后轮驱动。它的最高速度为 80km/h，搭载了 6.1kW·h 电池，续航里程约为 100km。

6.2.3　复杂器件的 3D 打印成形

图 6-21 为 3D 打印成形的复杂器件。

---

❶ 1hp＝745.700W。

(a) 打印过程

(b) 整车

图 6-20　世界上第一辆能真正上路的 3D 打印汽车

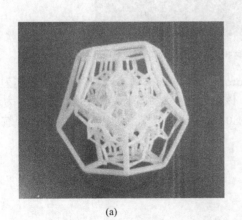

(a)

(b)

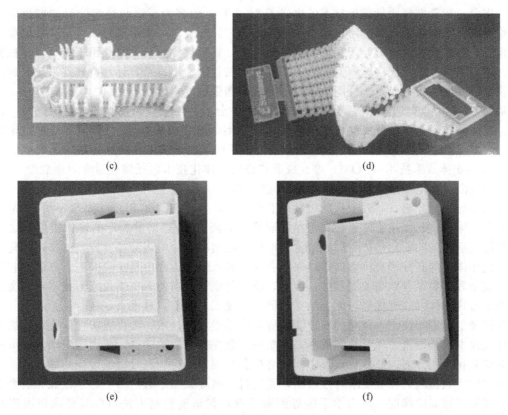

(c)

(d)

(e)

(f)

图 6-21 3D 打印成形的复杂器件

6.3 3D 打印的其他广泛应用

6.3.1 陶瓷构件

陶瓷材料因其优越性能而一直受到广泛关注，但传统的陶瓷零件制造技术工艺复杂、难度大、周期长、成本较高，从而限制了陶瓷材料的应用范围，而 3D 打印增量成形技术为克服传统技术的不足提供了一种新的途径。

低熔点的塑料、树脂等材料的 3D 打印技术已实现商业化，而更高熔点、应用更为广泛的金属、陶瓷材料零件的 3D 打印增量成形技术正在向工业实用化方向发展，其中，高致密金属零件增量成形技术已取得较大进展，而高熔点、高致密陶瓷零件的增量成形技术的进展则比较缓慢。

陶瓷材料是用天然或合成化合物经过成形和高温烧结制成的一类无机非金属材料，因具有高熔点、高硬度、高耐磨性和抗氧化等优良性能而一直受到广泛关注。然而，对于陶瓷零件，采用传统的干式的钢模压制成形、等静压成形、超高压成形和粉末电磁成形，以及湿式的塑性成形和胶态浇注成形等方法，一方面，需进行模具设计与制造，另一方面，其成形与烧结工艺是分离的，这些因素导致陶瓷零件的制造周期长、工艺复杂、难度大、成本较高，从而阻碍了陶瓷零件的工业化大规模应用。长期以来，研究开发新的陶瓷零件成形技术成为制造技术领域重要的研究前沿和发展方向，一直受到工业界的高度关注。20 世纪 80 年代末诞生的 3D 打印增量成形技术，可直接采用零件的三维 CAD 数据，无模快速制造出任意复杂形状的零件，从而大大缩短了新产品的开发和制造周期，为解决传统陶瓷制造技术存在的问题提供了新的技术途径。迄今，陶瓷零件增量成形技术已出现了 20 多种，但多为成形与烧结分离的增量成形技术，难度大、耗时长的烧结工序仍基本采用传统工艺。陶瓷零件增量成形原理与一般增量成形技术相同，需要计算机图形处理和像素信息输出的计算机软件系统，以及用于接收计算机输出指令、将数字命令转换成实际陶瓷成形的工艺过程的外围输出设备，计算机软件系统借助现代计算技术已发展得较为成熟，外围输出设备则成为陶瓷增量成形技术突破的关键。

目前，陶瓷 3D 打印技术有两类，即成形与烧结分离的增量成形技术和成形与烧结一体化技术。其中，成形与烧结分离的增量成形技术包括熔融沉积成形技术（FDC）、三维打印成形技术（3DP）、激光选区烧结成形技术（SLS）、喷墨打印成形技术（IJP）、立体光刻成形技术（SL）、分层实体成形技术（LOM）等。成形与烧结一体化技术包括陶瓷激光熔化成形（CLF）技术、陶瓷激光烧结成形技术、改进型 CLS 技术等。

在成形与烧结分离、非致密化的增量成形技术中，半固态（如 FDC）/固态（如 LOM）增量成形的坯体密度和烧结密度显著高于黏结剂量大的液态/粉态增量成形的坯体密度和烧结密度，强度也呈相同的变化趋势；固态增量成形体的收缩率小，但表面精度较差。非一体化增量成形陶瓷坯体中的高分子有机物尚难以完全去除，导致烧结过程中易出现鼓泡、开裂和收缩等缺陷，烧结后也难以得到高致密零件。因此，成形与烧结分离的陶瓷增量成形技术目前在无模成形复杂形状坯体方面有优势，而烧结工序仍与传统工艺类似，难度大、耗时长。

陶瓷增量成形与烧结一体化的高性能陶瓷零件增量成形技术，为克服非一体化增量成形技术和传统技术的烧结难、耗时长、成本高等瓶颈问题提供了新的途径，成为陶瓷增量成形技术的重要研究和应用方向。一体化成形中使用有机黏结剂，可得到高致密成形烧结件。但该技术对激光扫描区域温度的控制要求非常严格，温度过高将导致微小裂纹多、力学性能和表面精度差。对成形区域温度梯度、热力学系统等因素采取均匀渐变控制方法可以降低成形温度和层厚，从而使微裂纹和闭口孔隙减少，表面粗糙度减小。

图 6-22 为陶瓷构件的 3D 打印。

陶瓷 3D 打印技术在日用及建筑卫生陶瓷领域也有巨大的潜力，如艺术品陶瓷的个性化制备、浮雕型腰线砖的快速打印、洁具模具的制造、特殊形状陶瓷砖的样板定制等。人工做一套卫生陶瓷的模具可能要花费一个月的时间，利用 3D 打印技术只需要一到两天。图 6-23 为陶瓷构件的 3D 打印制品。

陶瓷 3D 打印技术具有可打印复杂部件、个性化产品等优点，将来可用于制备光纤连接器用的陶瓷插针、电子陶瓷器件、多孔陶瓷过滤件、陶瓷牙齿等尺寸小、形状复杂、精度高的产品。

与此同时，陶瓷 3D 打印技术的商业化还面临着一系列的问题，如制造速度、产品的材料性能、机器和材料成本、成形精度及质量、黏土类型、3D 打印陶瓷的颜色、釉面效果、CAD 数据建模、陶瓷烧成时的稳定性等。对于黏土的类型和质量，从目前研究进展来看，并不是所有黏土都适用于 3D 打印成形。黏土本身是一种片状结构的颗粒，加水和黏结剂即可能产生触变性，这对于堆积后的强度会产生非常大的影响，大件产品易产生坍塌。而对于陶瓷的颜色，目前陶瓷墨水的颜色种类还比较有限，要想获得更为丰富逼真的色彩，可能在陶瓷墨水领域需要进一步研究。另外，对于尺寸精确、结构复杂的陶瓷构件，烧结时复杂烧结体中残余应力如何消除这一技术难题也需要解决。3D 陶瓷产品的质量稳定性、产品的尺寸、吸水率等都需要进一步思考。

陶瓷是千年窑火淬出的传统工业，3D 打印则是一项改变人类思维的全新技术，当两者碰撞在一起，究竟会产生什么样的火花我们还不得而知。但是我们有理由相信，3D 打印技术一定会在不久的将来带来一场制造业的深刻变革。同时，我们也必须清醒地看到，陶瓷 3D 打印对陶瓷粉体本身材质、釉面装饰等提出了更高的要求。虽然 3D 打印在造型上取得了突破，但要想完全颠覆传统陶瓷文化与工艺特色，可能要走的路还很长。

(a)

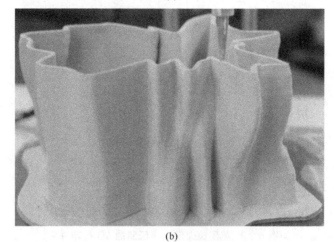

(b)

图 6-22　陶瓷构件的 3D 打印

图 6-23　陶瓷构件的 3D 打印制品

6.3.2　建筑构件

　　将混凝土作为 3D 打印原材料，是 3D 打印技术的拓展，更是建筑领域的一种革新。将 3D 打印技术与建筑行业相结合，大大节约人工成本，就近取材，物流费用缩减，近期目标可以打印复杂预制部件及批量建造房屋，远期来看个性化定制房屋也成为可能，最重要的是建造时间大大缩短，与建筑工业化的理念不谋而合。

　　2012 年，英国拉夫堡大学的 Richard Buswell 教授等人与国际知名建筑设计公司英国福斯特事务所合作研发出一种新型的混凝土 3D 打印技术，使用 3D 打印机为 3 轴龙门式，使用材料为挤出性能可控的新型水泥基浆体材料，并成功打印包含精确定位孔洞的混凝土面板及墙体等，如图 6-24 所示。

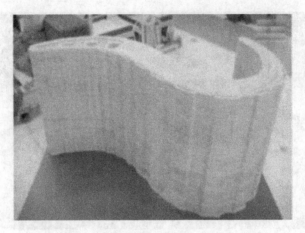

图 6-24　英国拉夫堡大学研制的 3D 打印件

　　意大利的 Enrico Dini 等人研制出一种大型建筑 3D 打印机"D-Shape"（图 6-25），并成功打印出 4m 高的建筑物。该打印机有数百个乃至上千个喷嘴，基体材料为普通建筑用砂，胶黏剂为一种镁质材料，按照 3D 打印行程控制软件设定的既定轨道，将砂子与胶黏剂一层层地累加成特定外观的完整建筑物，每层厚度为 5～10mm。这一方式建造出的建筑物强度比混凝土高，不会产出任何废料，而且效率较传统方式高出 4 倍左右。Enrico Dini 已经打印出内曲面、中空异状结构，使用"D-Shape"打印机建造的莫比乌斯环项目已于 2014 年完工，如图 6-26 所示。

图 6-25　"D-Shape"打印机

　　2015 年 1 月，上海盈创装饰设计工程有限公司召开新闻发布会称：他们已经完成了全球最高的 3D 打印建筑——一栋 5 层高的住宅楼，以及全球首个 3D 打印的别墅（图 6-27），该别

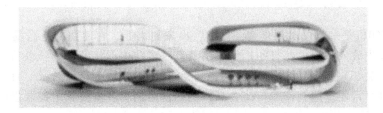

图 6-26　莫比乌斯环 3D 打印概念图

墅建筑面积达 1100m²。采用的是该公司自主研发的建筑 3D 打印机，该打印机长 150m，高 6.6m，宽 10m，号称目前世界上最大的 3D 打印机，能在 24h 内打印 10 栋 200m² 的房屋。打印材料采用的是该公司独家研制的 3D 打印"油墨"，是用回收的建筑垃圾、玻璃纤维和水泥的混合物制成的。

图 6-27　上海盈创展示的 3D 打印别墅

3D 建筑打印机的庞大规模使得生产效率提高 10 倍，生产过程中的能耗降低 30%～70%，未来的应用包括可在现场建造 3D 打印桥梁或高大的写字楼。

盈创还使用建筑设计软件集成不同的设计，并满足各种建筑结构的需求。图 6-28 为上海盈创展示的 3D 打印的不同建筑结构。

图 6-28　上海盈创展示的 3D 打印的不同建筑结构

6.3.3　食品

食品 3D 打印机是一款可以把食物"打印"出来的机器。它使用的不是墨盒，而是把食物的材料和配料预先放入容器内，打印机将输出具有一定结构形状的食物。以巧克力或其他食材为原料，借助食品 3D 打印机可以较快地"打印"出各种造型奇特的食品。食品 3D 打印机有助于利用全新食材，便捷地制作非传统食品，例如食品加工者从藻类中提取蛋白质，而后"打印"成高蛋白食品。

使用食物打印机制作食物可以大幅度缩减从原材料到成品的环节，从而避免食物加工、运输、包装等环节的不利影响。厨师还可借助食物打印机发挥创造力，研制个性菜品，满足不同人群的口味需求。

食品 3D 打印机采用了一种全新的电子蓝图系统，不仅方便打印食物，同时也能帮助人们设计出不同样式的食物。该类打印机所使用的"墨水"均为可食用性的原料，如巧克力汁、面糊、奶酪等。一旦人们在电脑上画好食物的样式图并配好原料，电子蓝图系统便会显示出打印机的操作步骤，完成食物的"搭建"工程。食物打印机大大简化了食品的制作过程，同时也能够帮助人们制作出更加营养、健康且有趣的食品。

对于食品 3D 打印机，液化的原材料能很好地保存，而且可以高效利用厨房空间。人们可以根据自己的口味对食谱做不同的调整，比如让饼干更加薄脆，或是让肉更加鲜嫩多汁。

美国宇航局出资研制成一种食品 3D 打印机，可以用装满油、蛋白质粉和碳水化合物的料盒打印食物，料盒中的材料可能来自于昆虫、草和藻类，大大丰富了打印食材。

2015 年清华大学毕业生创建的科技公司推出了一款 3D 煎饼打印机，如图 6-29 所示。只要在电脑中输入文字或图片，就可打印出人像、建筑、卡通人物等各种形状的煎饼。这款煎饼打印机操作简单，打印机长 50cm、宽 60cm、高 40cm，上面有一个 A4 纸大小的烤盘，下面铺了一排加热管。烤盘上方有一个固定面浆瓶的架子，可以前后左右移动。图 6-30 为采用煎饼打印机制作的煎饼。

图 6-29　煎饼打印机

图 6-31～图 6-33 为食品、巧克力 3D 打印机。图 6-34、图 6-35 为采用食品 3D 打印机制作的巧克力、食品等。

用可食用材料打印食品有以下优点。

（1）可在定制食品工业中应用，例如制作具有特定构形和材料成分复杂的糖果。

（2）可食用材料易于获得，无毒，成本较低，有利于自由成形技术教育实践。

（3）使未经食品制作专业训练的人员也能制作个性化食品。

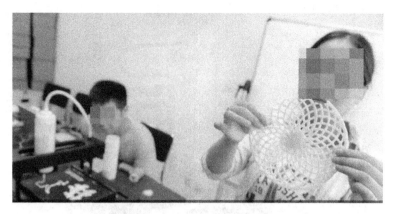

图 6-30　采用煎饼打印机制作的煎饼

图 6-31　食品 3D 打印机

6.3.4　文物

文物 3D 打印技术可用于对残缺文物进行修复或对文物进行复制。在修复文物残缺部位时，传统的工艺是用打样膏或硅橡胶对文物器物直接取样、翻模，然后对残缺处进行修复。但是在某些特殊的案例中，例如修复质地疏松的陶器时，传统的翻模方法便不适合直接在其表面进行操作了。随着现代科技的迅猛发展，可以做到在不直接接触文物器物的前提下，通过高科技技术手段，如三维立体扫描、数据采集、建模、打印等，将复制件及残缺部分打印、复制成形。此类翻模方式不仅节省材料，提高材料利用率，可快速精准成形，更重要的是大大避免了翻模时直接接触文物而对文物本体造成的二次伤害。

对于文物的修复本着保护为主的原则，在对原器物最小干预的前提下，将现代科技三维立体扫描及 3D 打印技术结合传统的作色工艺对器物进行扫描、打印及修复。首先，使用 JD-scan 双目光学测量机对器物进行三维立体扫描。双目光学测量机就是将在三维物理空间中的被测物体复制到三维数据空间当中并进行重现，即建立三维模型。当光线垂直照射被测物体表面时，运动控制器通过驱动器控制步进电机带动双目面阵 CCD，实时地将被测物体的图像送入图像采集卡。图像采集卡把采集到的数据信息送入计算机进行相应的图像处理以后得到三维的数据点云。这样精确的扫描技术，很大程度上克服了器物在修复过程中翻模、塑型的准确性问题。成像后再使用双盒光敏树脂材料进行喷墨打印。打印机内装有液体打印材料，与电脑连接后，通过电脑控制采用分层加工、叠加成形方式来"造型"，将设计产品分为若干薄层，每

图 6-32　巧克力 3D 打印机（一）

图 6-33　巧克力 3D 打印机（二）

次用原材料生成一个薄层，通过一层层叠加，最终把计算机上的蓝图变成实物。

　　图 6-36 为残缺的现代工艺品双龙瓶，高 42.2cm，口径 9.4cm，底径 13.3cm。直口、细长颈、斜肩、鼓腹，腹部及颈部有弦纹、双龙耳、圈足外撇、平底。器物缺失一个龙耳，整体施酱色釉；器身完整，通体采用油滴釉。对双龙瓶采用双目光学测量机三维立体扫描后，其参数被传送至 3D 打印机（BJET30）并输出指令，3D 打印机便根据电脑中的模型数据来打印出最终成品。整个过程所需时间不过两三个小时，不仅用时少，而且可以扫描并打印出原器物损坏处断面的结构，提高了断面处塑形的工作效率。打印出的成品与原器物大小一致，模型的截面与器物本身断面相吻合，可直接拼接、黏结进行修复。黏结完毕后，用腻子填平拼接处存在的细缝。可用小型牛角刀将腻子轻轻刮涂在细缝处，多次反复直至表面光挺平服，再选用相应型号的砂纸打磨。作色是双龙瓶修复最关键的一道工艺。选用红、黄、蓝、紫、黑、白这六种

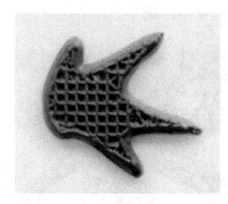

图 6-34　3D 打印成形的巧克力

图 6-35　3D 打印成形的食品

图 6-36　残缺的现代工艺品双龙瓶

仿釉颜料，加入相应比例的稀释剂调配酱色，再用喷笔喷绘底色。因器物本身釉层透明，在喷色过程中需要加入适量的透明釉。仿釉层干透后，用 0 号描线笔手工描绘龙的鳞片，再喷涂酱色釉。这样的作色方法可将手绘的鳞片"夹"在釉层中，层层递进，最终达到透明釉质感的效果。最后在修复处喷涂一层透明釉，使光泽与原器物一致（图 6-37）。

(a) 3D 打印的龙耳　　　　　　　　　　　　　(b) 喷釉处理完成的龙耳

图 6-37　修复的现代工艺品双龙瓶

图 6-38 为汉代三足陶鼎的原件及复制品，该三足鼎直口短、斜肩、鼓腹、腹部凸起弦纹、双耳、兽足；器物内侧与底部留有经烧结后形成的火石红，表面有"暴汗"现象。"暴汗"是指在不挂釉的陶器上，经过入窑焙烧后，器物表面出现一种极薄的亮层。这件器物的"暴汗"处断面极薄、形状自然且均匀。"暴汗"部位多在器物的口沿与肩部，越靠下方与胎体的结合越不紧致，甚至有些地方已剥落。采用 3D 打印技术将复制件打印成形后，采用传统作色工艺对其上色、做旧。将仿釉颜料与稀释剂相调和，先用喷笔将器物基底色整体地喷绘一层，使得整体色相与原器物相接近，再选用与原器物色彩风格一致的矿物质颜料局部弹拨、上色、做旧，仿制出原件"暴汗"处的光泽度。

图 6-38　汉代三足陶鼎的原件及复制品

6.3.5　生物医学

我国生物医学 3D 打印前景广阔，3D 打印生物材料最具发展前景。在医疗领域未来发展中，最具有想象空间的是 3D 生物打印技术，可以"打印"出功能性的人体器官。它利用干细胞为材料，按 3D 成形技术进行制造。一旦细胞正确着位，便可以生长成器官，"打印"的新生组织会形成血管和内部结构。

生物医用材料的发展和应用对当代医疗技术的革新、降低医疗费用和促进医疗卫生事业的发展具有引导作用。不仅使疾病得以早期发现和有效治疗，显著降低患有心血管病、癌症、创伤及其他疾病患者的死亡率，延长了寿命，增进了健康，同时可大幅度降低医疗费用。

生物材料在 3D 打印中的应用可以分为三个层次：假体的制造、细胞三维的间接组装制造、细胞三维的直接制造。体外假体是一种结构，它是将结构解剖学上的数据取下来，把这个数据通过快速成形 3D 打印的数据处理系统变成文件，就可以操纵机器进行打印，它不植入体内，因而不需要生物的相容性，用以做辅助手术、手术的规划等。组织工程就是要做成一个支架，或者叫它基质，支架的材料梯度和结构梯度不是均值的，最后这个细胞在身体里降解消失掉，细胞占据的位置就成了一个躯干的部分，虽然很早就开始有组织工程，但是跟 3D 打印结合之后，它得到一个很大的动力，因为能够做出很精密的有材料梯度、有结构梯度的支架，设计以后的制造用 3D 打印来做，诱导培育细胞，之后降解。所以，生物材料的 3D 打印是组织工程、载体支架和基质结构制造的最佳制造方法。细胞三维的直接制造是指把含有生命的物质比如说细胞，把它跟材料混合之后，用 3D 打印出来。

细胞打印属于较为前沿的研究领域，是一种基于微滴沉积的技术，即一层热敏胶材料一层细胞逐层打印，热敏胶材料在温度经过调控后会降解，形成含有细胞的三维结构体。细胞打印为再生医学、组织工程、干细胞和癌症等生命科学和基础医学研究领域提供了新的研究工具。为构建和修复组织器官提供新的临床医学技术，推动外科修复整形、再生医学和移植医学的发展。并可应用于药物筛选技术和药物控释技术，在药物开发领域具有广泛前景。在这一领域领军的 Organovo 公司，已经成功研发打印出心肌组织、肺脏、动静脉血管等。虽然目前这一技术的应用尚处于试验阶段，但未来有望逐步应用于器官移植手术中。Organovo 公司宣称已用 3D 打印机完整打印出一个有正常生命机能的肝脏，为肝脏移植患者提供帮助。公司先通过独特的细胞 3D 打印技术，在细胞培养基座中打印出肝脏所需的细胞组织，然后再在培养皿中进行培养，并生成正常形状和机能的肝脏，然后便可以移植到人体中，进行身体解毒和排毒等正常代谢功能。不过，该肝脏的生命周期只有 40 天左右。

图 6-39 为细胞 3D 打印过程。图 6-40 为 3D 生物打印的肾脏内部血管组织。

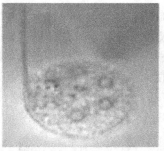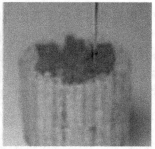

图 6-39　细胞 3D 打印过程

图 6-41 为日本东京慈惠大学医院 Toshiaki Morikawa 教授进行教学的 3D 打印的肺模型。该模型潮湿、柔软，再加上完整的肿瘤和血管，是日本公司 Fasotec 制造出来的一系列器官中的一个。这些器官模型可让外科医师在不伤害任何人的情况下精进技术。湿模型明显优于传统的模型，因为它的制作精度很高，非常接近于活体器官，3D 打印的超真实人体器官模型可供医生练习。使用潮湿的模型，医师可以体验器官的柔软，亲睹器官流血。它先扫描真实器官所有细微处，然后在 3D 打印机上制造出模型。接着在模型外壳注入胶状合成树脂，让它在外科医师手中有潮湿、像生命体的感觉。每个模型仿照真实器官的结构和重量，使其对外科手术刀的反应和真的一样。

在国内 3D 打印"骨骼"技术已经于 2013 年被正式批准进入临床观察阶段。目前，北京

图 6-40　3D 生物打印的肾脏内部血管组织

图 6-41　3D 打印的肺的湿模型

大学第三医院骨科专家带领的团队在征得患者同意后，已有近 40 位患者植入了 3D 打印出的"骨骼"（图 6-42）。该院在脊柱及关节外科领域研发出 3D 打印脊柱外科植入物，其中颈椎椎间融合器、颈椎人工椎体及人工髋关节三个产品已经进入临床观察阶段。这种 3D 打印的假骨有助于将周边的骨头吸引过来，使人体骨骼和植入物结合起来，促进患者康复。到目前，使用 3D 打印骨骼的患者恢复情况非常好，在很短的时间内，就可以看到骨细胞已经长进到打印骨骼的孔隙里面。

图 6-42　3D 打印内植物用于脊柱外科手术

图 6-43～图 6-45 为 3D 打印的其他生物医学器件。

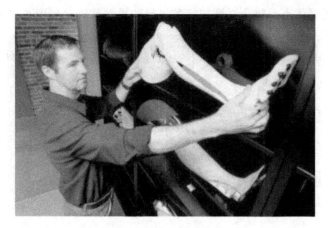

图 6-43　3D 打印的假肢

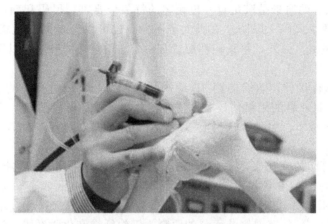

图 6-44　3D 打印的骨骼

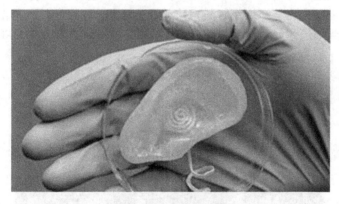

图 6-45　3D 打印的功能性耳朵

目前，中国人体器官的市场需求更大，目前我国器官移植中"供体"与"患者"的比例为1∶100。我国每年进行肾移植 3000 余例，而需求者达 30 万人。强大的市场需求将促进 3D 打印生物医学的发展。

6.3.6　生活用品

洛杉矶制鞋公司 J&S 推出了 JS Shoes Q 系列，该系列鞋子全部由 3D 编织技术制成，具有轻质、环保、舒适等优点。整个系列包括各尺码的男女款式，如图 6-46 所示。

图 6-46　3D 打印的鞋子

Q 系列 3D 编织鞋的愿景是满足每一位顾客的每一个要求，尺码和颜色都可单卖。顾客可以在同一双鞋选择两个尺码，以防左右脚大小不一。也可以选择同一款式但左右脚颜色不一样，混搭出自己的风格。另外，每只鞋都配置有一个耐用舒适的鞋垫，以保证在室内外穿着都非常舒适。

JS 鞋由 CAD 软件设计，然后使用 3D 编织技术制造，整个过程节约了大量的人工成本。而且 3D 编织机器对每双鞋的用料估计非常精准，大大减少了材料浪费。一次成形也极大地减少了鞋子装配的人工成本。另外，选料上不使用有毒化学品和材料，对工人的健康状况也有所改善。

图 6-47 为 3D 打印的晚礼服，采用树脂作为原材料，并采用光固化技术进行制作，结合 3D 人体测量、CAD、CAPP 等技术，将可以实现自动化的"单量单裁"，从而实现量身打造自己喜欢的衣服。但对于 3D 打印服装，还面临着服装面料的原料选择、打印设备能适应服装原料的柔性特点等问题，例如普通服装面料的原料为天然纤维和化学纤维，通过梭织或针织工艺制成面料，再缝制成最终的服装，这一传统工艺显然与 3D 打印的工艺流程不同，因而必须先从基础入手，研发需要的化学纤维新材料，使其既能满足 3D 打印耗材的溶解、成形等要求，同时又能够调配适当的颜色，还需要达到纺织品的相关标准，适合人体穿着。

图 6-47　3D 打印的晚礼服

图 6-48 为 3D 打印的鸡蛋分离器，采用的 3D 打印机为 Maker Bot Replicator2 。该分离器是由两部分组成的，其顶部负责抽吸的部分使用的是柔性的 NinjaFlex 材料，而其吸嘴部分则是使用标准的 PLA 材料。打印时使用 0.2mm 的层高和 100% 的填充率，以减少食物残渣留在

图 6-48 3D 打印的鸡蛋分离器

装置内的可能性。分离鸡蛋时只需捏着分离器，让吸嘴对准蛋黄轻轻一吸，就很容易把蛋黄吸走，只留下蛋清。

6.4 我国 3D 打印面临的问题

3D 打印技术对传统制造业的工艺改进和新材料的应用具有颠覆性的意义和作用，被认为是第三次工业革命的重要环节之一，将对人类未来生活的各个方面产生深远影响。目前，国内 3D 打印产业虽然开展得如火如荼，但同时也存在一些问题值得我们注意与思考。

（1）3D 打印技术本身也存在很多先天的不足，例如设备昂贵、原材料有限、尺寸有限、大批量生产时无成本优势等。

（2）金属零部件直接打印技术还不成熟。目前，用于模具和原型开发的 3D 打印技术如 FDM、SLA 等是最为成熟的应用方向，相应的商业化程度也最高。金属零部件直接打印由于金属材料的高熔点等特性，成形过程中容易产生应力集中、变形等问题，造成金属零件直接打印比较困难。同时，这些因素也对系统设备的设计与控制提出了更高的要求，增加了系统的复杂性，推高了设备价格。

（3）技术相对单一。目前的主流 3D 打印技术都是以激光为能量源的打印技术。激光虽然有能量集中、成形材料广泛等优点，但目前的激光技术自身还不是十分成熟，也存在系统昂贵、复杂等缺点，造成打印成本较高，普及比较困难。

（4）3D 打印目前精度还不够高，达不到 $10\mu m$ 级，打印产品都需要进行后处理加工后才能使用。

（5）3D 打印效率和精度相冲突，高精度往往意味低效率。3D 打印过程中，效率和精度都与层厚密切相关。层厚小，则打印精度高，但同时也意味着低的打印效率。3D 打印效率和精度相冲突是由其技术原理导致的矛盾冲突，不可能得到根除。

（6）和国外的 3D 打印相比，国内在材料和软件开发、装备等方面，还有一定的差距。目前，国内 3D 打印材料如树脂、塑料等材料主要依赖进口。国产设备在激光生成，以及整个打印系统在打印过程控制的稳定性等方面还有待提高。

（7）3D 打印目前在国内局部存在过热隐患。由于 SLA、FDM 等 3D 打印的技术门槛较低，加上媒体对 3D 打印功能的渲染与吹捧，大众对 3D 打印的期望值很高。同时，地方政府出于自身利益的考虑，也纷纷通过建立 3D 打印产业基地、举办 3D 打印科技展览等途径为 3D 打印产业的发展造势。因此，国内企事业单位甚至个人都纷纷涉足 3D 打印产业。目前，国内开展 3D 打印设备制造的厂家众多，大量的打印设备（包括进口设备）在各购物网站上出售。同时，各种提供打印服务的实体店及网店也越来越多，造成 3D 打印在局部发展出现过热现象。另外，各地相互攀比，争相建设 3D 打印技术产业园区的现象，存在发展分散、资源浪费等隐患。

（8）过度的个性化制造会造成资源、能源的浪费。3D 打印技术是在人类追求绿色制造、可持续发展的共识大背景下产生的。而 3D 打印最吸引人的技术优势是其个性化制造能力。但过度的个性化制造势必会带来资源、能源浪费的问题，相悖于 3D 打印制造可以节约资源、能源的技术优势本身。

对于我国 3D 打印行业，首先，应继续深入研究 3D 打印技术，尤其是大力开展激光打印以外的其他打印技术研究。加速打印材料的研发，提高国产打印设备的稳定性，缩小与国外的差距，降低 3D 打印制造成本。其次，进一步提高 3D 打印精度，制备可以直接使用的零部件，减少后处理加工带来的材料、能源的浪费。再次，应大力拓展 3D 打印技术在再制造领域的应用，综合发挥 3D 打印与再制造的双重节材、节能优势，可以实现废旧产品的再生，并解决过度个性化制造可能带来的资源、能源浪费隐患，助推我国可持续发展战略。另外，我国 3D 打印原材料缺乏相关标准，国内有能力生产 3D 打印材料的企业很少，特别是金属材料主要依赖进口，价格高，这就造成了 3D 打印产品成本较高，影响了其产业化的进程。因此，当前的迫切任务之一是建立 3D 打印材料的相关标准，加大对 3D 打印材料研发和产业化的技术和资金支持，提高国内 3D 打印用材料的质量，从而促进我国 3D 打印产业的发展。可以预计，3D 打印技术的进步一定会促进我国制造业的跨越发展。

参考文献

[1] 蔡勇.反求工程与建模.北京:科学出版社,2011.

[2] 杨义勇.现代机械设计理论与方法.北京:清华大学出版社,2014.

[3] 李敏.精密测量与逆向工程.北京:电子工业出版社,2014.

[4] 殷国富,杨随先.计算机辅助设计与制造技术.武汉:华中科技大学出版社,2008.

[5] [美] Kevin N Otto.逆向工程和新产品开发技术.北京:清华大学出版社,2003.

[6] 李原,张开富,余剑峰.计算机辅助几何设计技术及应用.西安:西北工业大学出版社,2007.

[7] 王爱玲,李梦群,冯裕强.数控加工理论与实用技术.北京:机械工业出版社,2009.

[8] 金涛,等.逆向工程技术.北京:机械工业出版社,2003.

[9] 王霄.逆向工程技术及其应用.北京:化学工业出版社,2004.

[10] 徐人平.快速原型技术与快速设计开发.北京:化学工业出版社,2008.

[11] 刘之生,黄纯颖.逆向工程技术.北京:机械工业出版社,1992.

[12] 徐进.逆向工程CAD混合建模中若干问题研究.杭州:浙江大学博士学位论文,2009.

[13] 贾明.逆向工程CAD混合建模理论与方法研究.杭州:浙江大学博士学位论文,2003.

[14] 余建德,黄静.基于多结点样条的自由曲线最小误差逼近及其应用.工程图学学报,2010,1.

[15] 冯裕强,宁汝新.基于断层切片图像三维重构的切片间轮廓配准.机械科学与技术,2003.

[16] 胡亮.基于ICT的STL三维重构技术研究与实现.成都:西南交通大学硕士学位论文,2009.

[17] 冯裕强,宁汝新.装配体断层图像边界轮廓的提取和内外环识别.现代制造工程,2002,9.

[18] 王侃昌.基于B样条的自由曲线曲面光顺研究.杨凌:西北农林科技大学博士学位论文,2004.

[19] 柯映林,等.逆向工程CAD建模理论、方法和系统.北京:机械工业出版社,2005.

[20] 冯裕强,雷宝珍.散乱数据点的曲面插值.江苏机械制造与自动化,2000,2.

[21] Chiang R H L, Barron T M, Storey . C. Framework for the design and evaluation of reverse engineering methods for relational databases. Data and Knowledge Engineering, 1996, 21 (1).

[22] 蔡勇.逆向工程与建模.北京:科学出版社,2011.

[23] 钮建伟.Imageware逆向造型技术及3D打印.北京:电子工业出版社,2014.

[24] 成思源,谢韶旺.Geomagic Studio逆向工程技术及应用.北京:清华大学出版社,2010.

[25] 成思源,杨雪荣.Geomagic Design Direct逆向设计技术及应用.北京:清华大学出版社,2015.

[26] 王运赣,王宣.3D打印技术.武汉:华中科技大学出版社,2014.

[27] 王华侨,张颖,等.数控机床设备选型及其应用指南.北京:中国水利水电出版社,2013.

[28] http://www.3ddayin.net/.中国3D打印网.2015.

[29] 杜志忠,陆军华.3D打印技术.杭州:浙江大学出版社,2015.

[30] 杨振贤,张磊,樊彬.3D打印——从全面了解到亲手制作.北京:化学工业出版社,2015.

[31] 单岩,谢斌飞.IMAGEWARE逆向造型技术基础.北京:清华大学出版社,2006.

[32] 单岩,李兆飞,彭伟.Imageware逆向造型基础教程.第2版.北京:清华大学出版社,2013.

[33] 徐家川.汽车车身计算机辅助设计.北京:北京大学出版社,2012.

[34] 金涛,童水光,等.逆向工程技术.北京:机械工业出版社,2003.

[35] 陈雪芳,孙春华.逆向工程与快速成形技术应用.北京:机械工业出版社,2009.

[36] 卢碧红,曲宝章.逆向工程与产品创新案例研究.北京:机械工业出版社,2013.

[37] 袁锋.UG逆向工程范例教程.北京:机械工业出版社,2014.

[38] 刘晓宇,娄莉莉.Pro/ENGINEER野火版逆向工程设计专家精讲.北京:中国铁道出版社,2014.

[39] 柳建,雷争军,顾海清,李林岐.3D打印行业国内发展现状.制造技术与机床,2015,3.

[40] 杜宇雷,孙菲菲,原光,翟世先,翟海平.3D打印材料的发展现状.徐州工程学院学报:自然科学版,2014,29(1).

[41] 蒋佳宁,高育欣,吴雄,黄义雄.混凝土3D打印技术研究现状探讨与分析.混凝土,2015,5.

[42] 张海鸥,应炜晟,符友恒,王桂兰.陶瓷零件增量成形技术的研究进展.中国机械工程,2015,5.

[43] 刘磊,刘柳,张海鸥.3D打印技术在无人机制造中的应用.飞航导弹,2015,7.

[44] 李怀学,巩水利,孙帆,黄柏颖.金属零件激光增材制造技术的发展及应用.航空制造技术,2012,20.